中国环境统计年报

ANNUAL STATISTIC REPORT ON ENVIRONMENT IN CHINA

2006

国家环境保护总局 编
STATE ENVIRONMENTAL PROTECTION ADMINISTRATION OF CHINA

中国环境科学出版社
CHINA ENVIRONMENTAL SCIENCE PRESS

图书在版编目（CIP）数据

中国环境统计年报．2006 / 国家环境保护总局编.－北京：中国环境科学出版社，2007. 12

ISBN 978-7-80209-669-1

Ⅰ.中… Ⅱ．国… Ⅲ．环境统计—统计资料—中国—2006—年报 Ⅳ．X508.2—54

中国版本图书馆 CIP 数据核字（2007）第 188253 号

责任编辑 贾卫列
责任校对 扣志红
封面设计 耀午书装

出版发行 中国环境科学出版社
（100062 北京崇文区广渠门内大街 16 号）
网 址：http://www.cesp.cn
联系电话：010-67112765（总编室）
发行热线：010-67125803
印 刷 北京东海印刷有限公司
经 销 各地新华书店
版 次 2007 年 12 月第 1 版
印 次 2007 年 12 月第 1 次印刷
开 本 889×1194 1/16
印 张 17.75
字 数 410 千字
定 价 100.00 元

《中国环境统计年报·2006》编委会

组织编写　国家环境保护总局规划与财务司
中 国 环 境 监 测 总 站
资料提供　各省、自治区、直辖市环境保护局
批　　准　国 家 环 境 保 护 总 局

目　　录

1

全国环境统计概要

QUANGUO HUANJING TONGJI GAIYAO

综　述

2006年，在党中央、国务院的正确领导下，各地各部门认真贯彻落实中央关于新时期环保工作的部署，不断加大工作力度，全国环保工作取得积极进展。国务院《关于落实科学发展观加强环境保护的决定》、第六次全国环保大会精神深入人心，各项工作稳步推进，污染减排工作取得积极进展，环境监管明显加强，突发环境事件得到妥善处置，最广泛的环保“统一战线”正在形成，历史性转变迈出了坚实步伐，呈现出领导高度重视、部门认真落实、社会广泛参与、成效初步显现的喜人局面，环保事业焕发出空前的生机与活力。

虽然环保工作取得了积极进展，但环境形势依然严峻，不断发生的污染事件给群众生产生活带来严重的影响，环境压力持续加大。

2006年，全国废水排放总量536.8亿吨，比上年增加2.3%。其中，工业废水排放量240.2亿吨，比上年减少1.2%。城镇生活污水排放量296.6亿吨，比上年增加5.4%。废水中化学需氧量（COD）排放量1 428.2万吨，比上年增加1.0%。废水中氨氮排放量141.3万吨，比上年减少5.7%。工业废水排放达标率为90.7%，比上年降低0.5个百分点。工业用水重复利用率79.6%，比上年提高4.5个百分点。

全国废气中二氧化硫排放量2 588.8万吨，比上年增加1.5%。烟尘排放量1 088.8万吨，比上年减少7.9%。工业粉尘排放量808.4万吨，比上年减少11.3%。氮氧化物排放量1 523.8万吨。工业二氧化硫排放达标率为81.9%，比上年提高2.5个百分点。

全国工业固体废物产生量15.2亿吨，比上年增加12.7%。工业固体废物排放量1 302.1万吨，比上年减少21.3%。工业固体废物综合利用率为60.2%，比上年增加2.7个百分点。

全国共有城市污水处理厂939座，比上年增加175座。城市污水处理率为57.1%。其中，城市生活污水处理率达到43.8%，比上年提高6.4个百分点。

截至2006年年底，我国已建各种类型、不同级别的自然保护区2 395个，总面积达15 153.5万公顷，约占国土面积的15.8%。

全国排污费征收总额达到144.1亿元，比上年增加17.0%。全国环境污染治理投资2 566.0亿元，比上年增加7.5%，占当年GDP的1.22%。

1.1 统计企业基本情况

2006年，全国发放统计表进行重点调查统计的工业企业共76 185家，对其他非重点调查统计企业污染物排放量按比率作了估算。

重点统计企业的工业总产值达到14.3万亿元，占当年GDP的67.8%。企业中共有26.8万人专职从事环境保护工作。这些企业共有7 749套废水污染物在线监测仪器；7.6万套废水治理设施，去除化学需氧量等污染物1 203万吨，投入设施运行费388.5亿元，比上年增加40.4%。约240.2亿吨工业废水通过67 074个污水排放口（其中含1 156个直排入海的污水排放口）排入水环境中。在用的8.0万台工业锅炉和8.3万台炉窑，共安装了3 028套废气污染物在线监测仪器、15.5万套废气治理设施，投入设施运行费464.4亿元，比上年增加73.9%。这些治理设施共去除烟尘23 565万吨、粉尘7 280万吨。废气治理设施中脱硫设施24 530套，去除二氧化硫1 439万吨。

1.2 废 水

1.2.1 废水及主要污染物排放情况

（1）废水排放情况

2006年，全国废水排放总量536.8亿吨，比上年增加2.3%。其中，工业废水排放量240.2亿吨，比上年减少1.2%。工业废水排放量占废水排放总量的44.7%，比上年略有降低。

生活污水排放量296.6亿吨，比上年增加5.4%。生活污水排放量占废水排放总量的55.3%，比上年略有上升。

从表1、图1可以看出，2006年废水排放总量仍呈“十五”期间的上升趋势。工业废水排放量自“十五”以来首次呈下降趋势，生活污水排放量继续保持了增长趋势。

表 1　全国废水及其主要污染物排放量年际对比

年度＼项目	废水排放量（亿吨）			化学需氧量排放量（万吨）			氨氮排放量（万吨）		
	合计	工业	生活	合计	工业	生活	合计	工业	生活
2000	415.2	194.3	220.9	1 445.0	704.5	740.5	—	—	—
2001	433.0	202.7	230.3	1 404.8	607.5	797.3	125.2	41.3	83.9
2002	439.5	207.2	232.3	1 366.9	584.0	782.9	128.8	42.1	86.7
2003	460.0	212.4	247.6	1 333.6	511.9	821.7	129.7	40.4	89.3
2004	482.4	221.1	261.3	1 339.2	509.7	829.5	133.0	42.2	90.8
2005	524.5	243.1	281.4	1 414.2	554.7	859.4	149.8	52.5	97.3
2006	536.8	240.2	296.6	1 428.2	542.3	885.9	141.3	42.5	98.8
增长率（%）	2.3	－1.2	5.4	1.0	－2.2	3.1	－5.7	－19.0	1.5

注：增长率指 2006 年与 2005 年相比，下同。氨氮排放量自 2001 年开始统计。

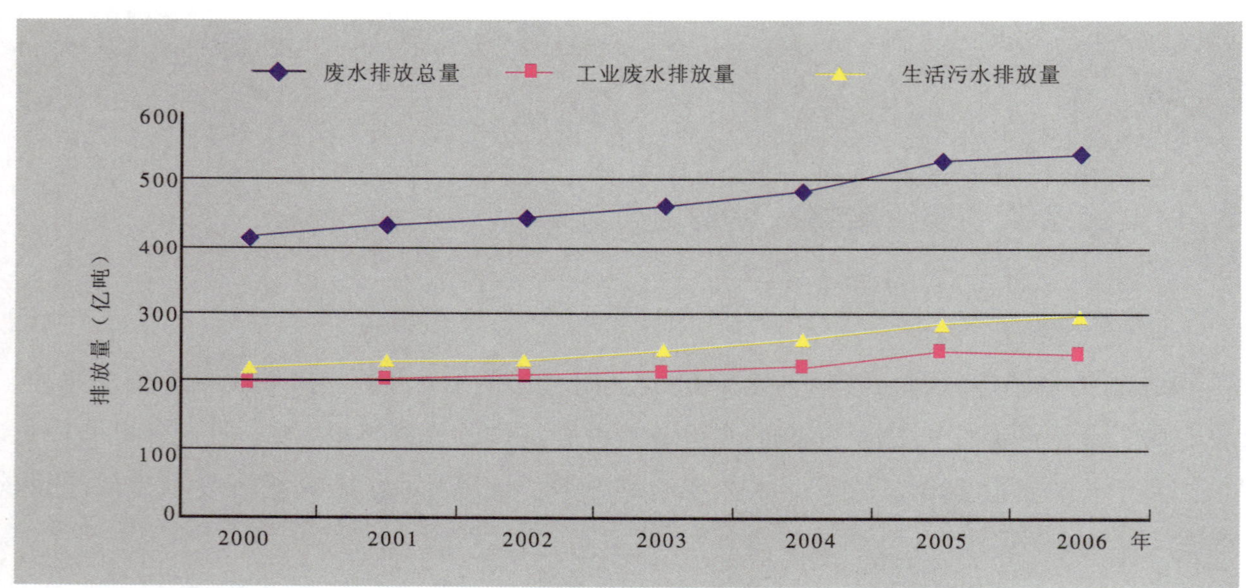

图 1　全国废水排放量年际对比

（2）化学需氧量排放情况

2006 年，全国废水中化学需氧量排放量 1 428.2 万吨，比上年增加 1.0%。

工业废水中化学需氧量排放量 542.3 万吨，比上年下降 2.2%。工业化学需氧量排放量占化学需氧量排放量的 38.0%。

生活污水中化学需氧量排放量885.9万吨，比上年增加3.1%。生活化学需氧量排放量占化学需氧量排放量的62.0%。

从表1、图2可以看出，“十一五”开局之年，化学需氧量排放总量、工业化学需氧量和生活化学需氧量的变化趋势与废水相同。

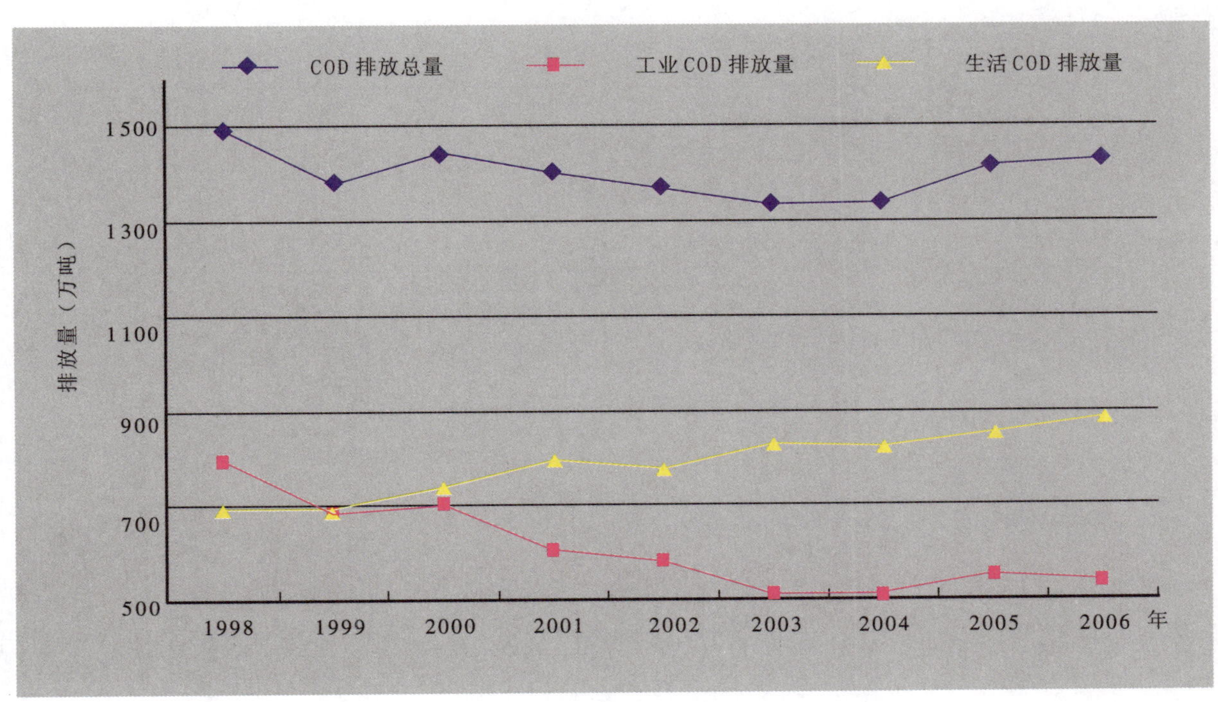

图2 全国化学需氧量排放量年际对比

（3）氨氮排放情况

2006年，全国废水中氨氮排放量141.3万吨，比上年减少5.7%。其中，工业氨氮排放量42.5万吨，比上年减少19.0%；工业氨氮占氨氮排放总量的30.1%。生活氨氮排放量98.8万吨，比上年增加1.5%，生活氨氮占氨氮排放总量的69.9%。

2006年，生活氨氮排放量虽有上升，但由于工业氨氮排放量下降幅度较大，氨氮排放总量呈下降趋势，见图3。

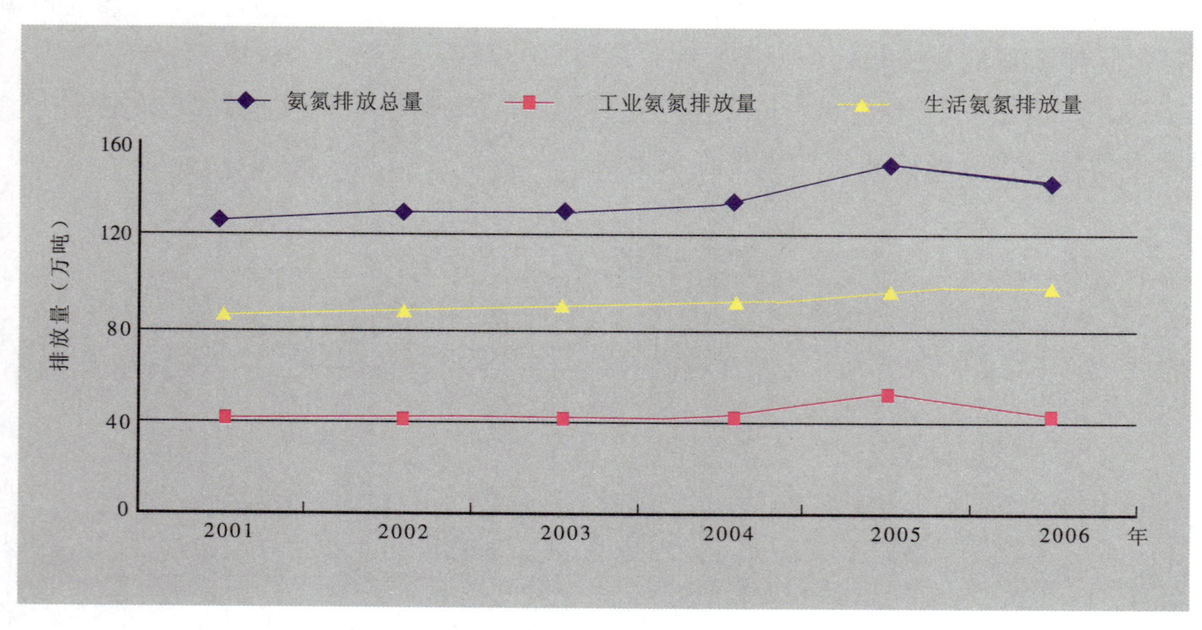

图 3　全国废水中氨氮排放量年际对比

（4）废水中其他主要污染物排放情况

2006 年，全国工业废水中石油类排放量 1.9 万吨，比上年减少 17.4%；挥发酚排放量 0.3 万吨，比上年减少 25.0%；氰化物排放量 457 吨，比上年减少 20.4%。工业废水中五项重金属（汞、镉、六价铬、铅、砷）均呈下降趋势，见表 2 、图 4 。

表 2　全国废水中其他有毒有害污染物排放量年际对比　　　单位：吨

年 度	汞	镉	六价铬	铅	砷
2000	10.1	138.5	119.7	655.2	578.7
2001	5.6	110.5	121.4	489.9	408.4
2002	4.8	105.6	111.1	484.8	346.2
2003	5.5	84.5	103.1	568.5	373.7
2004	3.0	56.3	150.8	366.2	306.1
2005	2.7	62.1	105.6	378.3	453.2
2006	2.6	49.4	96.4	339.1	245.2
增长率（%）	－3.7	－20.5	－8.7	－10.4	－45.9

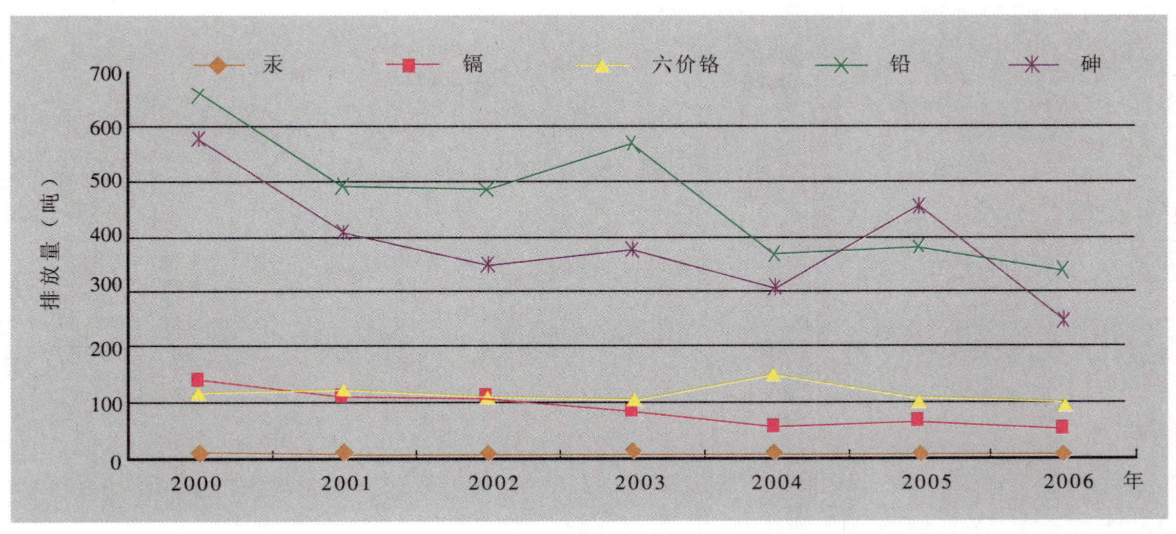

图4 工业废水中五项重金属历年排放趋势

1.2.2 各地区废水及主要污染物排放情况

（1）各地区废水排放情况

2006年，废水排放量位于前10位的地区依次为广东、江苏、浙江、山东、河南、广西、四川、湖南、湖北和上海，这10个地区废水排放总量为330.2亿吨，占全国废水排放量的61.5%。工业废水排放量最大的是江苏，生活污水排放量最大的是广东，与上年相同，见图5。

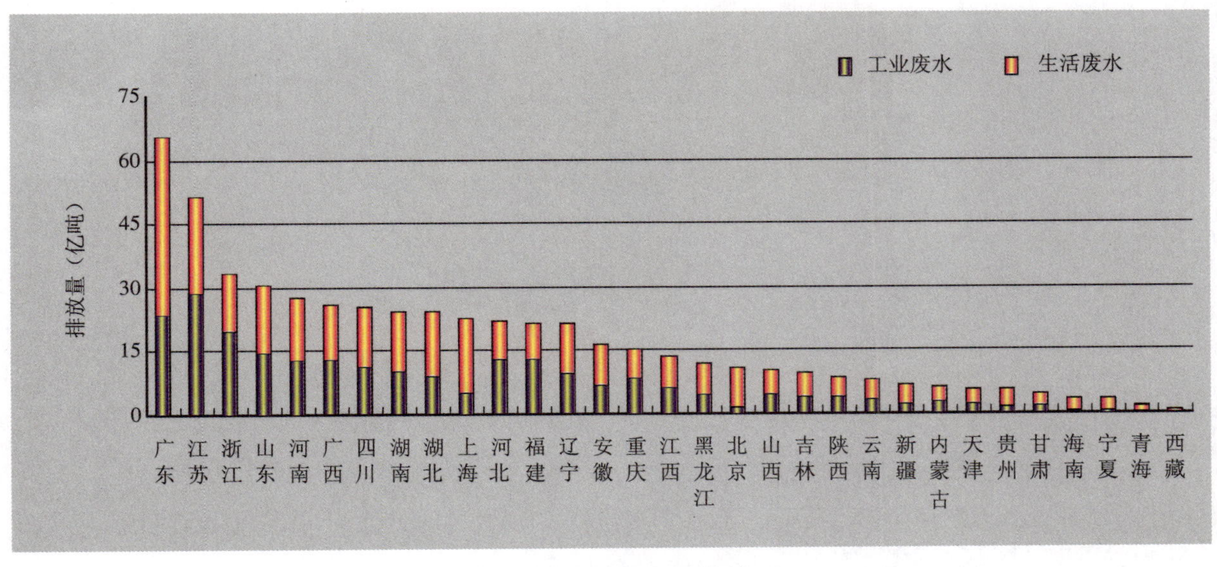

图5 各地区废水排放情况

（2）各地区化学需氧量排放情况

化学需氧量排放量前10位的地区依次为广西、广东、江苏、湖南、四川、山东、河南、河北、辽宁和湖北，与上年相同。这10个地区的化学需氧量排放量为826.1万吨，占全国化学需氧量排放量的57.8%。工业化学需氧量排放量最大的是广西，生活化学需氧量排放量最大的是广东，见图6；全国各地区的化学需氧量排放量分布，见图7。

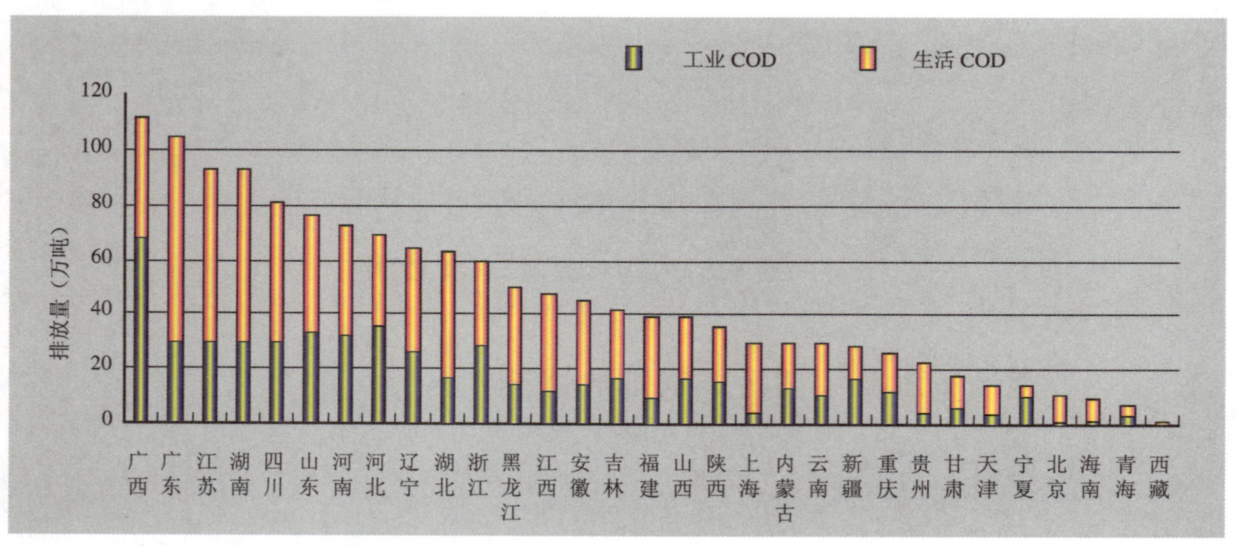

图6 各地区化学需氧量排放情况

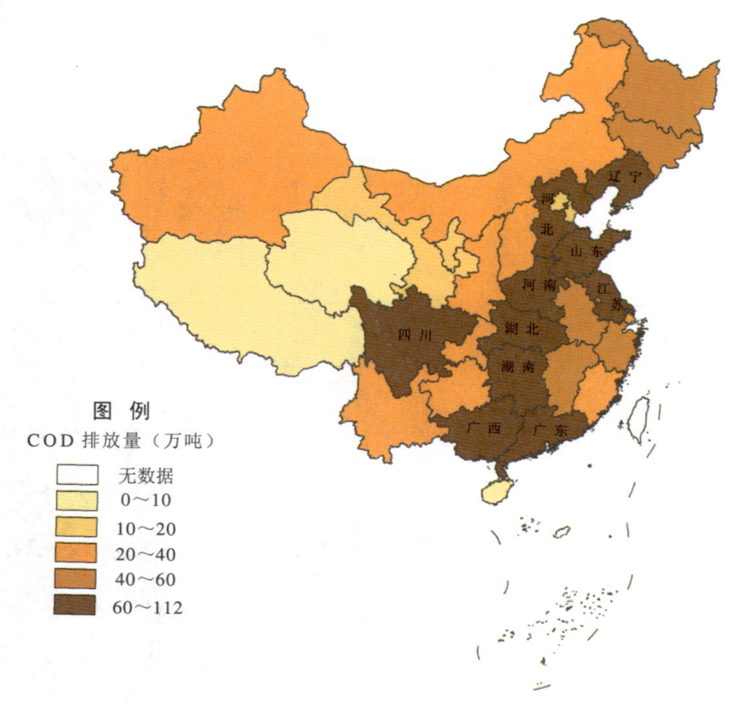

图7 全国化学需氧量排放量分布

（3）各地区氨氮排放情况

氨氮排放量前10位的地区依次为湖南、河南、广东、江苏、山东、辽宁、湖北、广西、河北和四川，这10个地区的氨氮排放量为80.6万吨，占全国氨氮排放量的57.0%。工业氨氮排放量最大的是河南，生活氨氮排放量最大的是广东，见图8。

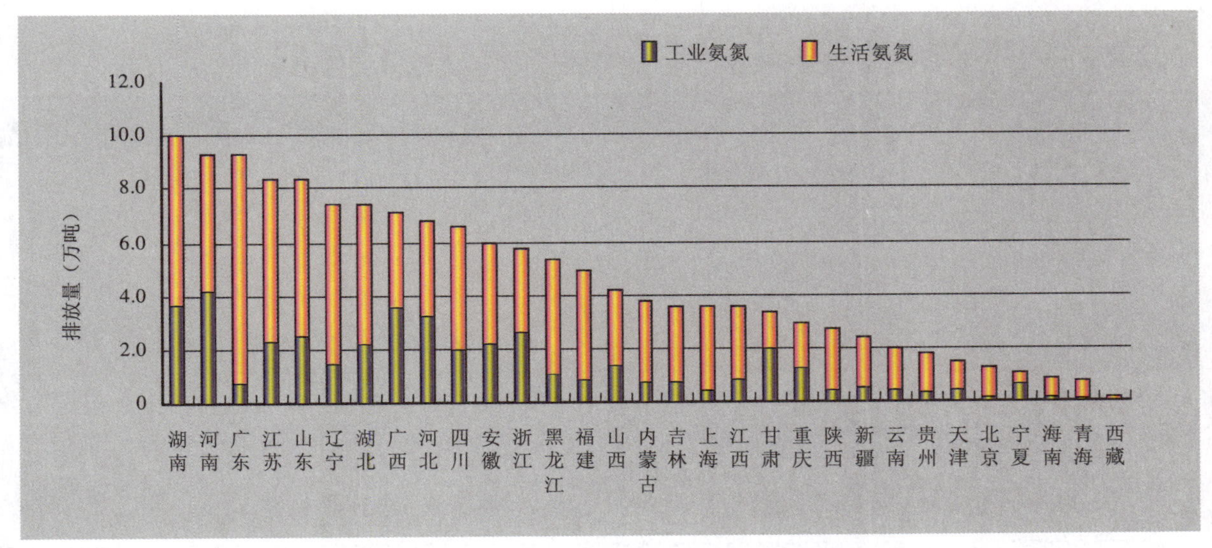

图8 各地区氨氮排放情况

1.2.3 工业行业废水及主要污染物排放情况

（1）行业废水排放情况

2006年，在统计的39个工业行业中，废水排放量位于前4位的行业依次为造纸业、化学原料及制品业、电力业、纺织业。这4个行业排放的废水占重点统计企业废水排放量的53.9%，见图9。

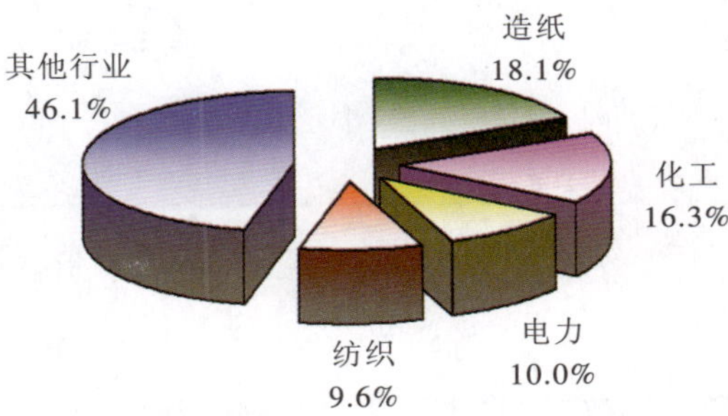

图9 工业行业废水排放情况

（2）行业化学需氧量排放情况

2006年，化学需氧量排放量位于前4位的行业依次为造纸业、农副食品加工业、化学原料及制品业、纺织业。4个行业的化学需氧量排放量占全国重点统计企业化学需氧量排放量的64.9%，见图10。

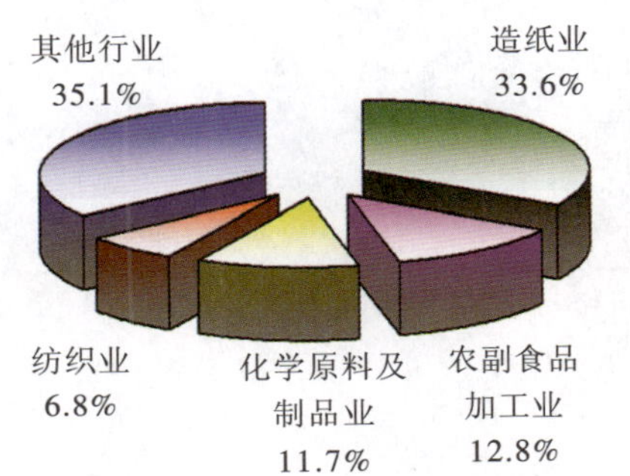

图10 工业行业化学需氧量排放情况

从表3、表4可以看出，造纸业的经济贡献率逐年下降，污染贡献率总体趋势是下降，但2006年有所反弹，这正好对应了国家环境保护总局在2007年加大对造纸业的治理力度的政策导向。农副食品加工业的污染贡献率和经济贡献率均在缓慢下降；化学原料及制品业的污染贡献率呈逐年上升趋势，经济贡献率呈下降趋势；纺织业的污染贡献率呈波动上升趋势，经济贡献率呈逐年下降趋势。

表3 重点行业化学需氧量污染贡献率变化趋势 单位：%

行 业	2003年	2004年	2005年	2006年
造纸业	34.5	33.0	32.4	33.6
农副食品加工业	14.4	13.3	13.7	12.8
化学原料及制品业	10.8	11.2	11.5	11.7
纺织业	5.6	6.7	6.1	6.8
累 计	65.3	64.2	63.7	64.9

注：污染贡献率指该行业某种污染物排放量与统计行业此污染物排放总量之比，下同；因《国民经济行业分类》2002年后行业分类有所变化，之前无“农副食品加工业”，为方便比较，本表起始年份为2003年。

表4 重点行业经济贡献率变化趋势（按总产值计算） 单位：%

行 业	2003年	2004年	2005年	2006年
造纸业	2.4	2.2	2.1	2.0
农副食品加工业	3.3	3.4	3.2	3.0
化学原料及制品业	9.5	8.3	8.3	8.2
纺织业	4.8	4.4	4.3	4.1
累计	20.0	18.3	17.9	17.3

注：经济贡献率指某行业的工业总产值（现价）与统计行业总产值（现价）的比值，下同。

表5 重点行业化学需氧量排放强度变化趋势 单位：吨/万元

行 业	2003年	2004年	2005年	2006年
造纸业	0.094	0.075	0.069	0.054
农副食品加工业	0.021	0.025	0.019	0.014
化学原料及制品业	0.007	0.007	0.006	0.005
纺织业	0.008	0.008	0.006	0.005

注：排放强度指某行业或省（区、市）污染物排放量与相同范围内统计工业总产值（现价）的比值，即单位产值排放量，下同。

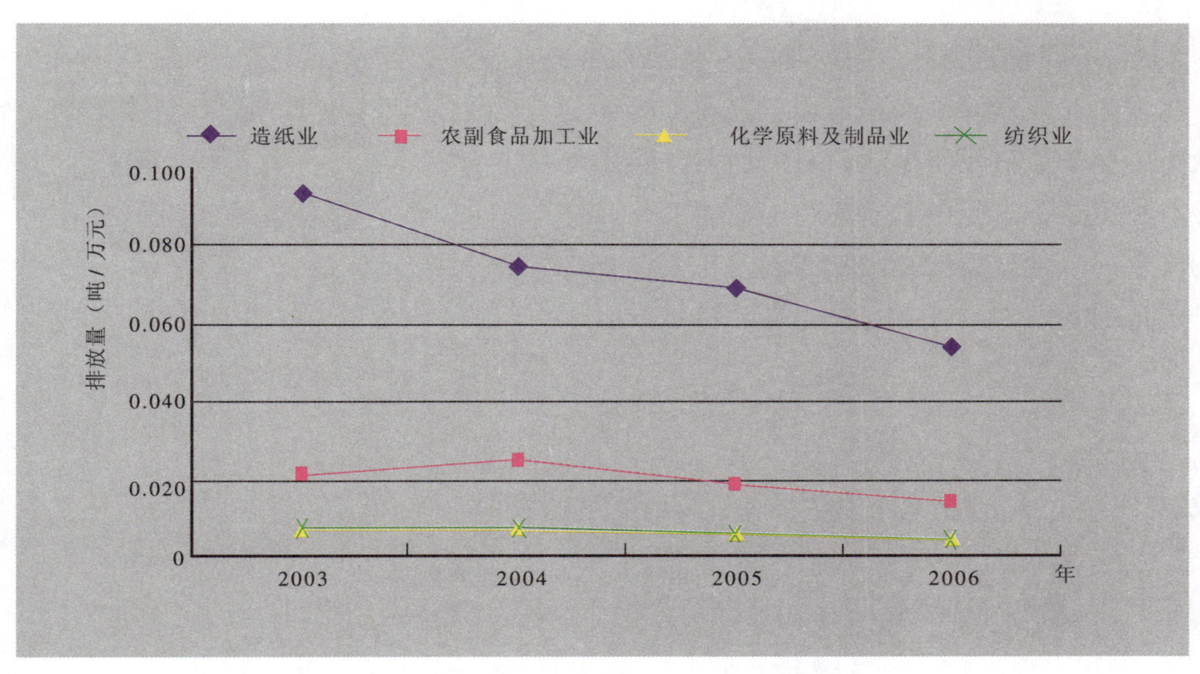

图 11　重点行业化学需氧量排放强度变化趋势

总体看来，工业废水中化学需氧量排放的4个重污染行业的污染贡献率在上升，经济贡献率在下降，虽然其排放强度总体下降，但落后于其他行业的经济发展和污染治理的力度，在今后的较长时期内，这4个行业都将是工业废水治理的重点。

（3）行业氨氮排放情况

2006年，氨氮排放量位于前4位的行业依次为化学原料及制品业、造纸业、农副食品加工业、纺织业，4个行业氨氮排放量占重点调查企业氨氮排放量的65.8%，见图12。

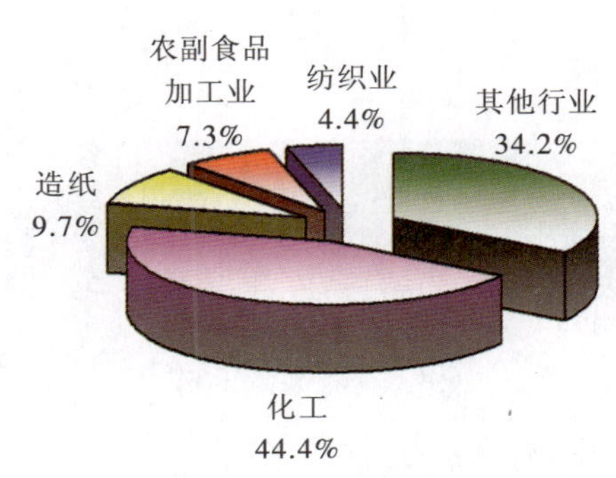

图 12　工业行业氨氮排放情况

（4）行业石油类等其他污染物排放情况

2006年，石油类等（汞、镉、六价铬、铅、砷、挥发酚、氢化物）排放量位于前4位的行业依次为：化学原料及制品业；石油加工、炼焦及核燃料加工业；黑色金属冶炼及压延加工业；食品制造业。4个行业石油类等排放量占重点调查企业排放量的60.0%，见图13。

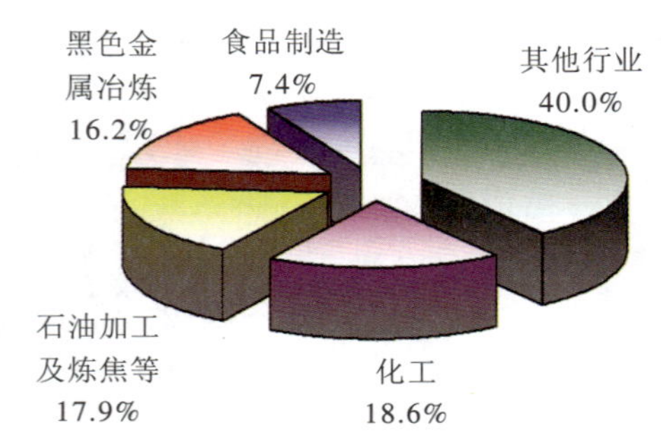

图13 工业行业石油类等排放情况

1.2.4 七大流域接纳废水及污染治理情况

1.2.4.1 接纳废水及主要污染物情况

2006年，辽河、海河、淮河、长江、黄河、松花江和珠江七大流域共有58 678家工业企业纳入重点调查范围，占全部重点统计企业数的76.4%。

（1）废水

七大流域共接纳废水401.6亿吨，比上年减少3.1%，占全国废水排放总量的74.8%；接纳工业废水176.1亿吨，比上年增加4.5%，占全国工业废水排放量的73.3%；接纳生活污水225.5亿吨，比上年减少8.3%，占全国生活污水排放量的76.0%，见表6和图14。

表6 七大流域废水及污染物接纳情况

年 度	废水（亿吨）			化学需氧量（万吨）			氨氮（万吨）		
	合计	工业	生活	合计	工业	生活	合计	工业	生活
2003	357.7	147.3	210.4	1 080.6	347.7	732.9	105.0	30.2	74.8
2004	394.1	160.4	233.7	1 139.5	384.9	754.6	111.9	32.8	79.1
2005	414.4	168.5	245.8	1 140.1	409.3	730.8	122.3	41.9	80.4
2006	401.6	176.1	225.5	1 103.7	402.0	701.7	111.1	35.5	75.6
增长率（%）	－3.1	4.5	－8.3	－3.2	－1.8	－4.0	－9.2	－15.3	－6.0

注：从2004年起，本年报中松花江流域和珠江流域统计范围较往年有所扩大。其中，松花江流域包括松花江流域和黑龙江流域，珠江流域包括珠江流域和粤桂琼沿海诸河流域；从2006年起，本年报中流域数据的汇总方法有所变化，流域规划所含区县的全部数据，不再沿用以前的按“排水去向”汇总数据的方法，汇总的区县数有所减少。以下湖泊同。

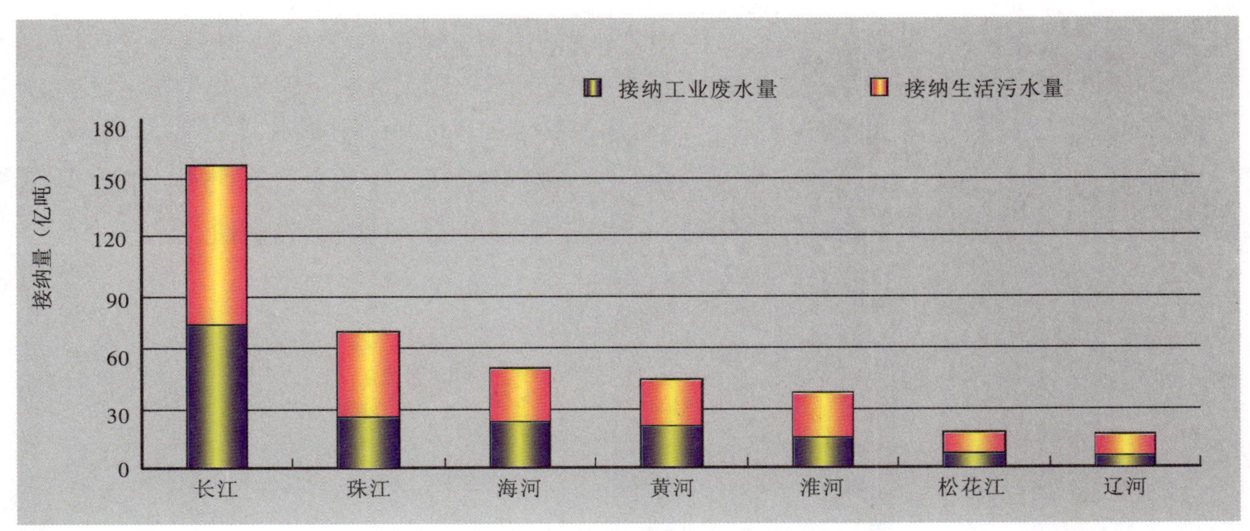

图 14　七大流域废水接纳情况

长江接纳的废水量占七大流域接纳总量的 39.5%，列第一位；其次是珠江，占 17.8%；第三位是海河，占 13.1%。

（2）化学需氧量

七大流域化学需氧量接纳量为 1 103.7 万吨，比上年减少 3.2%，占全国化学需氧量排放量的 77.3%；接纳工业化学需氧量为 402.0 万吨，比上年减少 1.8%，占全国工业化学需氧量排放量的 74.3%；接纳生活化学需氧量为 701.7 万吨，比上年减少 4.0%，占全国生活化学需氧量排放量的 79.1%，各流域接纳化学需氧量情况，见图 15。

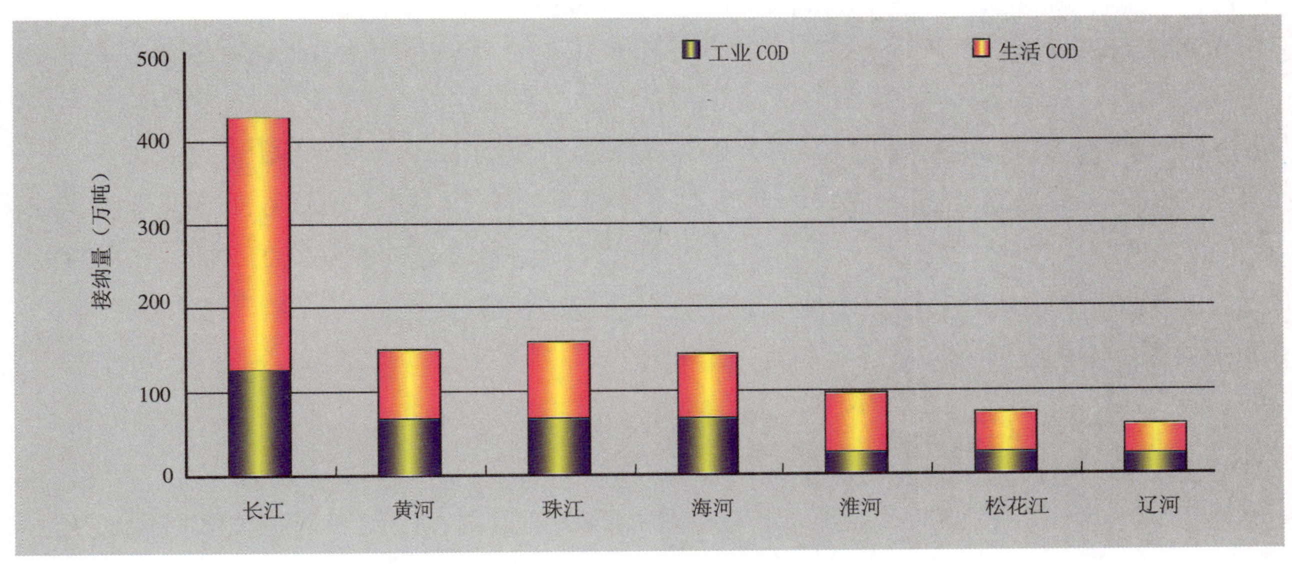

图 15　七大流域化学需氧量接纳情况

（3）氨氮

七大流域氨氮接纳量为111.1万吨，比上年减少9.2%，占全国氨氮排放量的78.6%；接纳工业氨氮为35.5万吨，比上年减少15.3%，占全国工业氨氮排放量的83.5%；接纳生活氨氮75.6万吨，比上年减少6.0%，占全国生活氨氮排放量的76.4%，见图16。

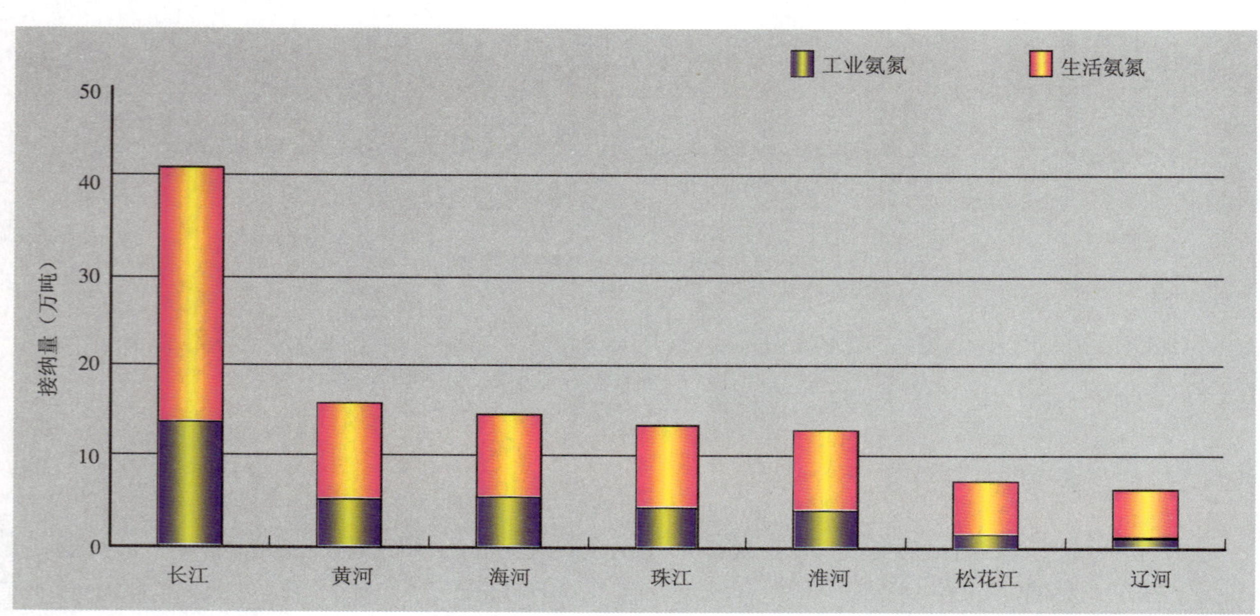

图16 七大流域氨氮接纳情况

1.2.4.2 废水及主要污染物治理与投资情况

2006年，七大流域共有废水治理设施53 778套，年运行费用277.1亿元，共去除化学需氧量786.5万吨、氨氮44.2万吨、石油类23.6万吨、挥发酚12.9万吨、氢化物1.4万吨。

2006年，七大流域工业废水治理施工项目数4 751个，竣工项目数4 248个，工业废水治理项目完成投资121.3亿元，占工业污染治理项目完成总投资额的25.0%。工业废水治理竣工项目新增设计处理能力1 198.1万吨/日，见图17。

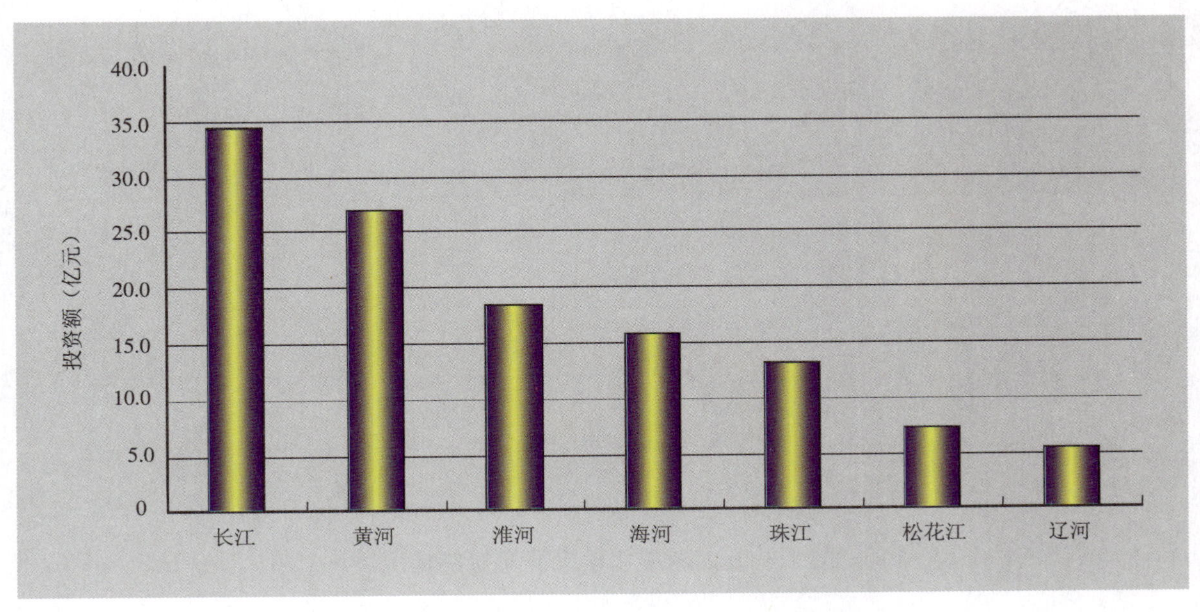

图 17 七大流域工业废水治理投资情况

2006 年，七大流域经处理的工业废水为 363.1 亿吨，工业废水排放达标率为 91.4%。

2006 年，七大流域纳入统计的污水处理厂 723 座，比上年增加 21 座，形成了 4 533 万吨 / 日的处理能力，共处理生活污水 86.2 亿吨 / 年。城市生活污水处理率为 38.2%，低于全国平均水平。

1.2.5 五大湖泊接纳废水及污染治理情况

1.2.5.1 接纳废水及主要污染物情况

2006 年，滇池、巢湖、太湖、洞庭湖和鄱阳湖流域重点统计企业 4 603 家。接纳废水排放量 41.0 亿吨，其中工业废水 22.7 亿吨、生活污水排放量 18.3 亿吨；接纳化学需氧量排放量 66.4 万吨，其中工业化学需氧量排放量 29.6 万吨、生活化学需氧量排放量 36.8 万吨；接纳氨氮排放量 5.7 万吨，其中工业氨氮排放量 2.2 万吨、生活氨氮排放量 3.5 万吨。见图 18。

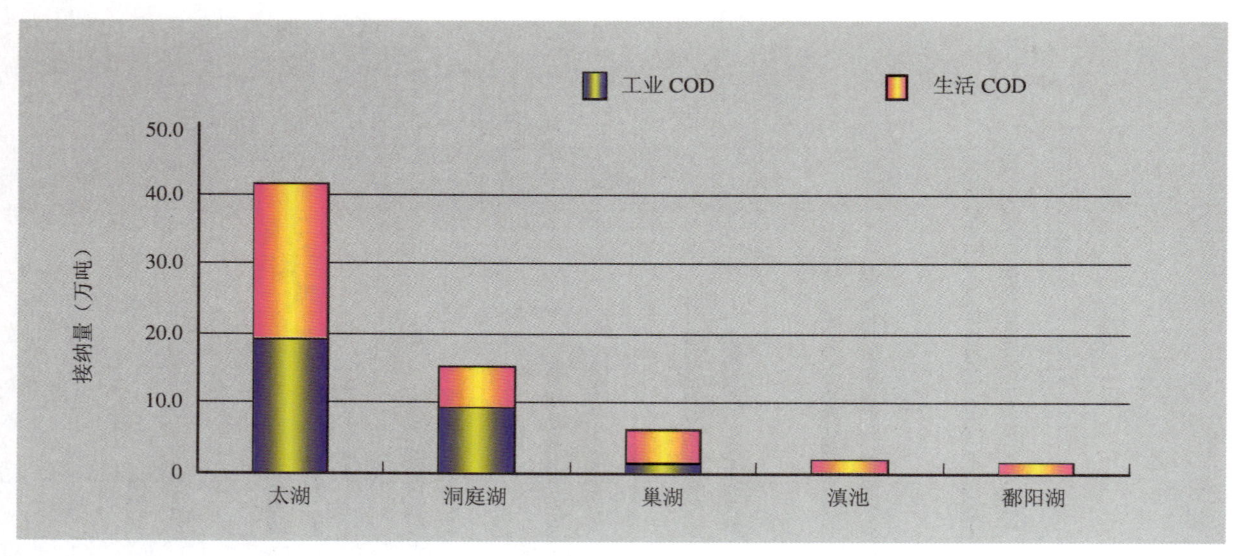

图 18 五大湖泊化学需氧量接纳情况

1.2.5.2 废水及主要污染物治理与投资情况

2006 年，五大湖泊流域共有废水治理设施 4 384 套，年运行费用 30.9 亿元，共去除化学需氧量 78.6 万吨、氨氮 3.4 万吨、石油类 0.5 万吨、挥发酚 1 805 吨、氢化物 185 吨。

2006 年，五大湖泊流域施工的工业废水治理项目数 288 个，竣工项目数 262 个，工业废水治理项目完成投资 5.6 亿元，占工业污染治理项目投资完成额的 1.2%，工业废水治理竣工项目新增设计处理能力 34.8 万吨 / 日。见图 19。

2006 年，五大湖泊流域经处理的工业废水为 40.1 亿吨，工业废水排放达标率为 97.1%。

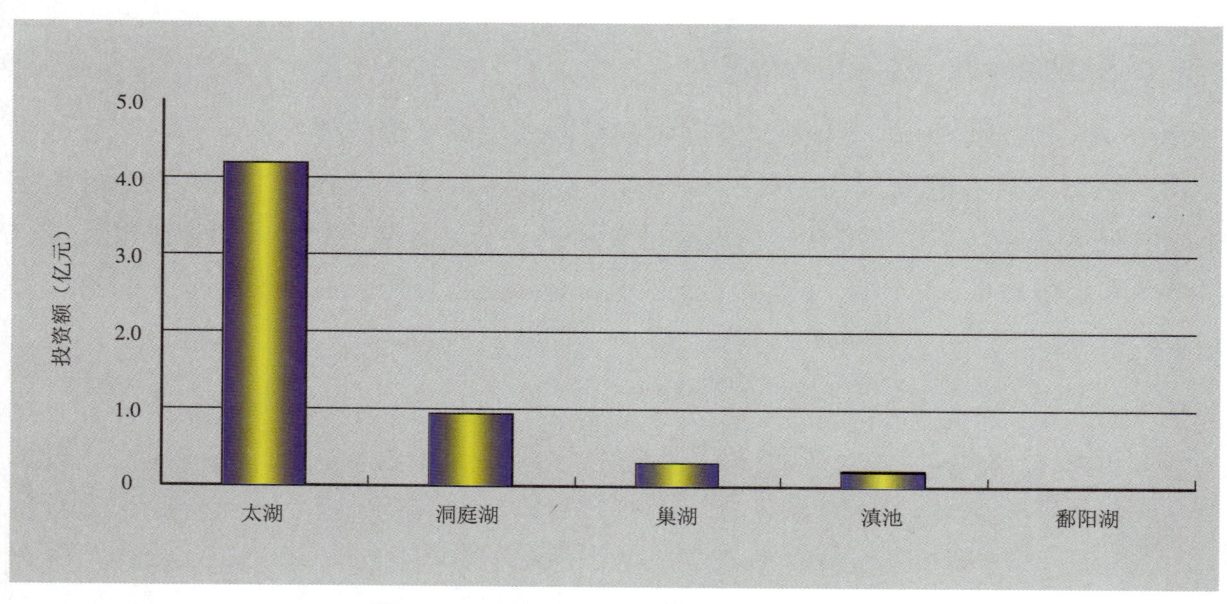

图 19 五大湖泊工业废水治理投资情况

2006 年，五大湖泊流域纳入重点调查的污水处理厂共 144 座，形成 617 万吨 / 日的处理能力，处理生活污水 12.0 亿吨。城市生活污水处理率为 65.6%，高于全国平均水平。

1.2.6　三峡库区接纳废水和主要污染物情况

（1）废水及污染物接纳情况

2006 年，重点调查了三峡库区（含库区、影响区及上游区共 314 个区县，见图 20）9 361 家企业。

图 20　三峡库区、影响区及上游区分布示意图

三峡库区共接纳废水 45.5 亿吨，比上年增加 19.5%。其中，工业废水 21.6 亿吨，比上年增加 12.3%；生活污水 23.9 亿吨，比上年增加 26.9%。

三峡库区接纳化学需氧量为 126.5 万吨，比上年增加 21.5%。其中，工业化学需氧量为 44.2 万吨，比上年增加 30.8%；生活化学需氧量为 82.3 万吨，比上年增加 17.0%。

三峡库区接纳氨氮为 11.1 万吨，比上年增加 25.4%。其中，工业氨氮为 3.6 万吨，比上年增加 51.3%；生活氨氮为 7.5 万吨，比上年增加 15.9%，见表 7。

表7 三峡库区及其上游主要污染物排放情况

年度	废水排放量（亿吨）			化学需氧量排放量（万吨）			氨氮排放量（万吨）		
	合计	工业	生活	合计	工业	生活	合计	工业	生活
2003	35.71	20.17	15.56	123.75	55.42	68.34	8.50	2.62	5.88
2004	34.25	18.52	15.74	103.27	34.22	69.05	8.63	2.67	5.97
2005	38.04	19.24	18.80	104.14	33.78	70.36	8.82	2.36	6.46
2006	45.46	21.61	23.85	126.53	44.20	82.33	11.06	3.57	7.49
增长率（%）	19.5	12.3	26.9	21.5	30.8	17.0	25.4	51.3	15.9

三峡库区排放废水量最大的是四川，其次为重庆、贵州、云南、湖北；化学需氧量排放最大的是四川，其次为重庆、云南、贵州、湖北，见图21。

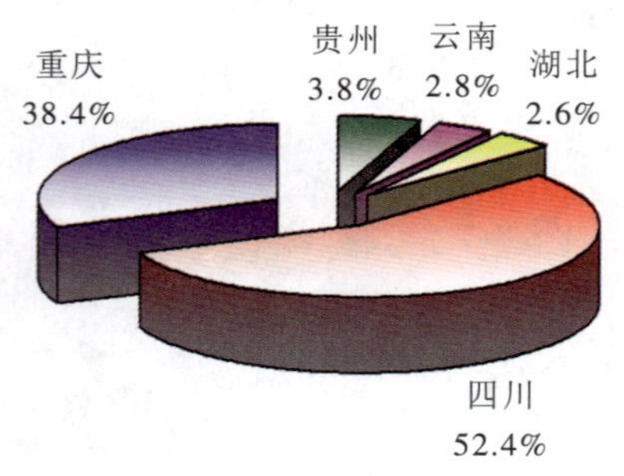

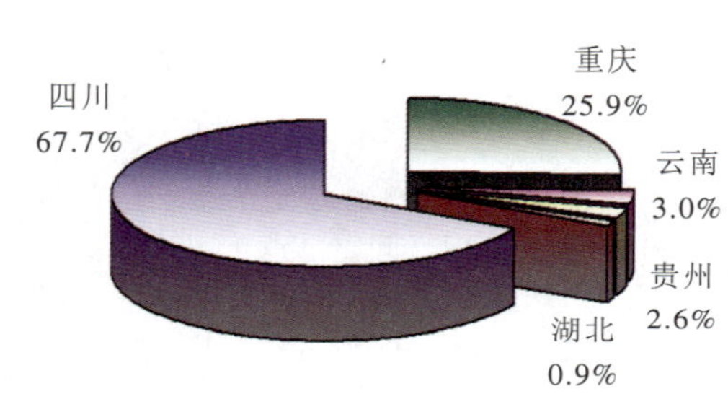

图21 三峡库区省市废水及化学需氧量排放构成情况

（2）废水及污染物治理与投资情况

2006年，三峡地区工业废水治理施工项目数608个，竣工项目数556个，工业废水治理项目完成投资9.8亿元，占工业污染治理项目完成总投资额的2.0%。工业废水治理竣工项目新增设计处理能力95.3万吨/日。

2006年，三峡地区共处理工业废水31.8亿吨。工业废水排放达标率为88.9%。

2006年，三峡地区纳入统计的污水处理厂80座，形成了395万吨/日的处理能力，共处理生活污水9.1亿吨/年。生活污水处理率38.2%，低于全国平均水平。

1.2.7 “南水北调”东线工程沿线接纳废水及主要污染物情况

“南水北调”东线工程途经6个地区的23个市（地级市）、105个县（县级市、县城和区），见图22。

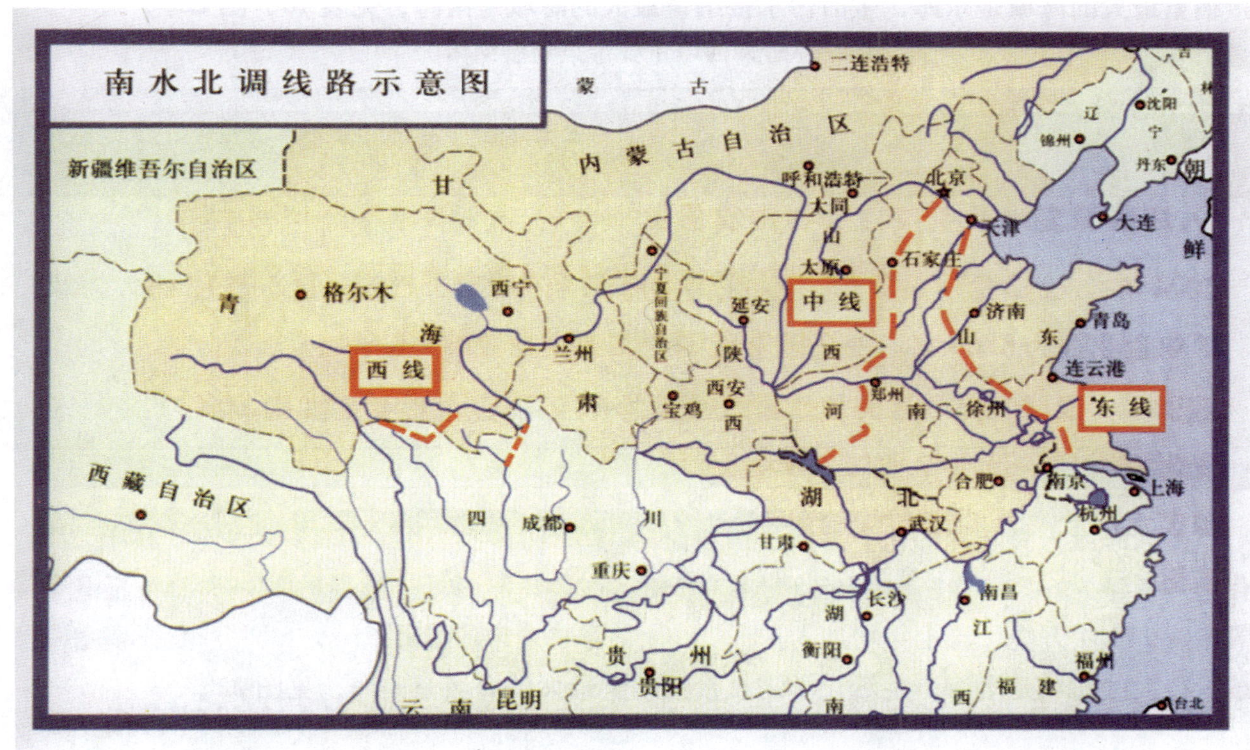

图22 南水北调线路示意图

沿线重点调查工业企业数6 582家，排放工业废水18.1亿吨，排放工业化学需氧量37.8万吨、工业氨氮4.8万吨，排放石油类、重金属等其他污染物1 769吨。沿线各地区工业废水平均排放达标率为95.0%。

沿线工业废水治理施工项目553个，竣工项目486个，工业废水治理项目完成投资额18.3亿元，新增工业废水治理能力297.3万吨/日。

沿线生活污水排放21.9亿吨，生活化学需氧量为66.7万吨，生活氨氮为7.9万吨。沿线污水处理厂82座，污水处理能力652万吨/日，处理生活污水量11.6亿吨，生活污水平均处理率为53.0%，高于全国平均水平。

1.2.8　入海陆源废水及主要污染物排放情况

2006 年，入海陆源的统计范围为中国沿海 11 个地区的 163 个县（区、市）。四大海域的重点调查工业企业数为 13 980 家，占全国重点调查工业企业数的 18.4%。

表 8　近岸海域主要污染物接纳情况

年　度	废水排放量（亿吨）			化学需氧量排放量（万吨）			氨氮排放量（万吨）		
	合计	工业	生活	合计	工业	生活	合计	工业	生活
2003	74.6	34.4	40.2	168.4	56.4	112.0	16.4	3.9	12.5
2004	85.3	37.5	47.8	166.8	53.4	113.4	16.6	3.6	13.0
2005	91.7	40.3	51.3	179.9	63.4	116.5	18.6	4.5	14.1
2006	100.4	43.1	57.3	196.1	61.5	134.6	19.5	4.2	15.3
增长率（%）	9.5	6.9	11.5	9.0	—3.0	15.5	4.8	—6.7	8.5

我国四大海域入海陆源的废水排放总量为 100.4 亿吨，比上年增加 9.5%。其中，工业废水排放量为 43.1 亿吨，比上年增加 6.9%，占入海陆源废水排放总量的 42.9%；直排海的工业废水量为 12.8 亿吨。生活污水排放量为 57.3 亿吨，比上年增加 11.5%，占入海陆源废水排放总量的 57.1%。工业废水接纳量最大的海域是东海，生活污水接纳量最大的海域是南海，见表 8、图 23。

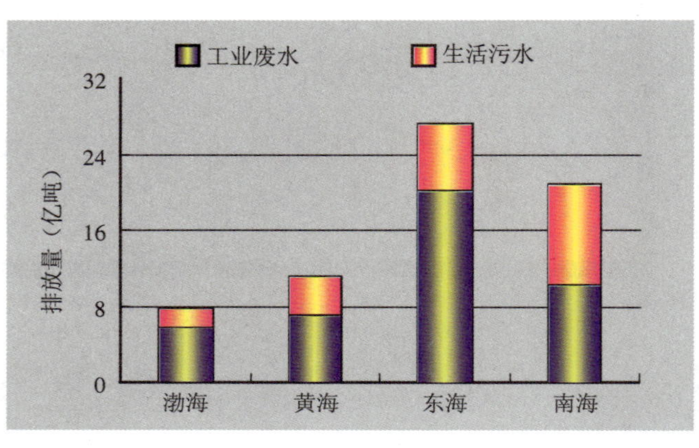

图 23　四大海域入海陆源废水排放情况

四大海域入海陆源的化学需氧量排放量为 196.1 万吨，比上年增加 9.0%。其中，工业化学需氧量为 61.5 万吨，比上年减少 3.0%，占化学需氧量排放量的 31.4%；生活化学需氧量为 134.6 万吨，比上年增加 15.5%，占化学需氧量排放量的 68.6%。工业化学需氧量接纳量最大的海域是东海，生活化学需氧量接纳量最大的海域是南海，见表 8、图 24。

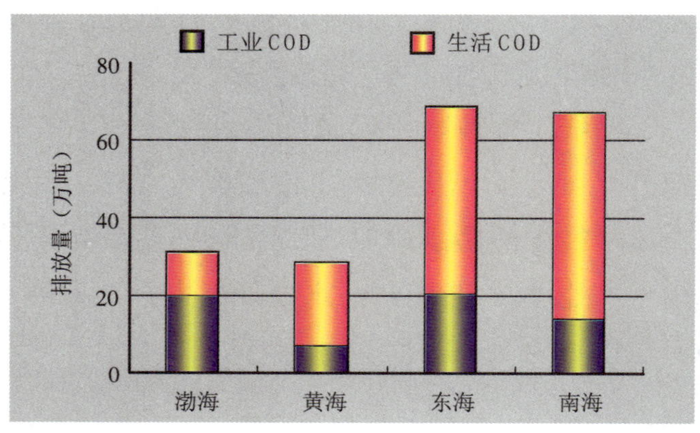

图 24　四大海域入海陆源化学需氧量排放情况

四大海域入海陆源的氨氮排放量为19.5万吨，比上年增加4.8%。其中，工业氨氮为4.2万吨，比上年减少6.7%；生活氨氮为15.3万吨，比上年增加8.5%。工业氨氮接纳量最大的海域是东海，生活氨氮接纳量最大的海域是南海，与化学需氧量接纳情况相似，见表8、图25。

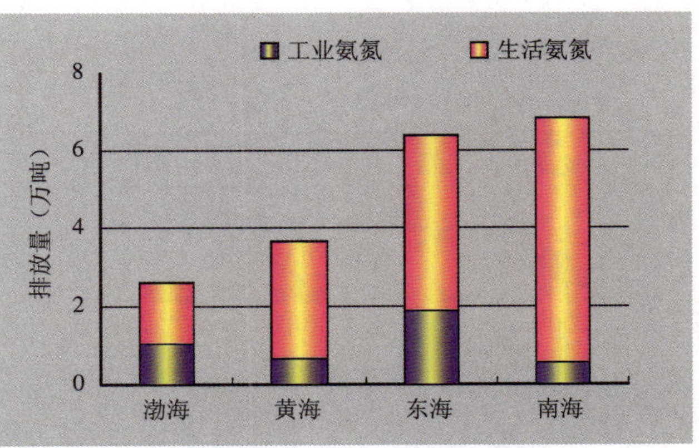

图25 四大海域入海陆源氨氮排放情况

四大海域入海陆源其他污染物排放量为1 835吨，比上年减少24.7%，见图26。

2006年，四大海域入海陆源共有废水治理设施14 380套，年运行费用87.3亿元，共去除化学需氧量200.0万吨、氨氮7.9万吨、石油类8.5万吨、挥发酚2 266吨、氢化物1 737吨。四大海域入海陆源工业废水治理施工项目数1 052个，竣工项目数911个，工业废水治理项目完成投资26.5亿元，占工业污染治理项目完成总投资额的5.8%。工业废水治理竣工项目新增设计处理能力116.5万吨/日。工业废水排放达标率为93.7%，比上年下降1个百分点。

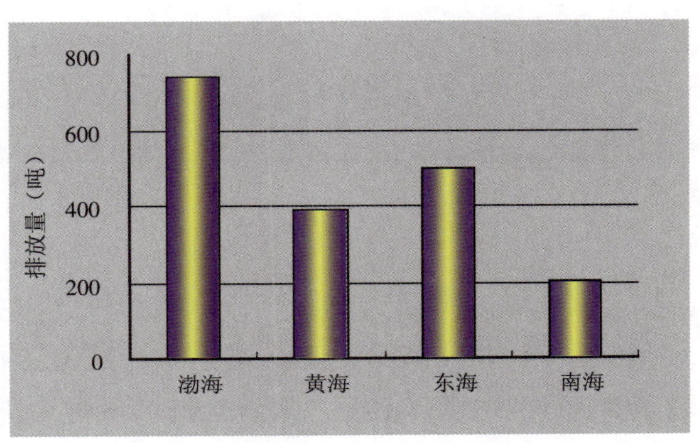

图26 四大海域入海陆源石油等其他污染物排放情况

2006年，四大海域入海陆源纳入统计的污水处理厂166座，形成了1 638.6万吨/日的处理能力，共处理生活污水23.8亿吨/年。生活污水处理率为41.5%，低于全国平均水平。

1.3 废 气

1.3.1 废气及废气中主要污染物排放情况

（1）煤炭及燃料油使用情况

2006年，全国环境统计的煤炭消费总量为25.0亿吨，比上年增加10.7%。工业煤炭消费量23.0亿吨，比上年增加12.5%。其中，工业煤耗中燃料煤消费量为16.2亿吨，原料煤消费量为6.8亿吨；生活煤炭消费量2.0亿吨，比上年减少6.3%；工业（不含车船用）共消耗燃料油2 666万吨，比上年减少22.7%。其中重油2 049万吨、柴油571万吨，见表9。

表 9　全国环境统计煤炭和燃料油消耗量　　单位：万吨

年度＼项目	煤炭消耗量				燃料油消费量（不含车船用）		
	合计	工业		生活	合计		
		燃料煤	原料煤			重油	柴油
2000	137 581	81 188	38 156	18 237	2 890	—	—
2001	142 217	91 234	30 571	20 412	2 646	2 034	387
2002	152 812	97 264	36 524	19 024	2 773	2 043	495
2003	172 430	110 728	42 624	19 078	2 624	2 141	343
2004	195 611	125 972	50 026	19 613	2 734	2 295	365
2005	226 164	143 627	60 796	21 741	3 447	2 412	383
2006	250 452	162 089	67 987	20 376	2 666	2 049	571
增长率（%）	10.7	12.9	11.8	−6.3	−22.7	−15.0	49.1

（2）二氧化硫排放情况

2006 年，全国工业废气排放量 330 990 亿米^3（标态），比上年增加 13.2%。全国二氧化硫排放量为 2 588.8 万吨，比上年增加 1.5%。其中，工业二氧化硫排放量为 2 237.6 万吨，比上年增加 3.2%，工业二氧化硫排放量占全国二氧化硫排放量的 86.4%；生活二氧化硫排放量 351.2 万吨，比上年减少 7.8%，生活二氧化硫排放量占全国二氧化硫排放量的 13.6%，见表 10、图 27。

表 10　全国近年废气中主要污染物排放量　　单位：万吨

年度＼项目	二氧化硫排放量			烟尘排放量			工业粉尘排放量
	合计	工业	生活	合计	工业	生活	
2000	1 995.1	1 612.5	382.6	1 165.4	953.3	212.1	1 092.0
2001	1 947.8	1 566.6	381.2	1 069.8	851.9	217.9	990.6
2002	1 926.6	1 562.0	364.6	1 012.7	804.2	208.5	941.0
2003	2 158.7	1 791.4	367.3	1 048.7	846.2	202.5	1 021.0
2004	2 254.9	1 891.4	363.5	1 094.9	886.5	208.4	904.8
2005	2 549.3	2 168.4	380.9	1 182.5	948.9	233.6	911.2
2006	2 588.8	2 237.6	351.2	1 088.8	864.5	224.3	808.4
增长率（%）	1.5	3.2	−7.8	−7.9	−8.9	−4.0	−11.3

2006 年，在全国 GDP 增加 11.1%、煤炭消耗量增加 10.7% 的宏观经济形势下，工业二氧化硫排放量增加幅度远远低于经济和能源的增长速度；另一方面，由于城市清洁能源使用量的持续增加、全球气候变暖等原因，生活二氧化硫排放量继续呈现下降趋势。

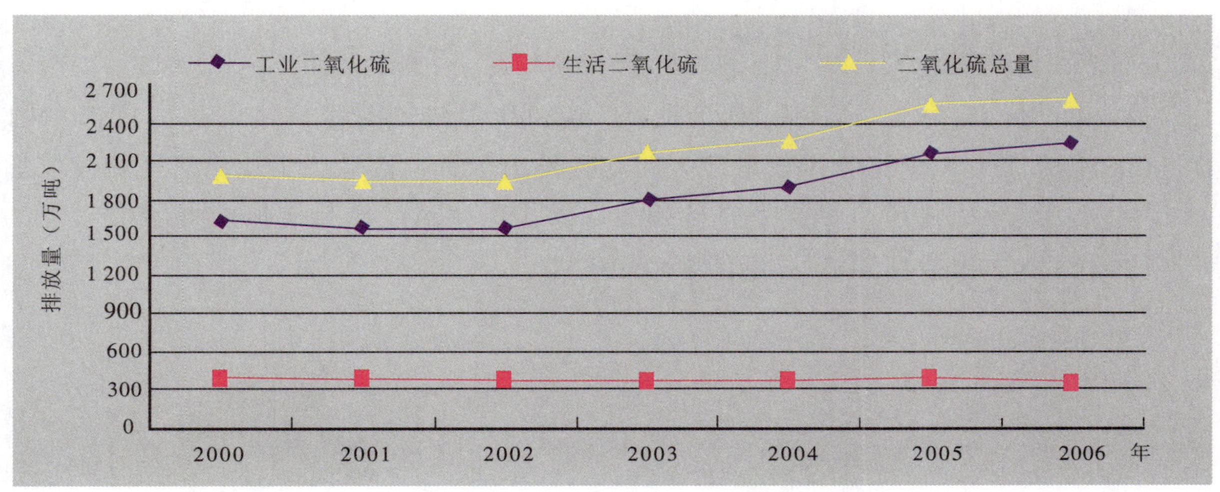

图 27　全国二氧化硫排放量年际变化

（3）烟尘及工业粉尘排放情况

2006 年，烟尘排放量为 1 088.8 万吨，比上年减少 7.9%。其中，工业烟尘排放量为 864.5 万吨，比上年减少 8.9%，工业烟尘排放量占全国烟尘排放量的 79.4%；生活烟尘排放量为 224.3 万吨，比上年减少 4.0%，生活烟尘排放量占全国烟尘排放量的 20.6%。

2006 年，工业粉尘排放量为 808.4 万吨，比上年减少 11.3%，见图 28。

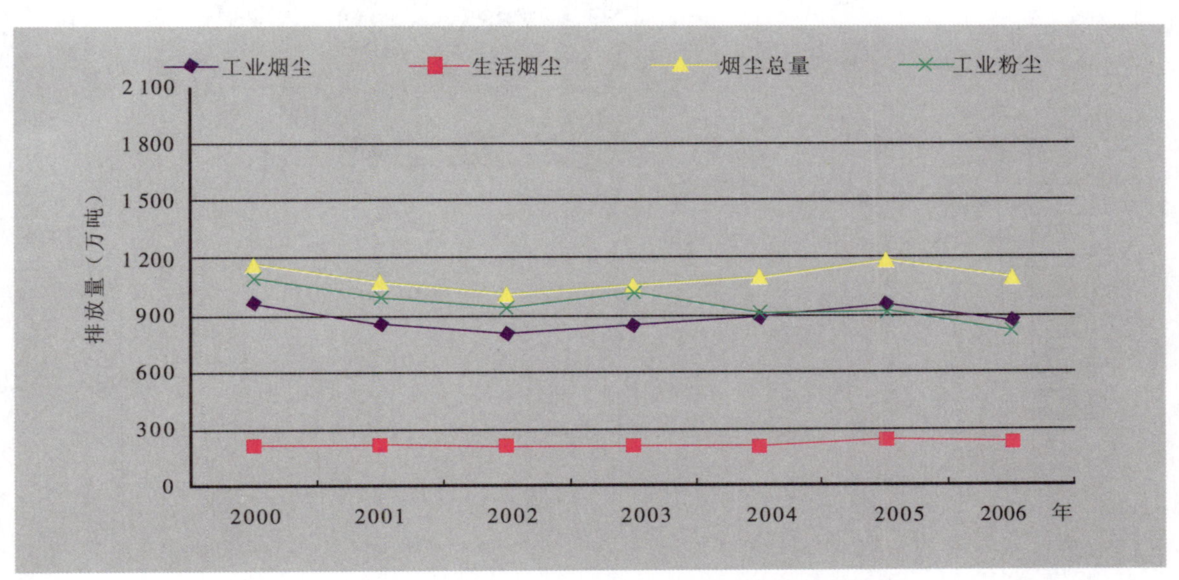

图 28　全国烟尘和工业粉尘排放量年际变化

1.3.2　各地区废气中主要污染物排放情况

（1）二氧化硫排放情况

二氧化硫排放量超过100万吨的地区依次为山东、河南、内蒙古、河北、山西、贵州、江苏、四川、广东、辽宁共10个地区。这10个地区的二氧化硫排放量占全国排放量的60.0%。工业二氧化硫排放量最大的地区是山东省，占全国工业二氧化硫排放量的7.6%；生活二氧化硫排放量最大的是贵州省，占全国生活二氧化硫排放量的12.0%，两省所占比重均较上年有所减少，见图29、图30。

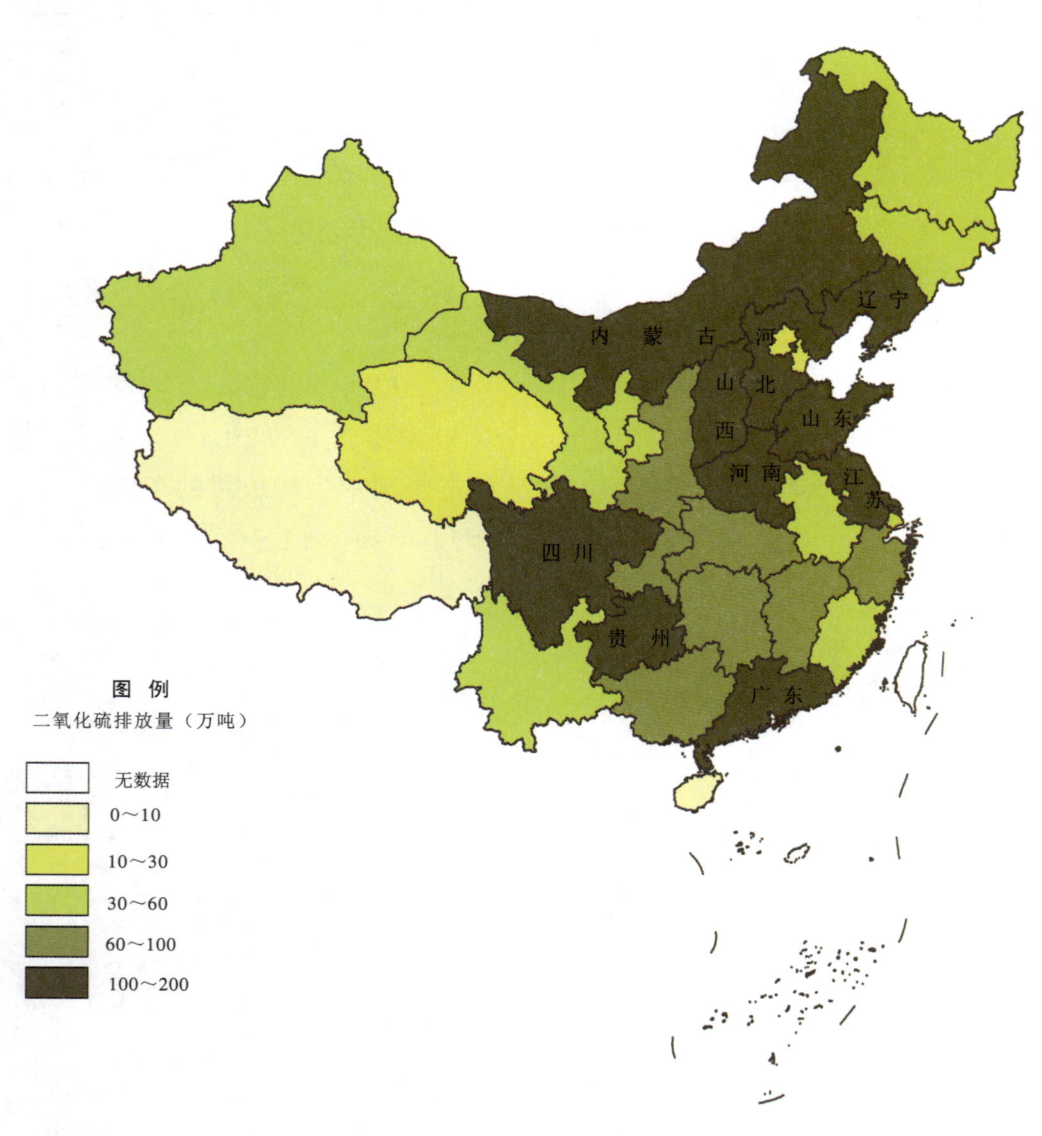

图29　全国二氧化硫排放地区分布

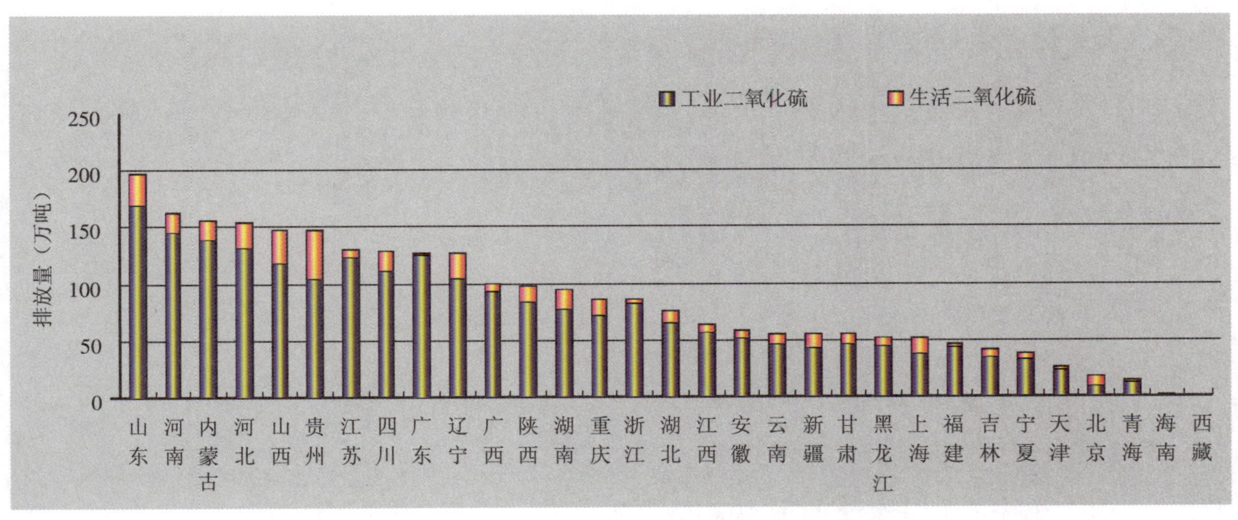

图 30　各地区二氧化硫排放情况排序

（2）烟尘排放情况

烟尘排放量超过 60 万吨的地区依次为山西、河南、河北、辽宁、内蒙古和四川共 6 个地区。这 6 个地区烟尘排放量占全国烟尘排放量的 42.0%。工业和生活烟尘排放量最大的分别是山西和辽宁，分别占全国工业和生活烟尘排放量的 9.8% 和 11.5%，见图 31。

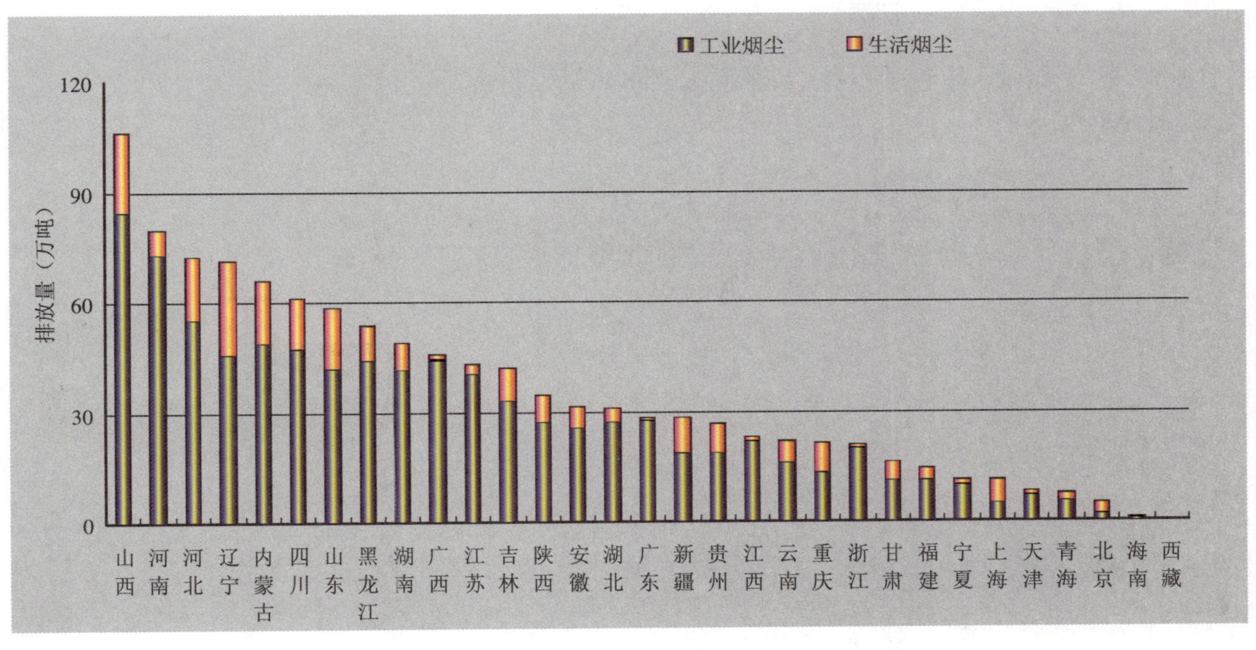

图 31　各地区烟尘排放量排序

（3）工业粉尘排放情况

工业粉尘排放量超过60万吨的省依次为湖南、河北和山西，其工业粉尘排放量占全国工业粉尘排放量的25.0%，见图32。

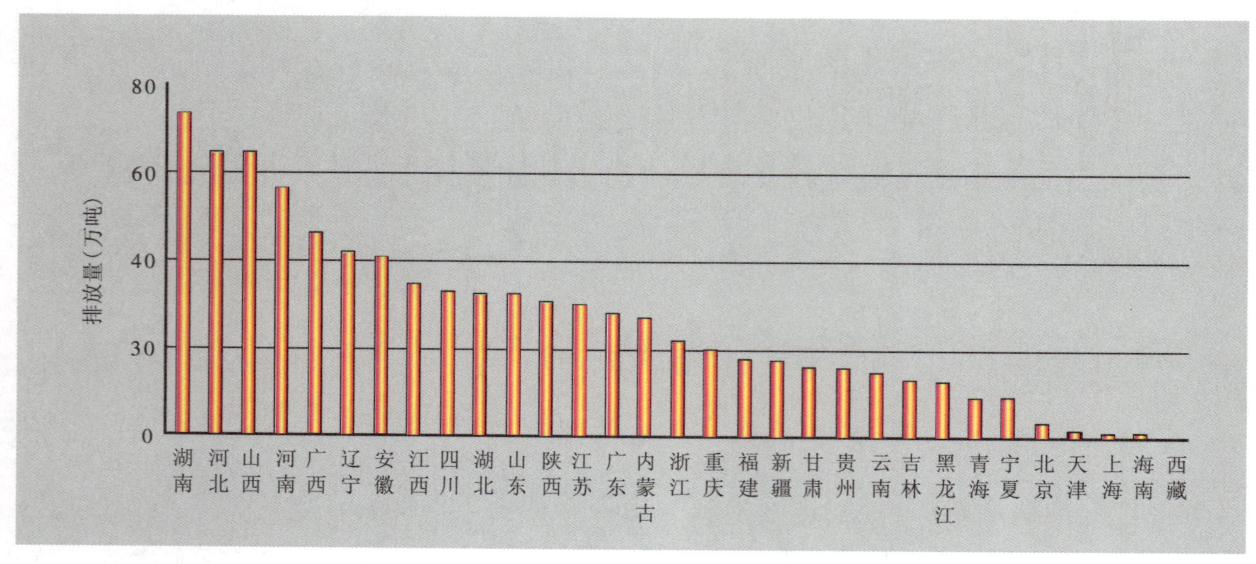

图32 各地区工业粉尘排放量排序

1.3.3 工业行业废气中主要污染物排放情况

（1）二氧化硫排放情况

2006年，二氧化硫排放量排名前三位的行业依次为电力业、非金属矿物制品业、黑色金属冶炼业。三类重污染行业共排放二氧化硫1 540万吨，占统计工业行业二氧化硫排放量的75.4%，见图33。

由表11、表12可见，与上年相比，三类行业中非金属矿物制品业二氧化硫污染贡献率近年来处于下降趋势，电力业和黑色金属冶炼业略有升高。同时，非金属矿物制品业的经济比重持续下降。

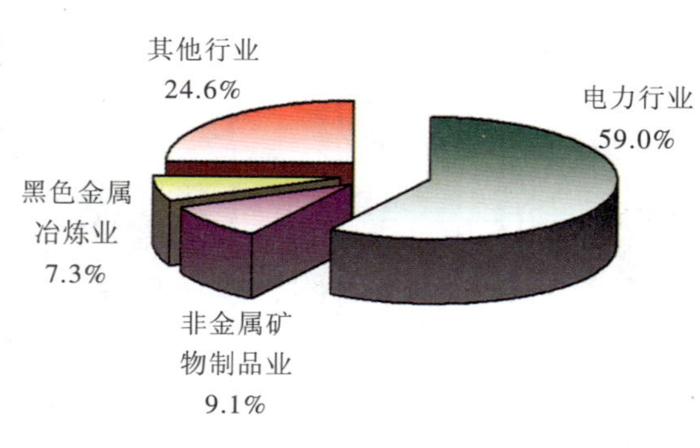

图33 工业行业二氧化硫排放情况

表 11　重污染行业二氧化硫污染贡献率年际变化　　单位：%

行　业	2000 年	2001 年	2002 年	2003 年	2004 年	2005 年	2006 年
电力业	43.2	53.5	54.9	61.7	57.1	58.9	59.0
非金属矿物制品业	20.4	11.6	11.4	9.5	9.8	9.0	9.1
黑色金属冶炼业	4.6	5.4	5.9	5.1	6.5	7.2	7.3
总　计	68.2	70.5	72.2	76.3	73.4	75.1	75.4

表 12　重污染行业经济贡献率年际变化　　单位：%

行　业	2000 年	2001 年	2002 年	2003 年	2004 年	2005 年	2006 年
电力业	6.7	5.7	6.4	5.7	5.2	4.8	5.1
非金属矿物制品业	4.5	5.9	4.5	4.1	4.3	3.7	3.4
黑色金属冶炼业	7.2	7.8	8.7	9.8	12.4	12.1	12.5
总　计	18.4	19.4	19.6	19.6	21.9	20.6	21.0

与上年相比，三类重污染行业二氧化硫排放强度均呈现一定幅度下降趋势。总体来看，非金属矿物制品业和黑色金属冶炼业的二氧化硫排放强度持续减少，电力业的二氧化硫排放强度有所波动，见表 13、图 34。

表 13　重污染行业二氧化硫排放强度变化趋势　　单位：吨 / 万元

行　业	2000 年	2001 年	2002 年	2003 年	2004 年	2005 年	2006 年
电力业	0.211	0.229	0.185	0.218	0.213	0.218	0.165
非金属矿物制品业	0.104	0.049	0.056	0.054	0.044	0.043	0.038
黑色金属冶炼业	0.067	0.017	0.015	0.012	0.010	0.010	0.008

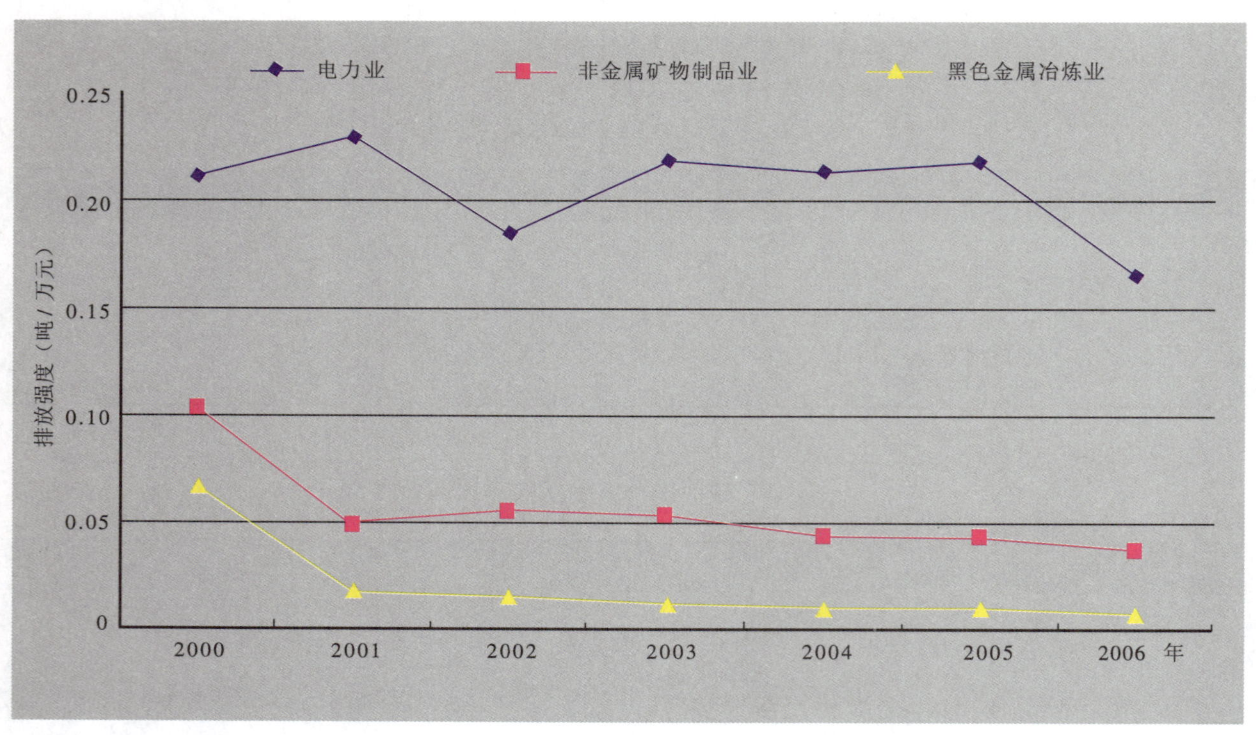

图34 重污染行业二氧化硫排放强度变化趋势

（2）氮氧化物排放情况

2006年，氮氧化物排放量排名前三位的行业依次为电力业、非金属矿物制品业、黑色金属冶炼业。三类行业占统计行业氮氧化物排放量的78.6%，其中电力业占63.5%，见图35。

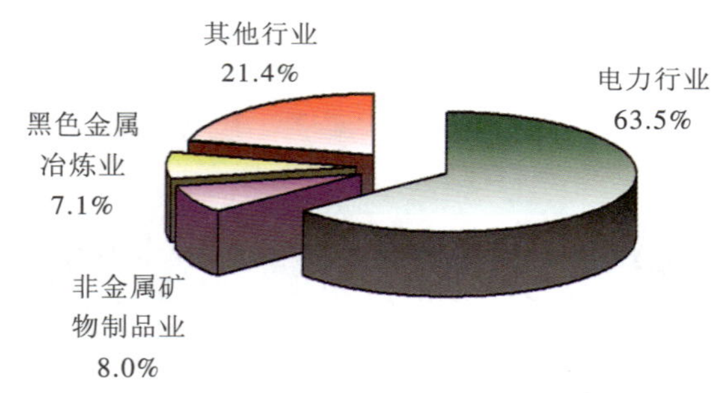

图35 工业行业氮氧化物排放情况

（3）烟尘排放情况

2006年，烟尘排放量排名前三位的行业依次为电力业、非金属矿物制品业、黑色金属冶炼业，与上年相同。三类行业占统计行业烟尘排放量的69.9%，其中电力业占44.7%，见图36。

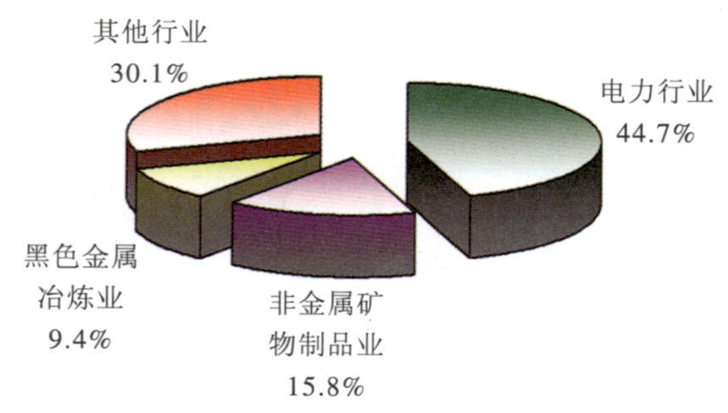

图36 工业行业烟尘排放情况

（4）工业粉尘排放情况

非金属矿物制品业和黑色金属冶炼业工业粉尘排放量占统计行业工业粉尘排放量的85.9%。其中，非金属矿物制品业占70.2%、黑色金属冶炼业占15.7%，见图37。

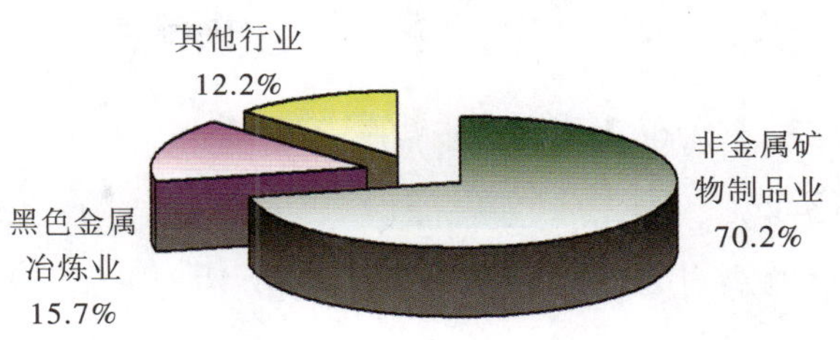

图37 工业行业 尘排放情况

1.3.4 火电厂二氧化硫排放情况

2006年，纳入重点调查范围的电力企业（包括火电、热电生产和自备电厂）2 563家，其中，火电厂1 571家，燃料煤消耗量为10.3亿吨，占全国工业煤炭消耗量的44.8%。全国火电厂二氧化硫排放量为1 155万吨，比上年增加4.0%，其排放量占全国工业二氧化硫排放量的51.7%。火电厂二氧化硫排放量排名前5位的地区依次为河南、贵州、内蒙古、江苏、河北，这5个地区火电厂的二氧化硫排放量占全国火电厂二氧化硫排放量的34.8%，全国火电厂二氧化硫排放量排序见图38。

在1 571家火电厂中，共安装了2 297套脱硫设施，比上年增加861套。去除二氧化硫407万吨，比上年增加76.9%，去除率达到26.0%，比上年提高5.3个百分点，仍远低于

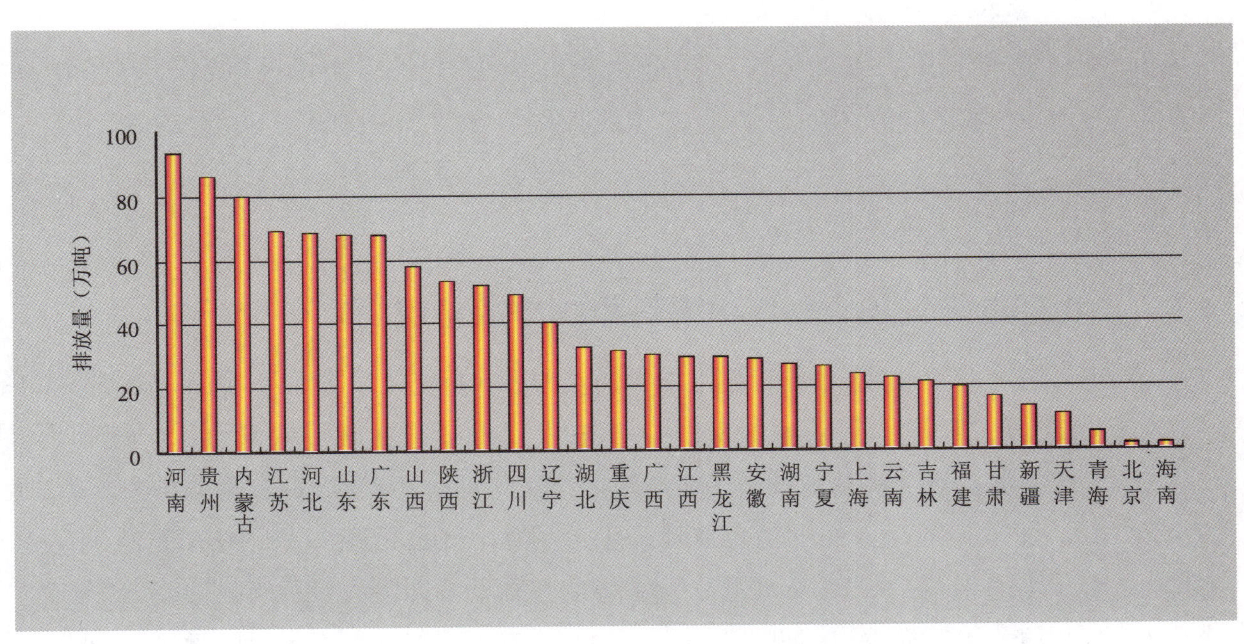

图38 各地区火电厂二氧化硫排放量排序

全国工业二氧化硫的平均去除率（33.5%）。

1.3.5 “两控区”（酸雨和二氧化硫控制区）二氧化硫排放情况

2006年，全国“两控区”二氧化硫排放量为1 376万吨，占全国二氧化硫排放量的53.2%。其中，“两控区”工业二氧化硫排放量1 219万吨，比上年减少6.2%，占全国工业二氧化硫排放量的54.6%；生活二氧化硫排放量为157万吨，比上年减少9.2%，占全国生活二氧化硫排放量的44.4%，见表14。

表14 “两控区”二氧化硫排放量

单位：万吨

年度	总计			酸雨控制区			二氧化硫控制区		
	合计	工业	生活	合计	工业	生活	合计	工业	生活
2001	—	904	—	—	548	—	—	356	—
2002	—	901	—	—	520	—	—	381	—
2003	1 251	1 073	178	768	667	102	482	406	76
2004	1 342	1 182	160	827	729	99	515	453	61
2005	1 472	1 299	173	848	785	103	585	514	71
2006	1 376	1 219	157	799	708	91	577	511	66
增长率（%）	−6.5	−6.2	−9.2	−5.8	−9.8	−11.7	−1.4	−0.6	−7.0

2006年，重点统计的“两控区”内电力企业为1 719家，占全国统计电力企业的67.0%；二氧化硫排放量为886万吨，占“两控区”工业二氧化硫排放量的72.7%。其中，“酸雨区”电力企业775家，排放二氧化硫417万吨；“二氧化硫区”电力企业数为944家，二氧化硫排放量468万吨。

1.3.6 北京市废气及废气中主要污染物排放情况

2006年，北京市工业废气排放量为4 641亿米^3（标态），比上年增加31.4%。二氧化硫排放量为17.6万吨，比上年减少8.1%。其中，工业二氧化硫排放量为9.4万吨，比上年减少10.7%；生活二氧化硫排放量为8.2万吨，比上年减少3.8%。烟尘排放量为5.0万吨，比上年减少14.7%。其中，工业烟尘排放量为1.5万吨，比上年减少18.9%；生活烟尘排放量为3.5万吨，比上年减少12.8%。工业粉尘排放量为3.0万吨，比上年减少8.8%。

2006年施工的废气治理项目106个，其中竣工103个。新增废气治理能力为2 226万标立方米/小时，废气治理投资9.0亿元。废气治理设施运行费用为4.9亿元，比上年减少13.3%；二氧化硫、烟尘以及工业粉尘的排放达标率分别为100%、99.0%、100%。

1.4 工业固体废物

1.4.1 工业固体废物产生、排放及利用情况

2006 年，全国工业固体废物产生量 151 541 万吨，比上年增加 12.7%；工业固体废物排放量 1 302 万吨，比上年减少 21.3%。全国危险废物产生量 1 084 万吨，比上年减少 6.7%；危险废物排放量 20 万吨，比上年增加 3.2 倍，见表 15。

表 15 全国工业固体废物产生及处理情况

单位：万吨

年 度	产生量		排放量		综合利用量		贮存量		处置量	
	合计	危险废物	合计	危险废物	合计	危险废物	合计	危险废物	合计	危险废物
2000	81 608	830	3 186	2.6	34 751	408	28 921	276	9 152	179
2001	88 746	952	2 894	2.1	47 290	442	30 183	307	14 491	229
2002	94 509	1 000	2 635	1.7	50 061	392	30 040	383	16 618	242
2003	100 428	1 170	1 941	0.3	56 040	427	27 667	423	17 751	375
2004	120 030	995	1 762	1.1	67 796	403	26 012	343	26 635	275
2005	134 449	1 162	1 655	0.6	76 993	496	27 876	337	31 259	339
2006	151 541	1 084	1 302	20	92 601	566	22 398	267	42 883	289
增长率（%）	12.7	－6.7	－21.3	3 227.7	20.3	14.1	－19.7	－20.8	37.2	－14.6

注：“综合利用量”和“处置量”指标中含有综合利用和处置往年量。

工业固体废物综合利用量 92 601 万吨，比上年增加 20.3%；工业固体废物贮存量 22 398 万吨，比上年减少 19.7%，其中，危险废物贮存量 267 万吨，比上年减少 20.8%；工业固体废物处置量 42 883 万吨，比上年增加 37.2%，其中，危险废物处置量 289 万吨，比上年减少 14.6%，见图 39。

总体来看，固体废物综合利用和固体废物处置两种方式逐渐成为固体废物处理的主要方式，同时，采用贮存处理固体废物的方式逐渐减少。

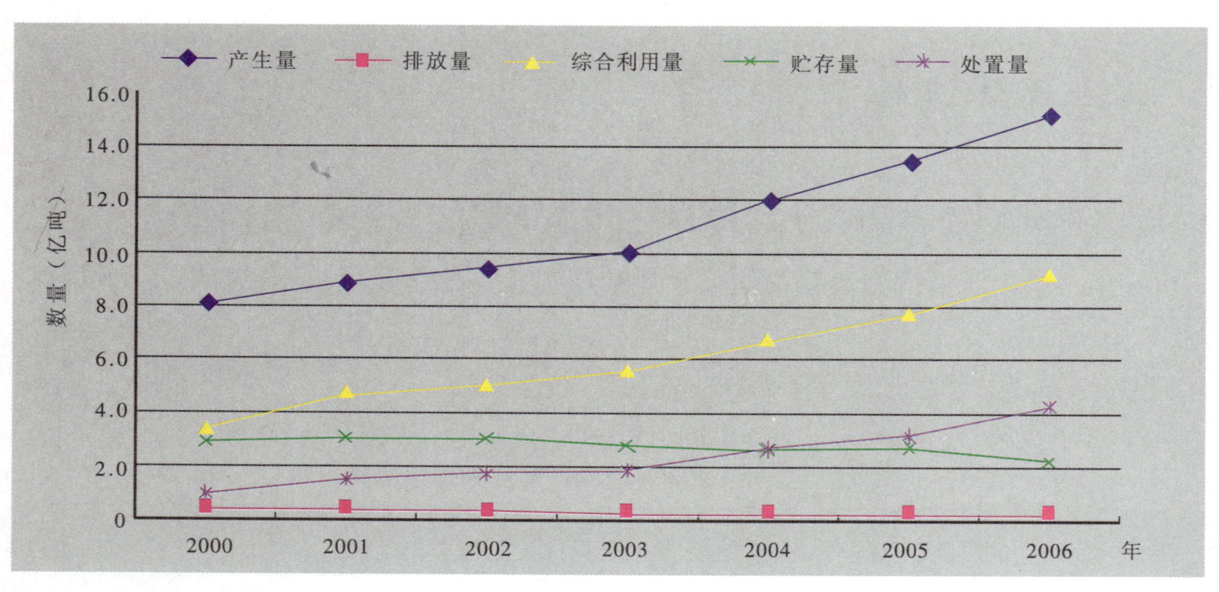

图 39　全国工业固体废物产生、处理及排放量年际变化

1.4.2　各地区工业固体废物排放及处理情况

2006 年，工业固体废物排放量超过 100 万吨的地区依次为山西、贵州、新疆、重庆共 4 个地区。这 4 个地区的工业固体废物排放量占全国工业固体废物排放量的 63.1%，见图 40。

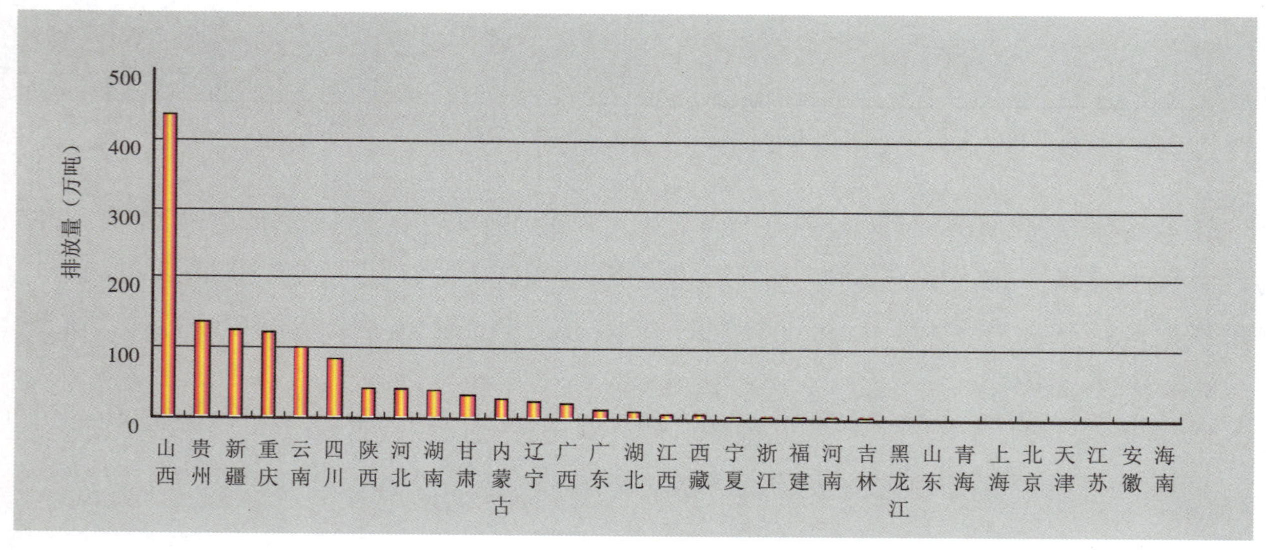

图 40　各地区工业固体废物排放量排序

各地区工业固体废物处理率（经处理的工业固体废物占其产生量的比率）一般都在 98% 以上，但西藏、新疆、重庆、山西 4 个省（区、市）的工业固体废物处理率低于 98%，分别为 11.1%、92.1%、95.8%、97.8%。

1.4.3 工业行业固体废物排放情况

2006年，工业固体废物排放量超过100万吨的行业依次为煤炭开采和洗选业、有色金属矿采选业、黑色金属冶炼业、黑色金属矿采选业4个行业。这4个行业工业固体废物排放量占统计工业行业固体废物排放总量的69.9%。

1.4.4 各地区危险废物集中处置情况

2006年，全国环境统计危险废物集中处置厂248座，比上年新增59座。江西、河南、湖南、宁夏4个省填补了无危险废物处置厂的空白，云南、西藏尚无危险废物集中处置厂。

危险废物集中处置厂运行费用为110 234万元，比上年增加54.2%；危险废物处置能力为每日18 052吨。其中，焚烧处置能力为每日3 144吨，填埋处置能力为每日13 314吨；危险废物实际处置量为88.6万吨，比上年增加69.7%。其中，焚烧量50.8万吨，比上年增加60.5%，填埋量35.3万吨，比上年增加77.5%；危险废物综合利用量为33.7万吨，比上年增加57.4%。

1.5 环境污染治理投资情况

2006年，环境污染治理投资为2 566.0亿元，比上年增加7.5%。环境污染治理投资占当年GDP的1.22%，比上年略有下降。其中，城市环境基础设施建设投资1 314.9亿元，比上年增加2.0%；工业污染源治理投资483.9亿元，比上年增加5.6%；建设项目“三同时”环保投资767.2亿元，比上年增加19.9%，见表16。

表16 全国近年环境污染治理投资情况

单位：亿元

项　目	2000年	2001年	2002年	2003年	2004年	2005年	2006年	增长率（%）
城市环境基础设施建设投资	561.3	595.7	785.3	1 072.4	1 141.2	1 289.7	1 314.9	2.0
工业污染源治理投资	239.4	174.5	188.4	221.8	308.1	458.2	483.9	5.6
建设项目“三同时”环保投资	260.0	336.4	389.7	333.5	460.5	640.1	767.2	19.9
投资总额	1 060.7	1 106.6	1 363.4	1 627.3	1 909.8	2 388.0	2 566.0	7.5

1.5.1 城市环境基础设施建设

2006年，在城市环境基础设施建设投资中，燃气工程建设投资155.1亿元，比上年增加8.9%；集中供热工程建设投资223.6亿元，比上年增加1.5%；排水工程建设投资331.5亿元，比上年减少9.9%；园林绿化工程建设投资429.0亿元，比上年增加4.3%；市容环境卫生工程建设投资175.8亿元，比上年增加18.9%。

2006年，燃气、集中供热、排水、园林绿化和市容环境卫生投资分别占城市环境基础设施建设总投资的11.8%、17.0%、25.2%、32.6%和13.4%，排水设施和园林绿化建设成为该部分投资的主体，见表17。

表17 全国近年城市环境基础设施建设投资构成

单位：亿元

年度	投资总额	燃气	集中供热	排水	园林绿化	市容环境卫生
“十五”总计	4 888.14	588.05	742.78	1 594.91	1 495.43	466.96
2001	595.73	75.48	81.98	224.46	163.24	50.56
2002	789.13	88.42	121.43	274.99	239.47	64.81
2003	1 072.36	133.46	145.82	375.16	321.94	95.99
2004	1 141.22	148.32	173.35	352.28	359.46	107.80
2005	1 289.70	142.37	220.19	368.03	411.32	147.79
2006	1 314.92	155.05	223.59	331.52	429.01	175.75

1.5.2 工业污染源污染治理投资

2006年，在工业污染源污染治理投资中，废水治理资金151.1亿元，比上年增加13.0%；废气治理资金233.3亿元，比上年增加9.5%；工业固体废物治理资金18.3亿元，比上年减少33.2%；噪声治理资金3.0亿元，比上年减少31.3%。

2006年，废水、废气、固体废物、噪声以及其他污染要素治理投资，分别占工业源治理总投资的31.2%、48.2%、3.8%、0.6%和16.2%，工业污染的治理重点仍然是传统“三废”治理，见表18。

表18 全国近年工业源污染治理投资构成

单位：万元

年度	废水	废气	固体废物	噪声	其他
“十五”总计	4 710 912.1	5 834 573.3	1 010 664.0	71 056.5	1 882 986.1
2001	729 214.3	657 940.4	186 967.2	6 424.4	164 733.7
2002	714 935.1	697 864.3	161 287.3	10 463.5	299 112.6
2003	873 747.7	921 222.4	161 763.4	10 139.2	251 408.3
2004	1 055 868.1	1 427 974.9	226 464.8	13 416.1	357 335.6
2005	1 337 146.9	2 129 571.3	274 181.3	30 613.3	810 395.9
2006	1 511 164.5	2 332 697.1	182 630.5	30 145.1	782 847.9

1.5.3 建设项目“三同时”环保投资

2006年，建设项目“三同时”环保投资与上年相比，也有较大增加。新建项目投资584.9亿元，比上年增加25.2%；扩建项目投资91.8亿元，比上年减少17.4%；技改项目投资90.5亿元，比上年增加46.2%。

尽管建设项目“三同时”环保投资比上年增加20%、占环境治理投资总额的比例也接近30%，但是其占建设项目投资总额的比率明显偏低，为历年最低，说明2006年国家建设项目投资过多、过快，而相应的环境治理投资却未能足额到位，见表19。

表19 建设项目“三同时”投资情况

年 度	环保投资额（亿元）	占建设项目投资总额（%）	占全社会固定资产投资总额（%）	占环境治理投资总额（%）
“十五”总计	2 160.2	4.1	0.73	25.74
2001	336.4	3.6	0.90	30.40
2002	389.7	5.2	0.90	28.58
2003	333.5	3.9	0.60	20.49
2004	460.5	3.9	0.65	24.13
2005	640.1	4.0	0.72	26.80
2006	767.2	1.0	0.70	29.88

1.6 工业污染物排放达标情况

1.6.1 工业废水排放达标率

2006年，全国工业废水排放达标率为90.7%，比上年降低0.5个百分点。工业废水排放达标率高于95%的地区依次为天津、北京、山东、福建、江苏、上海和安徽，见图41。

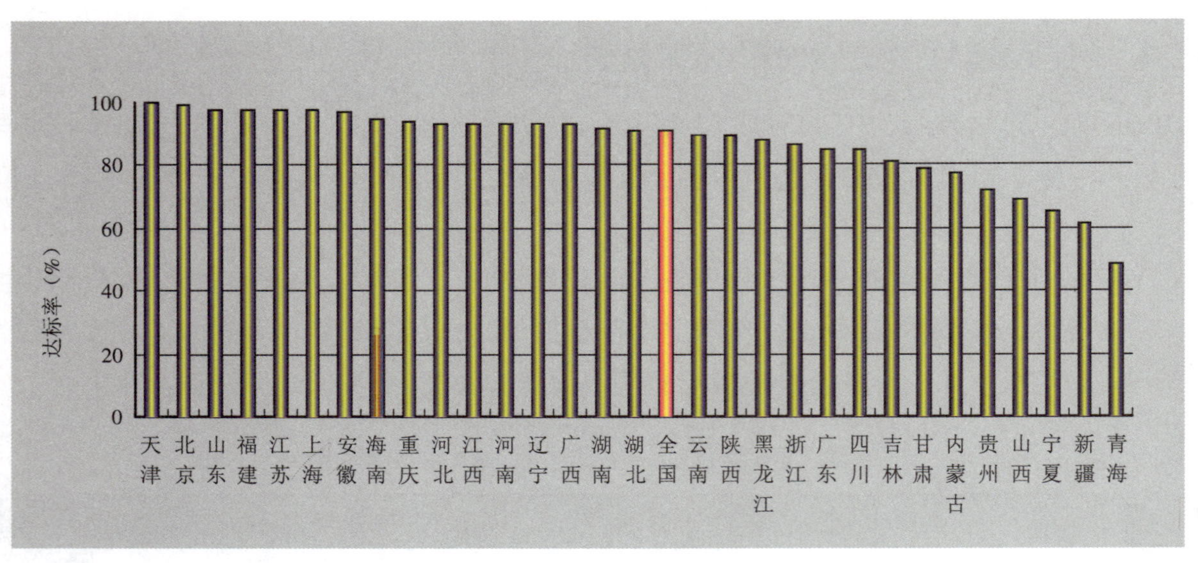

图41 各地区工业废水排放达标率排序

1.6.2 工业二氧化硫排放达标率

2006年，全国工业二氧化硫排放达标率为81.9%，比上年提高2.5个百分点。工业二氧化硫排放达标率高于95%的地区依次为北京、天津、江苏、福建和上海，见图42。

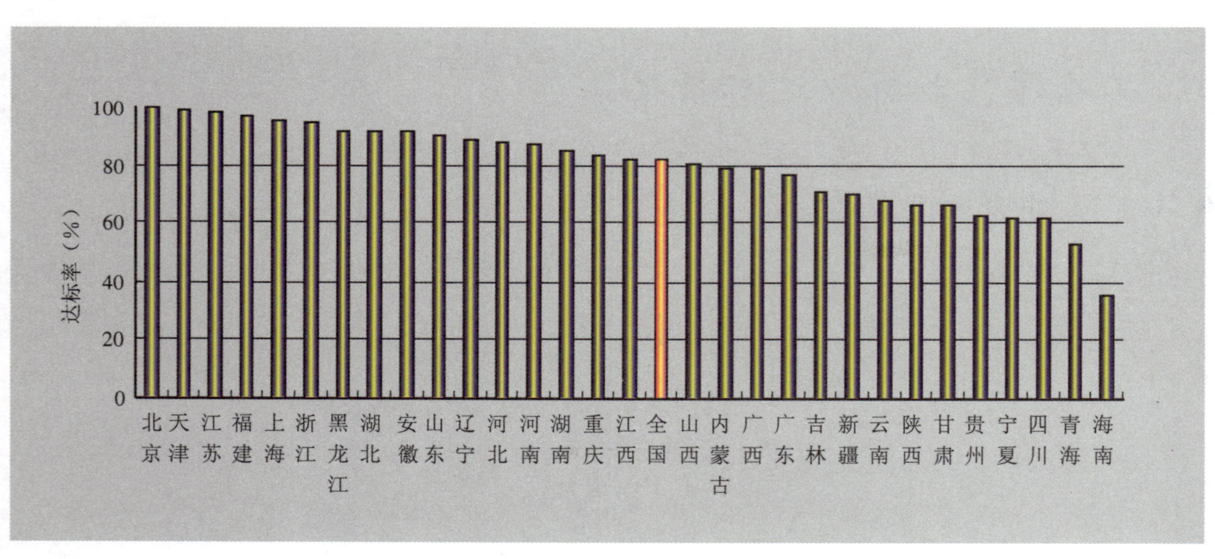

图42 各地区工业二氧化硫排放达标率排序

1.6.3 工业烟尘排放达标率

2006年，全国工业烟尘排放达标率为87.0%，比上年提高4.1个百分点。达标率高于95%的地区依次为天津、北京、江苏、安徽、山东和上海，见图43。

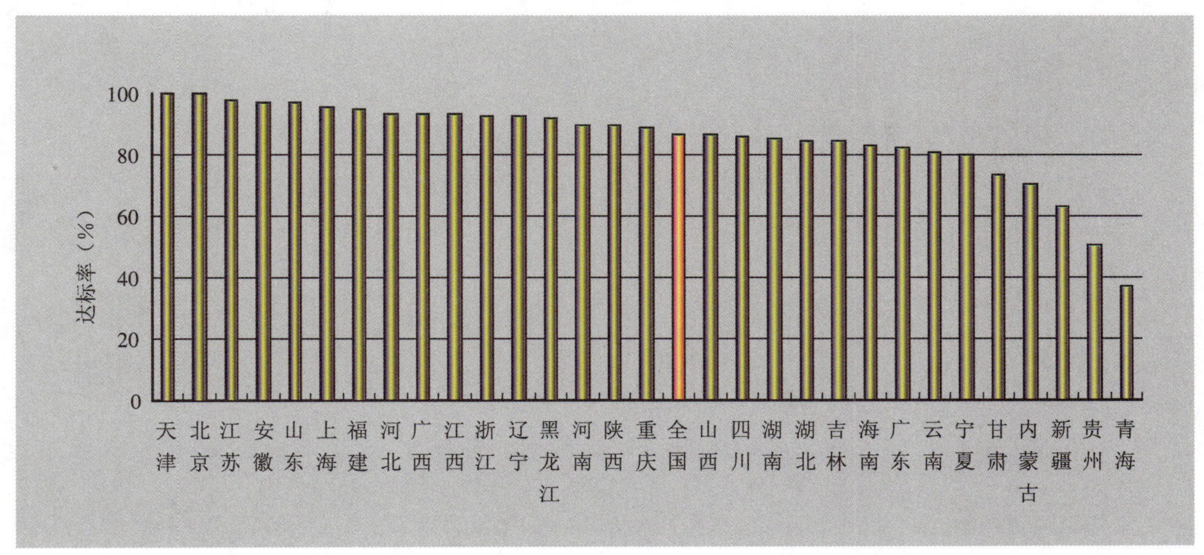

图43 各地区工业烟尘排放达标率排序

1.6.4 工业粉尘排放达标率

2006年，全国工业粉尘排放达标率为82.9%，比上年提高7.8个百分点。高于95%的地区依次为北京、天津、上海、江苏、浙江、山东和福建，见图44。

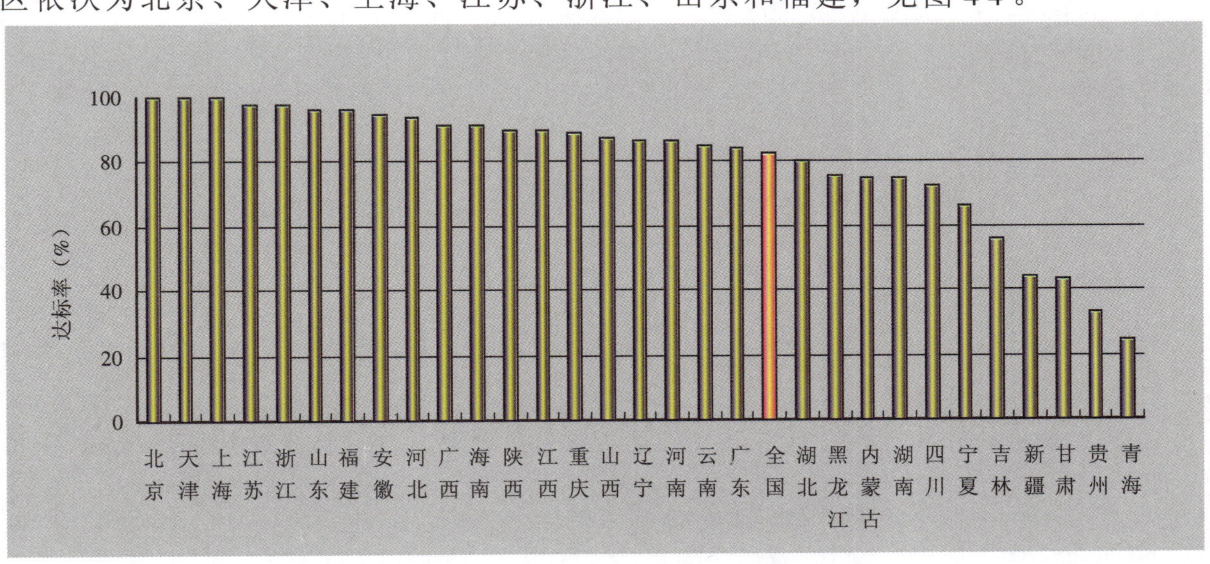

图44 各地区工业粉尘排放达标率排序

1.6.5　工业氮氧化物排放达标率

2006 年，全国工业氮氧化物排放达标率为 79.6%。高于 95% 的地区依次为江苏、上海、福建和北京，见图 45。

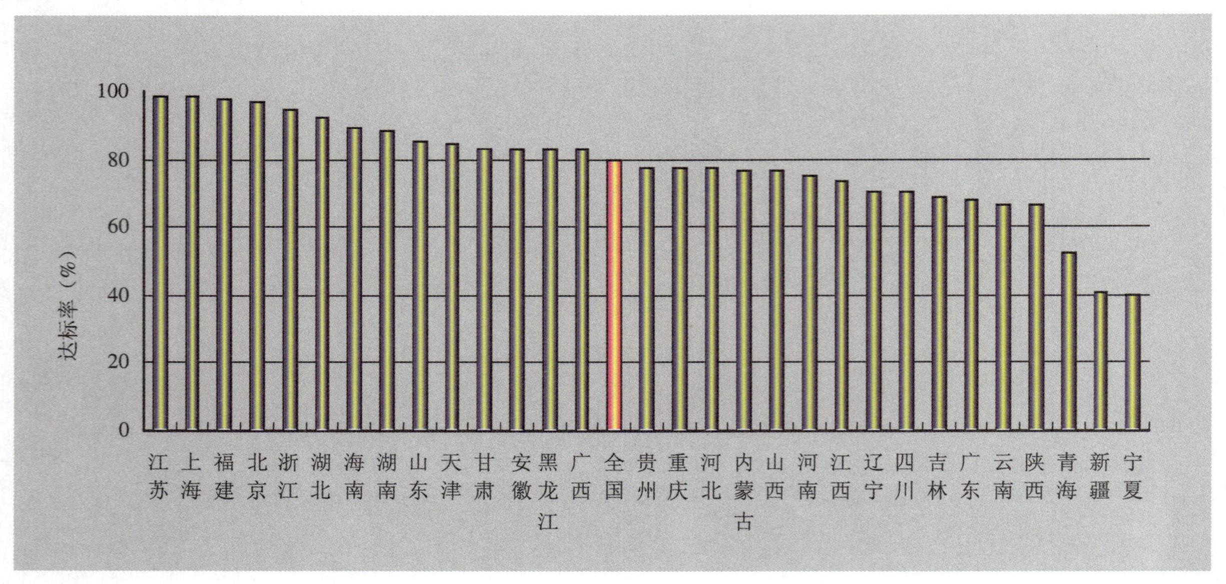

图 45　各地区工业氮氧化物排放达标率排序

1.6.6　工业固体废物综合利用率

2006 年，全国工业固体废物综合利用率为 60.2%，比上年提高 2.7 个百分点。综合利用率高于 90% 的地区依次为天津、上海、江苏、山东和浙江，见图 46。

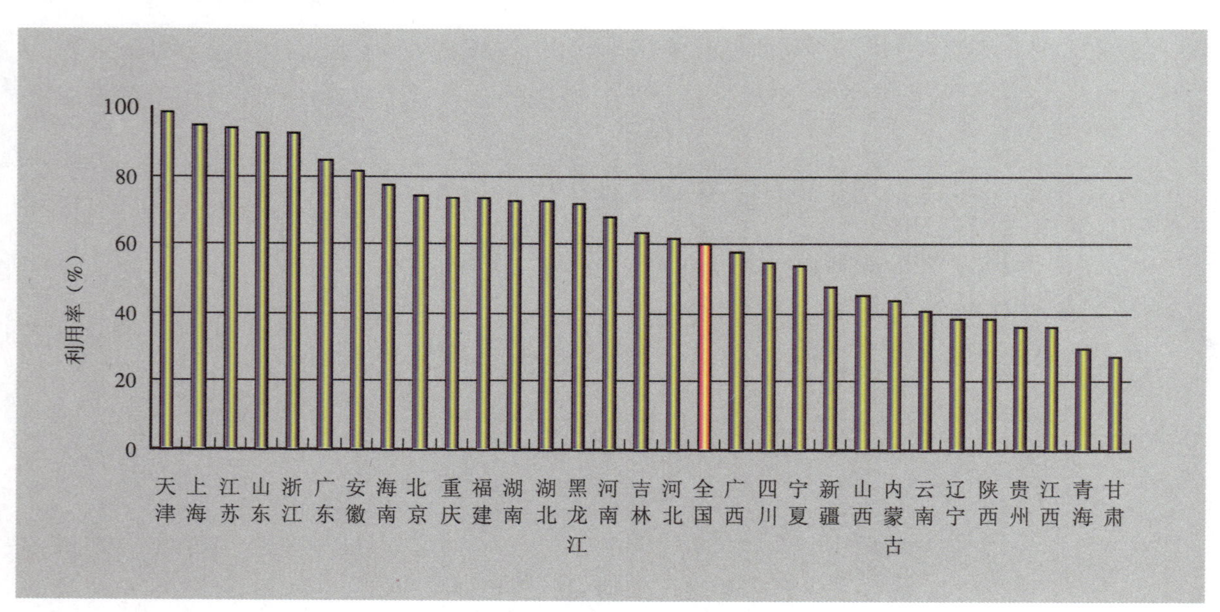

图 46　各地区工业固体废物综合利用率排序

1.7 城镇生活污水处理情况

2006年，全国共设有939座城市污水处理厂，比上年增加175座；设计污水处理能力为每日6 370万吨，比上年新增1 150万吨。全年共处理废水163.1亿吨。其中，生活污水130.4亿吨，占总处理水量的80.0%。城镇生活污水处理率达到43.8%，比上年提高6.4个百分点。各地区城镇生活污水处理率，见图47。

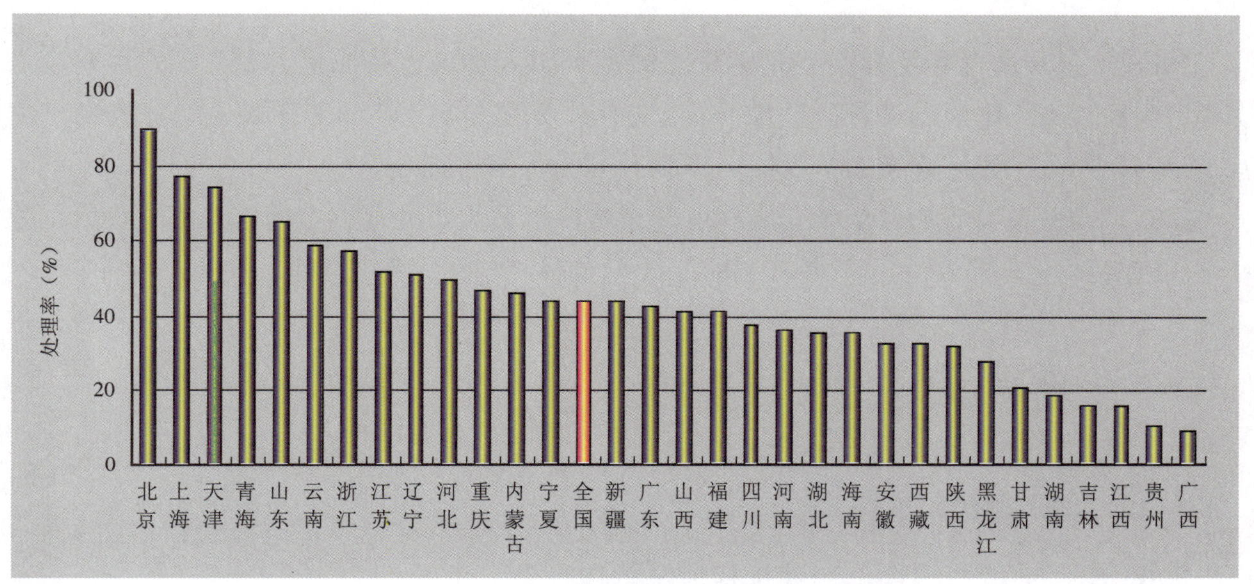

图47 各地区城镇生活污水处理率

1.8 重点城市主要污染物排放情况

2006年，113个重点城市废水排放量为321亿吨，占全国废水排放量的59.7%。其中，工业废水排放量135亿吨，生活污水排放量186亿吨。重点城市工业废水排放达标率为92.9%，高于全国平均水平2.2个百分点。

重点城市化学需氧量排放量为671万吨，占全国化学需氧量排放量的47.0%，其中工业化学需氧量排放量234万吨、生活化学需氧量排放量437万吨；氨氮排放量为70万吨，占全国氨氮排放总量的50.0%，其中工业氨氮排放量20万吨、生活氨氮排放量50万吨。

重点城市二氧化硫排放量为1 297万吨，占全国二氧化硫排放量的50.1%，其中工业二氧化硫排放量1 142万吨、生活二氧化硫排放量155万吨；氮氧化物排放量1 191万吨，占全国氮氧化物排放量的78.2%，其中工业氮氧化物排放量616万吨、生活氮氧化物排放量

575万吨；烟尘排放量496万吨，占全国烟尘排放量的45.5%，其中工业烟尘排放量397万吨、生活烟尘排放量99万吨；工业粉尘排放量350万吨，占全国工业粉尘排放量的43.2%；工业固体废物排放量588万吨，占全国工业固体废物排放量的45.2%。

重点城市共有污水处理厂684座，城市生活污水处理率为57.9%，高出全国平均水平14.1个百分点。

1.9 医院主要污染物排放情况

2006年，共调查县及县以上医院10 332家，涉及206万张床位。重点调查医院废水排放量为3.8亿吨，化学需氧量排放量为6.2万吨，氨氮排放量为0.8万吨，医疗废物产生量为25万吨，放射源总数为2.3万枚。

重点调查医院共设有9 990套废水处理设施，每日废水处理能力为244万吨，废水处理率为92.2%，废水排放达标率为83.3%，低于全国平均达标率7.4个百分点。

1.10 环境管理制度执行情况

1.10.1 环境影响评价

2006年，环境影响评价制度执行情况总体稳定，见图48。

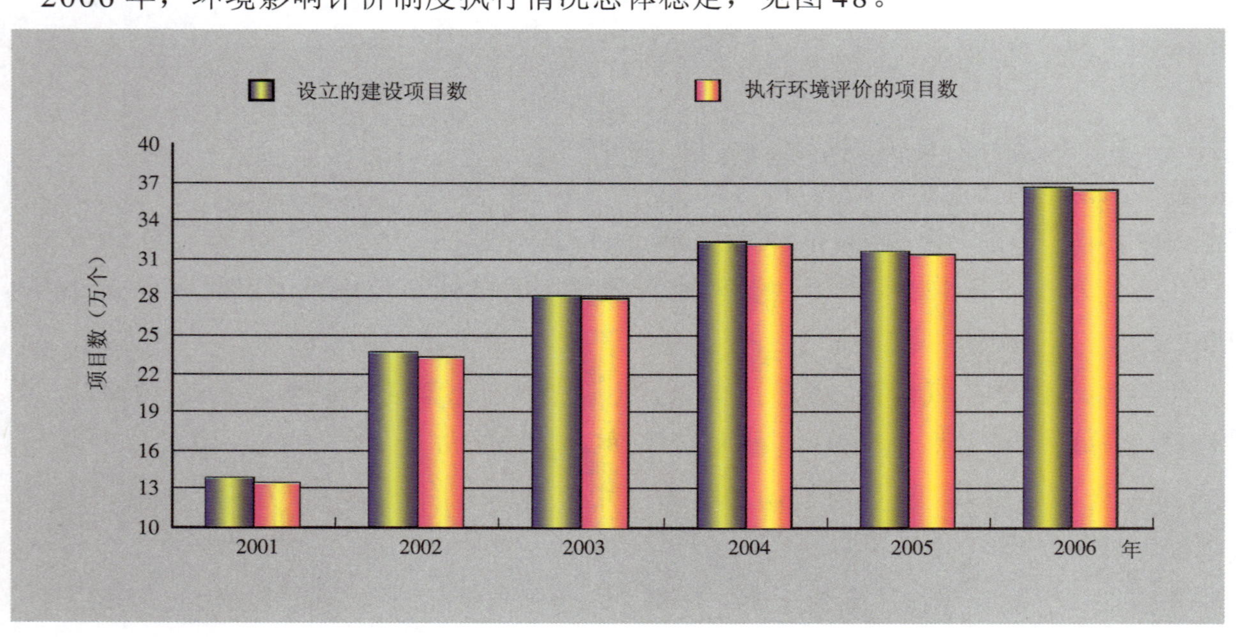

图48 全国建设项目执行环境影响评价制度情况

全国36.48万个建设项目中，有36.35万个执行了环境影响评价，环评执行率达到99.7%，与上年持平。其中，编制环境影响报告书、填报环境影响报告表和填报环境影响登记表的分别占3.6%、33.2%和63.2%，近年建设项目环评制度执行率变化情况，见图49。

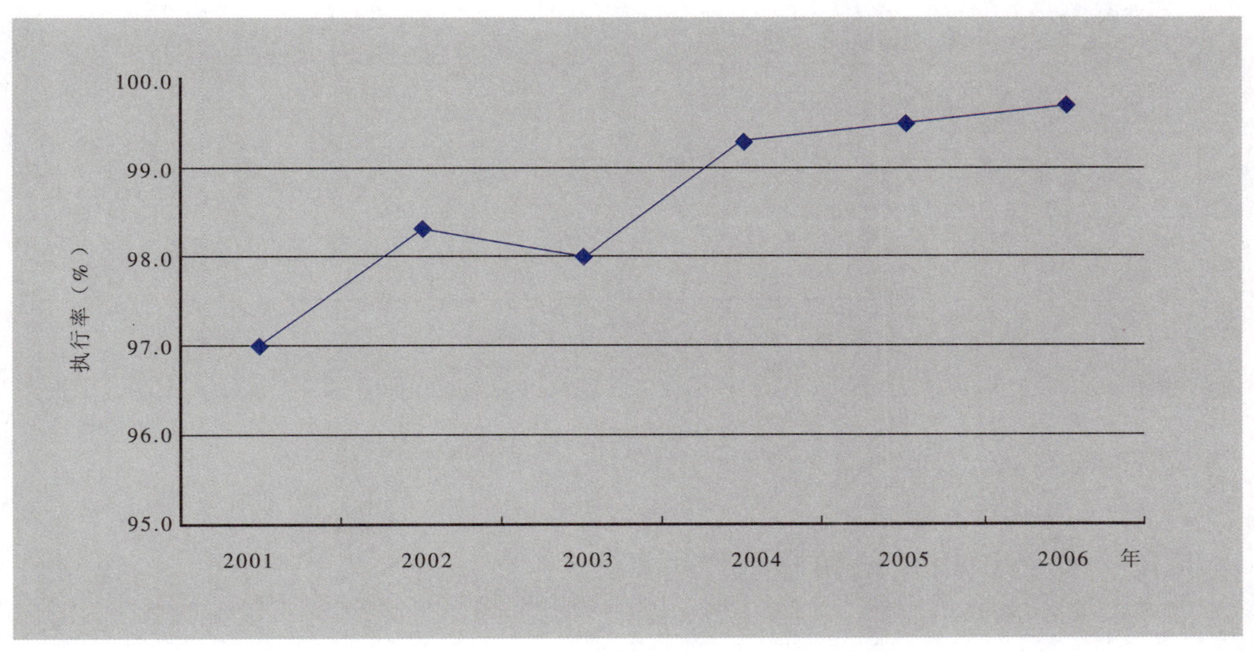

图49 全国建设项目环境影响评价制度执行率

申报环评项目的环保投资6 607.7亿元，占申请环评项目投资总额的6.1%，比上年增加了1.4个百分点。其中，新建项目、扩建项目、技改项目环保投资分别占申请环评的同类建设项目总额的6.0%、6.3%和8.4%，与上年相比，新建项目上升了2.0个百分点，扩建项目上升了0.3个百分点，技改项目下降了3.3个百分点。

1.10.2 “三同时”管理

“三同时”执行率基本稳定。2006年，全国应执行“三同时”的项目为8.20万项，实际执行“三同时”的项目为8.15万项，“三同时”合格项目数为7.48万项，“三同时”执行合格率为91.3%。

2006年，执行“三同时”项目用于环保工程的实际投资为767.2亿元，占项目总投资的1.0%，比2005年下降了3.0个百分点。其中，新建项目、扩建项目、技改项目环保投资占项目投资的比重分别为0.9%、2.3%和1.8%，与2005年相比，新建项目、扩建项目、技改项目的环保投资占项目总投资的比重分别下降了2.7个、3.2个和3.9个百分点，见图50。

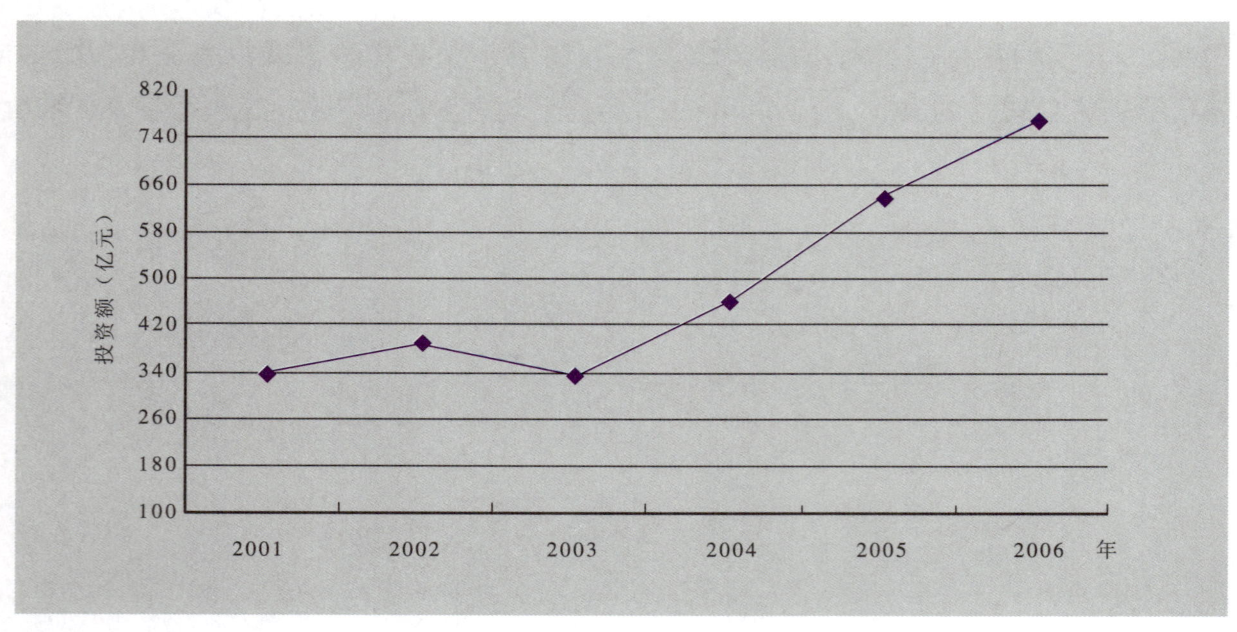

图 50　全国实际执行“三同时”建设项目环保投资情况

1.10.3　排污申报登记和排污许可证

2006 年，全国执行排污申报的企业数 52.3 万个，比上年增长 3.0%。各级环保部门已对 19.2 万家企业发放了排污许可证，比上年增长 8.5%。发放的排污许可证 21.7 万份，比上年增长 13.0%。

1.10.4　限期治理

限期治理进一步加强。2006 年，全国完成 2.1 万个限期治理项目，比上年减少 7.0%，但当年实际完成限期治理任务的项目共投入污染治理资金高达 237.9 亿元，比上年增长 33.4%。2006 年，各级人民政府对严重浪费资源、污染环境、没有治理价值的 10 030 家企事业单位依法实行关停并转迁，减少了污染负荷，促进了产业结构的优化升级。

1.10.5　排污收费

2006 年，全国排污费开征单位 671 465 户，比上年减少 74 394 户，减少 10.0%。征收总额 144 亿元，比上年增加 21.0 亿元，增幅 17.1%。虽然征收额达到历史新高，但增幅出现大幅回落，这表明排污费制度改革的政策性措施已经基本实施到位，排污收费制度改革实现平稳过渡，见表 20。

表 20 排污费收入情况表

项目	排污费收入（亿元）		2006 年各项收入占合计比重（%）	2006 年比上年增减额（亿元）	2006 年比上年增减率（%）
	2006 年	2005 年			
排污费收入合计	144	123		21	17.1
污水排污费	34	36	23.6	−2	−5.6
废气排污费	100	76	69.4	24	31.6
噪声排污费	7	7	4.9	0	0
固体废物排污费	3	4	2.1	−1	−25.0

除北京和青海外，另外 29 个地区征收总额全部增长，其中宁夏增幅最大，达 64.2%。排污收费大幅增长的主要原因：一是政策性增长。《排污费征收使用管理条例》及其配套政策、规章实施后，排污费征收标准提高，增加了排污费收入；二是各级环境监察部门克服任务重、经费不足等种种不利因素，加大收费力度，严格核查、严格征收，扩大收费面，使排污费征收额大幅增长。

为落实国务院《关于落实科学发展观加强环境保护工作的决定》，完成"十一五"国民经济和社会发展规划提出的主要污染物二氧化硫、化学需氧量削减 10% 指标，国家环境保护总局积极协调国家发展和改革委员会、财政部研究提高主要污染物排污费征收标准，促进企业治污减排。基本确定从 2007 年下半年起二氧化硫排污费征收标准分两年提高到每污染当量 1.2 元，化学需氧量排污费征收标准分三年提高到每污染当量 1.4 元，其他污染物各地可以根据当地实际情况提出提高的措施。以达到弥补治污成本水平，促进企业治污减排。

2006 年，进一步推进全国排污数据的全面申报、核定工作。共对 49 万户排污单位进行了申报核定工作，比上年增长 7%。要求 6 066 家国控重点污染企业的数据全部进入《排污费征收管理系统》数据库，实行污染源数据的信息化管理。通过加强国控重点排污企业的申报汇总工作，建立了从县、市、省、国家汇总上报的机制，为建立全国统一的污染源基础数据库奠定了良好的基础。

1.10.6 环境法制

2006 年，国务院颁布了《中华人民共和国濒危野生动植物进口管理条例》、《风景名胜区条例》、《防治海洋工程建设项目污染损害海洋环境管理条例》；监察部、国家环境保护总局出台了《环境保护违法违纪行政处分暂行规定》；信息产业部等部门发布了《电子信息产品污染控制管理办法》；国家环境保护总局发布了《环境影响评价公众参与暂行办法》、《国家级自然保护区监督检查办法》、《环境统计管理办法》、《环境信访办法》、《放射性同位素与射线装置安全许可管理办法》、《病原微生物实验室环境安全管理办法》、《环境监测质量管理规定》、《国家环境保护标准制修订工作管理办法》、《环境行政复议与行政应诉办法》。

2006 年，发布各类环境保护标准 118 项。其中，国家污染物排放（控制）标准 2 项，国家环境保护行业标准 113 项，国家污染防治技术政策 3 项。发布地方环境标准 24 项，地方环境标准累计已达 106 项。

全国实施环境保护行政处罚案件 9.2 万起，与上年持平；处罚案件的处罚金额 9.6 亿元，比上年增加 50.4%。受理环境保护行政复议案件 208 起，比上年减少 3 起。其中，维持原行政行为的 143 起，占行政复议案件总数的 68.8%，比上年减少 10.1%。当年结案的环境保护行政诉讼案件共计 353 起。

1.10.7 城市环境综合整治

城市环境综合整治稳步推进。2006 年，全国建成高污染燃料禁燃区 628 个，面积达 1.7 万千米^2；建成烟尘控制区 3 512 个，烟尘控制区面积已达 4.1 万千米^2，比上年增加 10.6%；噪声达标区有 4 037 个，噪声达标区面积达 2.9 万千米^2，比上年增加 15.1%。近年来，烟尘控制区、噪声达标区面积逐年递增，见图 51。

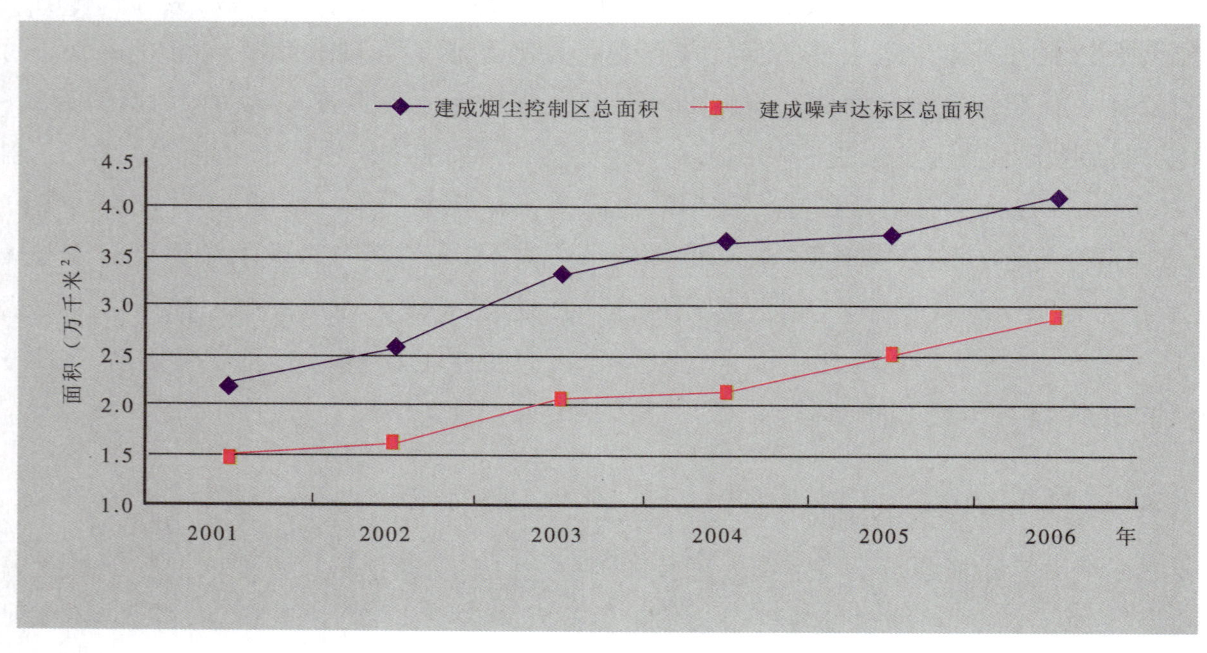

图 51 全国烟尘控制区、噪声达标区面积

1.10.8　环境科技

环境科技取得新进展。2006 年，全国各地共完成 3 466 项课题研究，课题研究总经费达 4.2 亿元，比上年增加 17.3%；101 项课题研究荣获省部级以上科学技术奖励。其中，有 2 项获得国家级奖励。

1.10.9　机构建设

2006 年，全国环保系统机构总数达 11 321 个。其中，国家级单位 41 个，省级机构 352 个，地市级环保机构 2 005 个，县级环保机构 7 680 个，乡镇环保机构 1 243 个。各级环保行政机构 3 226 个，各级监测机构 2 322 个，各级监察机构 2 803 个，环境科研院所 260 个。

全国环保系统共有 17 万人。其中，环保机关人员 4.4 万人，占环保系统总人数的 25.9%，比上年下降了 0.5 个百分点；环境监测人员 4.8 万人，占环保系统总人数的 28.2%，与上年相同；环境监察人员 5.3 万人，占环保系统总人数的 31.2%，比上年增长 1.2 个百分点，见表 21、图 52。

表 21　环保机关、监测站、监察机构年末实有人员及比例情况

环境行政主管部门	年末实有人数（人）	环保局		监测站		监察机构	
		实有人数（人）	占本级环保人员总数的比例（%）	实有人数（人）	占本级环保人员总数的比例（%）	实有人数（人）	占本级环保人员总数的比例（%）
2001	142 766	39 175	27.4	43 629	30.6	37 934	26.6
2002	154 233	40 709	26.4	46 515	30.2	41 878	27.2
2003	156 542	40 598	25.9	45 813	29.3	44 250	28.3
2004	160 246	42 134	26.3	45 849	28.6	47 189	29.4
2005	166 774	44 024	26.4	46 984	28.2	50 040	30.0
2006	170 290	44 141	25.9	47 689	28.2	52 845	31.2
国家级	2 065	215	10.4	108	5.2	45	2.2
省　级	10 911	1 946	17.8	2 825	25.9	772	7.1
地市级	43 084	9 081	21.1	16 143	37.5	9 169	21.3
县　级	109 839	32 899	30.0	28 613	26.0	42 859	39.0

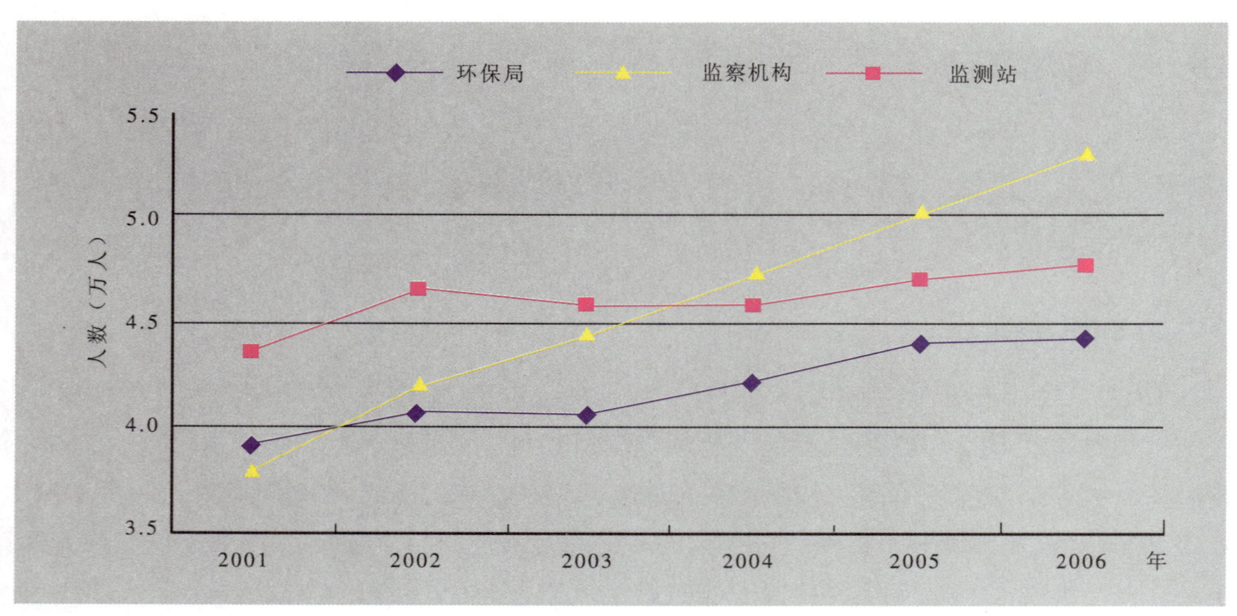

图 52　环保机关、监测站、监察机构人员变化情况

1.10.10　环境信访

环境信访量继续增加，环境问题成为社会关注的热点问题。2006 年，全国环保系统共收到群众来信 61.6 万封，涉及环境污染与生态破坏有关问题的有 58.7 万件。其中，反映水污染的有 7.3 万件，大气污染的有 24.2 万件，固体废物污染的有 0.9 万件，噪声污染的有 26.3 万件，反映其他污染的 2.9 万件。全国来信总数比上年增加 1.3%，来信处理率为 93.5%。群众来访 7.1 万批次，比上年减少 18.4%，来访处理率为 87.2%，比上年上升了 5.8%。各级人大、政协环保议案、提案数为 10 295 件，已办理人大、政协环保议案、提案数为 10 253 件，见表 22。

表 22　环境信访工作情况

年　度	来信总数（封）	水污染（件）	大气污染（件）	固体废物污染（件）	噪声与震动（件）	来访批次（批）	来访人次（次）
2001	369 712	47 536	144 880	6 762	154 780	80 575	95 033
2002	435 420	47 438	160 332	7 567	171 770	90 746	109 353
2003	525 988	60 815	194 148	11 698	201 143	85 028	120 246
2004	595 852	68 012	234 569	10 674	254 089	86 892	130 340
2005	608 245	66 660	234 908	10 890	255 638	88 237	142 360
2006	616 122	73 133	242 298	8 538	263 146	71 287	110 592

1.10.11 环境污染与破坏事故

2006 年，全国共发生环境污染与破坏事故 842 起，其中特大事故 4 起、重大事故 13 起、较大事故 48 起、一般事故 777 起，分别占全国环境污染事故总数的 0.5%、1.5%、5.7%、92.3%，见图 53。

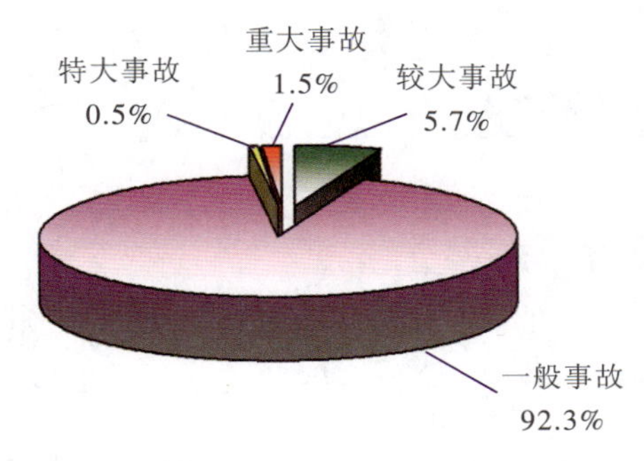

图 53 各种类型污染事故次数比例

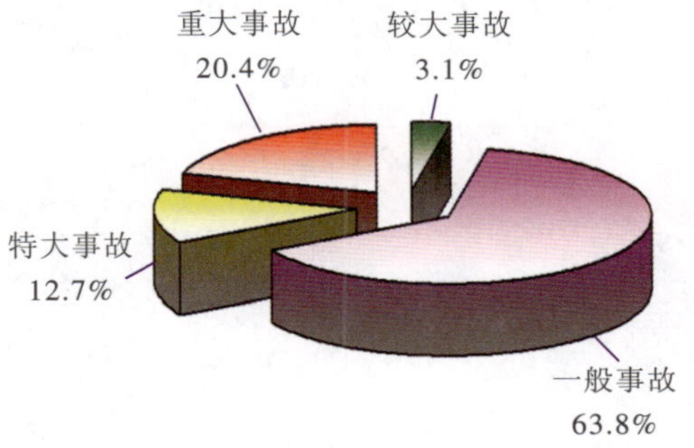

重大事故
20.4%
较大事故
3.1%
特大事故
12.7%
一般事故
63.8%

图 54 各种类型污染事故经济损失比例

2006 年，全国环境污染与破坏事故造成的直接经济损失共计 13 471.1 万元。其中，特大环境污染事故、重大环境污染事故、较大环境污染事故和一般环境污染事故造成的直接经济损失分别占损失总额的 12.7%、20.4%、3.1%、63.8%，见图 54。

1.10.12 自然生态保护

生态保护继续加强。2006 年，全国各类自然保护区共计 2 395 个，比上年增加 54 个。全国自然保护区面积 15 153.5 万公顷，约占全国国土面积的 15.8%，比上年增加 0.8 个百分点。国家级、省级、地市级、县级自然保护区个数分别占全国自然保护区总数的 11.1%、33.1%、17.6%、38.2%，其面积分别占自然保护区总面积的 60.5%、29.3%、3.4%、6.7%，见表 23、表 24，历年自然保护区占全国国土面积比例，见图 55。

表 23 全国自然保护区数量

单位：个

年 度	自然保护区数	国家级	省 级	地市级	县 级
2001	1 551	171	526	269	585
2002	1 757	188	609	304	656
2003	1 999	226	654	340	779
2004	2 194	226	733	396	839
2005	2 349	243	773	421	912
2006	2 395	265	793	422	915

表24 全国自然保护区面积

单位：万公顷

年 度	自然保护区面积	国家级	省 级	地市级	县 级
2001	12 989.0	5 903.8	5 725.9	423.2	936.0
2002	13 294.5	6 042.1	5 907.3	463.1	882.0
2003	14 398.0	8 871.3	3 995.6	429.0	1 102.1
2004	14 822.6	8 871.3	4 290.2	488.3	1 172.8
2005	14 994.9	8 898.9	4 487.0	501.5	1 107.5
2006	15 153.5	9 169.7	4 441.8	522.4	1 019.6

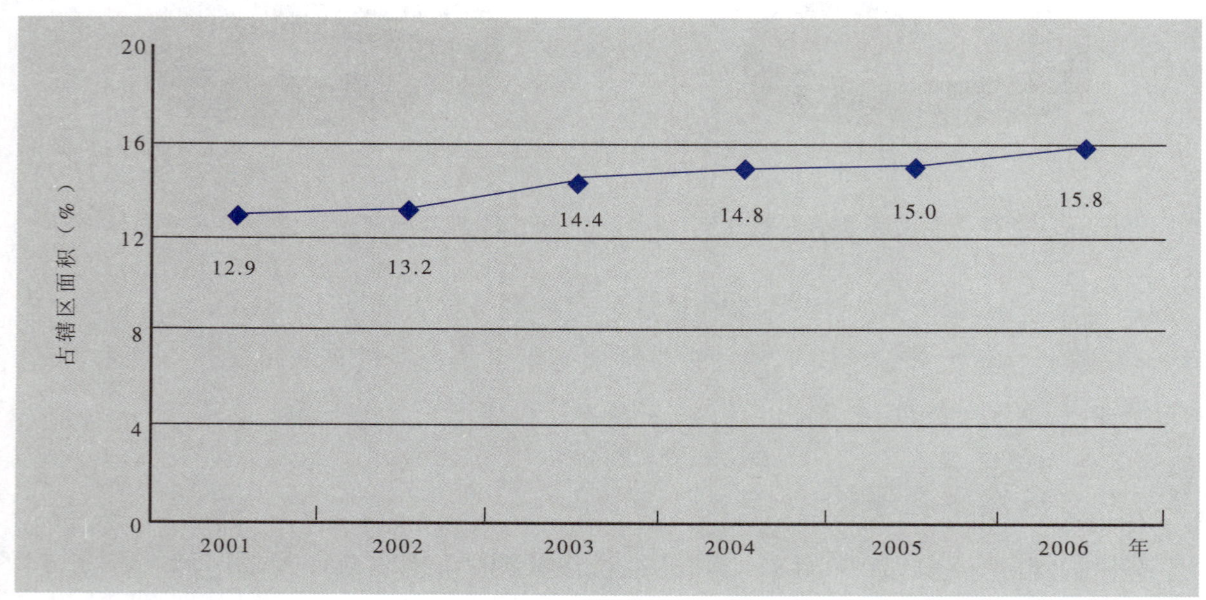

图55 全国保护区面积占辖区面积的情况

1.11 核安全与辐射环境管理

1.11.1 全国辐射环境质量

2006年，全国辐射环境质量状况总体变化不大。全国电离辐射环境质量总体与往年在同一水平，绝大多数核设施、铀矿冶、核技术利用活动未对周围环境造成可监测到的污染，城市放射性废物暂存库未对周围环境造成影响。大部分电磁辐射设施设备周围电磁辐射水平满足国家标准，但个别单位的局部辐射环境污染隐患仍然存在。

2006年，北京、沈阳、天津、长春、哈尔滨、南京、昆明、青岛、杭州、成都、重庆、乌鲁木齐12个城市连续监测系统测得的环境γ辐射空气吸收剂量率（未扣除宇宙射线响应值）为74～110纳戈/时；北京、上海等21个省、自治区、直辖市辖区内陆地瞬时环境γ辐射空气吸收剂量率（扣除宇宙射线响应值）为31.5～100 纳戈/时，与2005年相比，属同一水平。

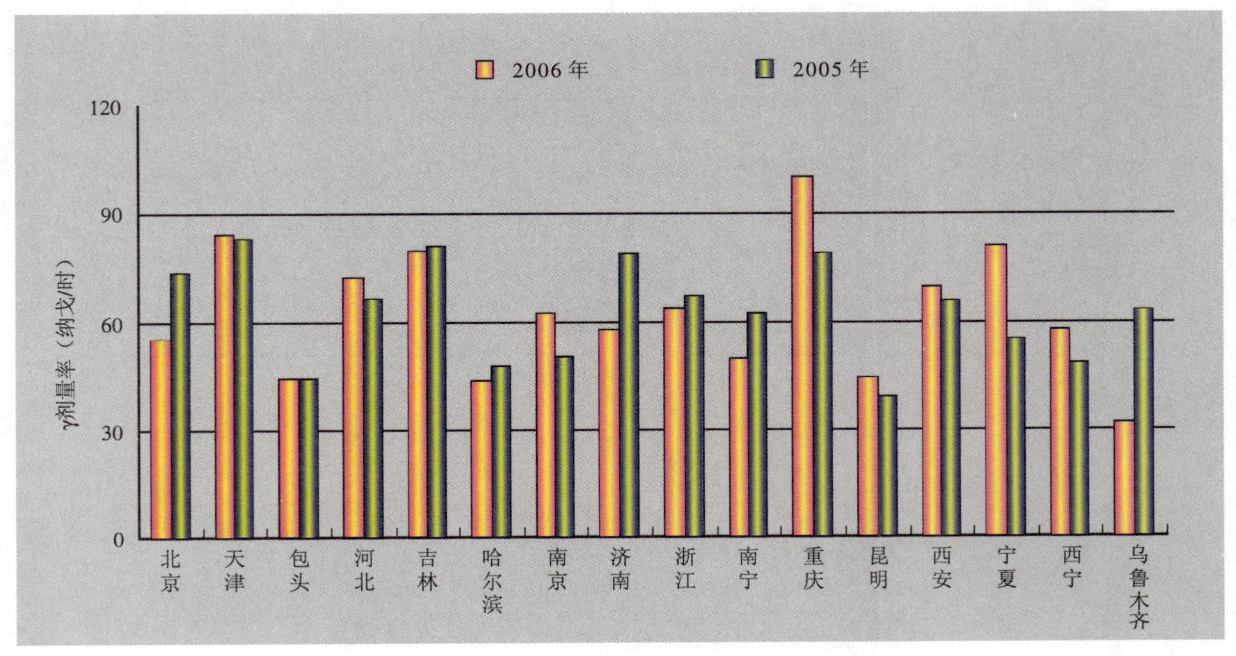

图56 部分地区环境瞬时γ辐射空气吸收剂量率比较

空气 2006年，上海、石家庄、绵阳、西安、杭州、哈尔滨、乌鲁木齐7个城市环境空气气溶胶以及上海、杭州、昆明、乌鲁木齐、青岛5个城市环境空气沉降物总α、总β放射性比活度和铀-238、镭-226、钍-232、钾-40等放射性核素含量与上年相比，保持同一水平。北京、包头、石家庄、哈尔滨、南京、南宁、武汉、成都、重庆、贵州、乌鲁木齐11个省、自治区、直辖市辖区内部分环境（包括室内）空气中氡浓度以及氡、氡子体α潜能维持在2006年前历史水平，无上升趋势。其中，北京、哈尔滨、石家庄、南宁、武汉、成都、贵州辖区内部分室内空气中氡浓度为27.0～68.2 贝可/米^3，低于国家颁布的《住房内氡浓度控制标准》。杭州和上海空气中氚含量仅为本底水平。

水体 2006年，全国松花江水系5个监测断面、海河水系15个监测断面、淮河水系5个断面、黄河水系10个断面、长江水系32个监测断面、珠江水系14个监测断面、浙闽水系14个主要江河的监测断面，滇池和太湖等9个主要湖泊和北京密云水库、天津气里海水库等18个水库的监测垂线，东海、黄海、渤海近岸海域水质监测点，均未监测到人工放射性核素污染，天然放射性核素含量仍保持在本底水平，海水中人工放射性核素^{90}Sr、^{137}Cs的含量均低于中国海水水质标准。全国20个开展饮用水监测的城市，饮用水总α、总β放射性比活度均低于国家生活饮用水卫生标准，符合饮用要求。

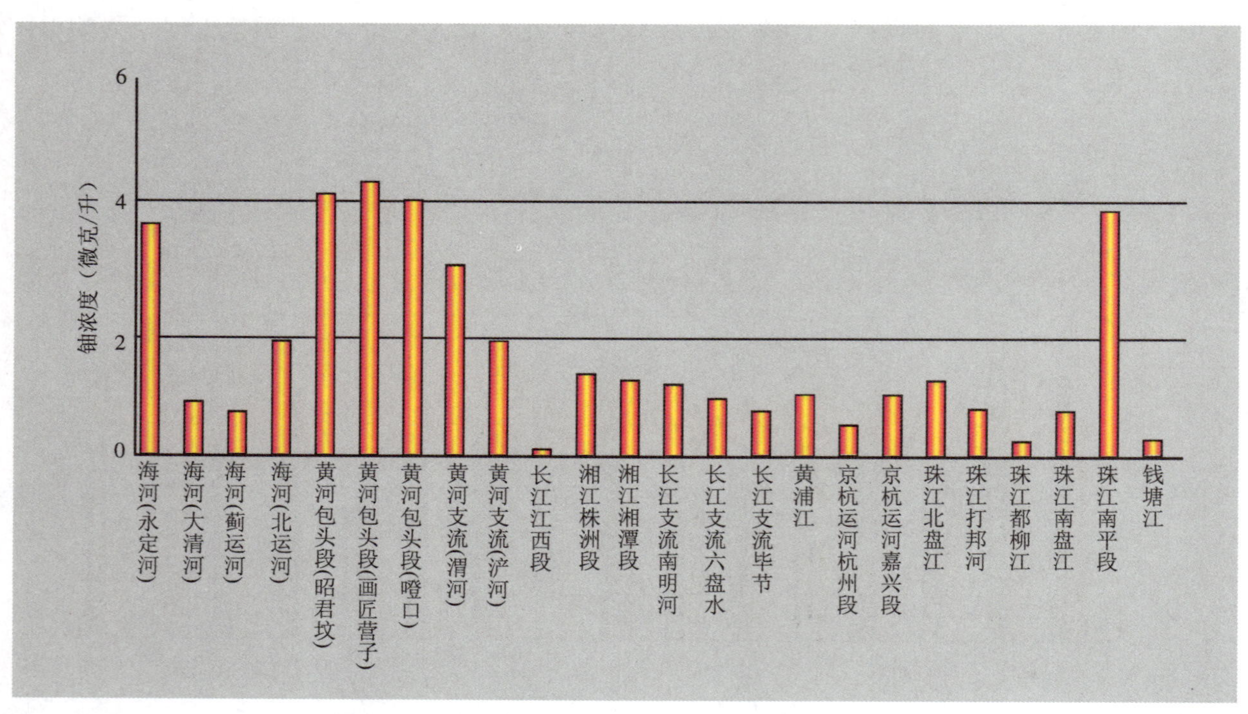

图 57 2006 年主要江河水系放射性核素铀含量

土壤　2006 年，北京、天津、上海、长春、哈尔滨、南京、青岛、浙江、福州、南昌、贵州、昆明、西安、重庆、兰州、新疆土壤中放射性核素含量与全国天然放射性水平调查时的测量值相比在同一水平。

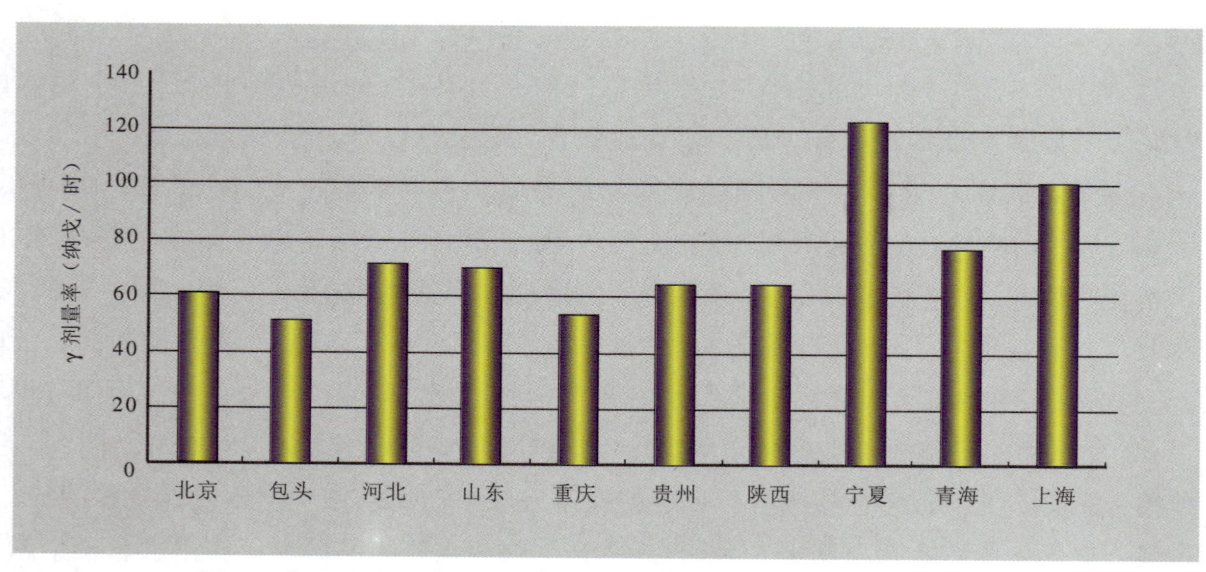

图 58 部分城市放射性废物暂存库环境 γ 辐射空气吸收剂量率

城市放射性废物暂存库周围辐射环境　2006年，北京、包头、河北、安徽、山东、重庆、贵州、陕西、宁夏、青海、上海地区的11个城市放射性废物暂存库库区及其周围环境监测结果表明，周围环境γ辐射空气吸收剂量率、水和土壤中放射性核素含量，与其他环境无显著差异，为同一水平。

1.11.2　核安全和辐射环境管理

法规标准　2006年，国家环境保护总局会同商务部颁布了《限制进口放射性同位素目录》，会同卫生部颁布实施了《射线装置分类办法》，会同公安部、卫生部发文建立放射性同位素与射线装置辐射事故分级处理和报告制度。国家核安全局发布了《民用核设施安全监督管理条例实施细则之三——研究堆安全许可证件的申请和颁发规定》，批准发布了《核动力厂安全评价与验证》、《103/11核动力厂定期安全审查》、《核动力厂营运单位的组织和安全运行管理》三个核安全导则。

机构建设　2006年，国家环境保护总局组建东北核与辐射安全监督站、西北核与辐射安全监督站，并扩建上海核与辐射安全监督站、广东核与辐射安全监督站、四川核与辐射安全监督站、北方核与辐射安全监督站。部分省份辐射安全管理队伍和能力建设得到进一步加强，人员编制、机构职能得到进一步扩充。

辐射事故　2006年，全国共发生34起辐射事故，未发生特大事故，发生重大事故2起、较大事故5起、一般事故27起。这些事故均为放射源丢失、被盗或失控造成的，事故的主要原因是放射源使用单位不重视放射源的安全保卫工作。除1名人员受辐照损伤外，未对环境造成污染，未引发一起群体事件。

核设施安全监管　2006年，运行核电厂、研究堆、核燃料循环设施、放射性物质运输、放射性废物贮存和处理处置设施等均未发生二级以上的安全事件或事故，运行和在建核设施的事件、不符合项得到了及时处理，确保了核设施的运行安全，在建核设施的建造质量得到有效控制。

简 要 说 明

1．本年报资料根据全国 32 个省、自治区、直辖市环境统计资料汇总整理而成，未包括香港、澳门特别行政区以及台湾省数据。

2．本年报主要反映中国环境保护事业发展情况。主要内容包括水环境、大气环境、固体废物、生态环境、自然灾害和环境污染治理投资等内容。主要反映中国工业废水和生活污水的排放及治理情况，废气排放及处理情况，工业固体废物的产生、处理及综合利用情况及环境污染与破坏事故情况，环境污染治理投资等情况。

3．调查方法

1）工业企业污染排放及处理利用情况的调查方法为对重点调查工业企业单位逐个发表填报汇总，对非重点调查工业企业的排污情况实行整体估算。

重点调查单位是指筛选出的排污量占各地区排污总量 85%以上的工业企业单位。筛选重点调查单位的原则为：① 筛选指标为国家实行总量控制的各项主要污染物排放量：废水、化学需氧量、氨氮、二氧化硫、烟尘、工业粉尘及工业固体废物产生量；② 排放工业废水中有重金属类有害物质的工业企业以及有危险废物产生的工业企业全部为重点调查单位。

非重点调查单位数据的估算方法为将重点调查单位的排污总量作为估算的对比基数，采取“比率估算”方法，估算出非重点调查单位的排污量。重点调查数据与非重点估算数据相加，为工业污染总排放数据。

2）生产及生活中产生的污染物实施集中处理处置情况年报的调查方法为对各集中处理处置单位逐个发表填报汇总，包括危险废物集中处置厂和城市污水处理厂。

3）生活及其他污染情况年报的调查方法为依据相关基础数据和技术参数进行估算。

4）工业企业污染治理项目建设投资情况年报的调查方法为对有在建工业污染治理项目的工业企业逐个发表填报汇总。

5）医院污染排放及处理利用情况的年报的调查方法为对重点调查的医院逐个发表填报汇总。

4．环境统计范围

1）工业企业污染排放及处理利用情况的年报综合范围为有污染物排放的工业企业。

2）工业企业污染治理项目投资情况的年报综合范围为在建的老工业污染源污染治理投资项目，不包括已纳入建设项目环境保护“三同时”管理的项目。

3）生产及生活中产生的污染物实施集中处理处置情况的年报综合范围为危险废物集中处置厂和城市污水处理厂。

4）生活及其他污染情况的年报综合范围为城镇的生活污水排放以及除工业生产以外的生活及其他活动所排放的废气中的污染物。

5）医院污染排放及处理利用情况的年报调查范围为辖区内县及县以上的医院。

5．流域汇总范围

从 2004 年起，本年报中流域汇总范围较往年有所扩大。其中，松花江流域包括松花江、黑龙江、乌苏里江流域及东北地区其他国际河流，珠江流域包括珠江和粤桂琼沿海诸河流域，海河流域包括海河、滦河和华北地区沿海诸河流域，辽河流域包括辽河、大凌河及辽东沿海诸河流域。

从 2006 年起，本年报中流域数据的汇总方法有所变化，按流域规划所含区县的数据汇总，不再沿用以前的按“排水去向”汇总数据的方法，汇总的区县数有所减少，湖泊汇总方式与流域相同。

主要环境统计指标解释附后。

2

各地区环境统计

GEDIQU HUANJING TONGJI

各地区主要污染物排放情况（一）
Discharge of Key Pollutants by Region（1）

（2006）

年 份 地 区	Year Region	废水排放总量（亿吨） Total Volume of Waste Water Discharged（100 million tons）	工业 Industrial	生活 Household	化学需氧量排放总量（万吨） Total Volume of COD Discharged（10 000 tons）	工业 Industrial	生活 Household
	2000	415.2	194.2	220.9	1 445.0	704.5	740.5
	2001	428.4	200.7	227.7	1 406.5	607.5	799.0
	2002	439.5	207.2	232.3	1 366.9	584.0	782.9
	2003	460.0	212.4	247.6	1 333.6	511.9	821.7
	2004	482.4	221.1	261.3	1 339.2	509.7	829.5
	2005	524.5	243.1	281.4	1 414.2	554.7	859.5
	2006	**536.8**	**240.2**	**296.6**	**1 428.2**	**542.3**	**885.9**
北 京	Beijing	10.5	1.0	9.5	11.0	0.9	10.1
天 津	Tianjin	5.9	2.3	3.6	14.3	3.7	10.6
河 北	Hebei	22.2	13.0	9.2	68.7	35.8	33.0
山 西	Shanxi	10.3	4.4	5.9	38.7	17.0	21.7
内蒙古	Inner Mongolia	6.2	2.8	3.4	29.8	13.6	16.2
辽 宁	Liaoning	21.3	9.5	11.8	64.1	26.1	38.0
吉 林	Jilin	9.7	3.9	5.8	41.7	16.8	24.9
黑龙江	Heilongjiang	11.6	4.5	7.1	49.8	14.2	35.6
上 海	Shanghai	22.4	4.8	17.5	30.2	3.5	26.7
江 苏	Jiangsu	51.6	28.7	22.8	93.7	29.6	63.2
浙 江	Zhejiang	33.1	20.0	13.1	59.3	28.7	30.6
安 徽	Anhui	16.6	7.0	9.6	45.6	14.2	31.4
福 建	Fujian	21.6	12.8	8.8	39.5	9.4	30.1
江 西	Jiangxi	13.5	6.4	7.0	47.4	11.6	35.8
山 东	Shandong	30.3	14.4	15.8	75.8	33.6	42.2
河 南	Henan	27.8	13.0	14.8	72.1	31.8	40.3
湖 北	Hubei	24.0	9.1	14.9	62.6	17.0	45.6
湖 南	Hunan	24.4	10.0	14.4	92.3	29.2	63.0
广 东	Guangdong	65.4	23.5	42.0	104.9	29.4	75.5
广 西	Guangxi	26.0	12.9	13.1	111.9	67.9	44.0
海 南	Hainan	3.5	0.7	2.8	9.9	1.2	8.7
重 庆	Chongqing	15.1	8.6	6.4	26.4	11.7	14.7
四 川	Sichuan	25.2	11.5	13.7	80.6	30.2	50.4
贵 州	Guizhou	5.5	1.4	4.1	22.9	1.8	21.1
云 南	Yunnan	8.0	3.4	4.6	29.4	10.6	18.8
西 藏	Tibet	0.3	0.1	0.2	1.5	0.1	1.4
陕 西	Shaanxi	8.7	4.0	4.6	35.9	16.3	19.6
甘 肃	Gansu	4.6	1.7	2.9	17.8	5.4	12.4
青 海	Qinghai	1.9	0.7	1.2	7.5	3.5	3.9
宁 夏	Ningxia	3.2	1.9	1.3	14.0	10.8	3.2
新 疆	Xinjiang	6.5	2.1	4.5	28.8	16.6	12.1

各地区主要污染物排放情况（二）

Discharge of Key Pollutants by Region（2）

单位：万吨　　　　（2006）　　　　（10 000 tons）

年份 地区	Year Region	氨氮排放总量 Total Volume of Ammonia Nitrogen Discharged	工业 Industrial	生活 Household	二氧化硫排放总量 Total Volume of Sulphur Dioxide Discharged	工业 Industrial	生活 Household
	2000	—	—	—	1 995.1	1 612.5	382.6
	2001	125.2	41.3	83.9	1 947.8	1 566.6	381.2
	2002	128.8	42.1	86.7	1 926.6	1 562.0	364.6
	2003	129.7	40.4	89.3	2 158.7	1 791.4	367.3
	2004	133.0	42.2	90.8	2 254.9	1 891.4	363.5
	2005	149.8	52.5	97.3	2 549.4	2 168.4	381.0
	2006	**141.3**	**42.5**	**98.8**	**2 588.8**	**2 234.6**	**351.2**
北京	Beijing	1.3	0.1	1.2	17.6	9.4	8.2
天津	Tianjin	1.5	0.4	1.1	25.5	23.2	2.2
河北	Hebei	6.8	3.2	3.6	154.5	132.5	22.0
山西	Shanxi	4.2	1.4	2.8	147.8	117.7	30.1
内蒙古	Inner Mongolia	3.8	0.7	3.1	155.7	138.4	17.3
辽宁	Liaoning	7.4	1.5	5.9	125.9	103.7	22.2
吉林	Jilin	3.6	0.7	2.9	40.9	33.6	7.3
黑龙江	Heilongjiang	5.3	1.0	4.3	51.8	44.0	7.8
上海	Shanghai	3.5	0.3	3.2	50.8	37.4	13.4
江苏	Jiangsu	8.3	2.3	6.0	132.3	126.6	5.8
浙江	Zhejiang	5.7	2.6	3.1	85.9	82.9	3.0
安徽	Anhui	5.9	2.2	3.7	58.4	51.9	6.5
福建	Fujian	4.9	0.8	4.1	46.9	44.6	2.2
江西	Jiangxi	3.5	0.8	2.7	63.4	57.0	6.4
山东	Shandong	8.3	2.5	5.8	196.2	168.7	27.5
河南	Henan	9.4	4.2	5.1	162.4	146.4	16.0
湖北	Hubei	7.4	2.2	5.2	76.0	65.4	10.7
湖南	Hunan	10.0	3.7	6.3	93.4	76.6	16.8
广东	Guangdong	9.3	0.7	8.6	126.7	124.7	2.1
广西	Guangxi	7.1	3.6	3.5	99.4	94.4	5.0
海南	Hainan	0.8	0.1	0.7	2.4	2.3	0.1
重庆	Chongqing	2.8	1.3	1.6	86.0	71.2	14.8
四川	Sichuan	6.6	2.0	4.6	128.1	112.1	16.0
贵州	Guizhou	1.8	0.2	1.6	146.5	104.0	42.5
云南	Yunnan	2.0	0.4	1.6	55.1	45.6	9.5
西藏	Tibet	0.1	0.0	0.1	0.2	0.1	0.1
陕西	Shaanxi	2.6	0.4	2.3	98.2	87.0	11.2
甘肃	Gansu	3.3	2.0	1.3	54.6	46.3	8.3
青海	Qinghai	0.7	0.1	0.6	13.0	12.1	0.9
宁夏	Ningxia	1.0	0.6	0.4	38.3	35.0	3.2
新疆	Xinjiang	2.3	0.5	1.9	54.9	42.9	12.0

各地区主要污染物排放情况（三）

Discharge of Key Pollutants by Region（3）

单位：万吨 （2006） （10 000 tons）

年 份 地 区	Year Region	烟尘排放总量 Total Volume of Soot Discharged	工业 Industrial	生活 Household	工业粉尘排放量 Total Volume of Industrial Dust Discharged
	2000	1 165.4	953.3	212.1	1 092.0
	2001	1 059.1	841.2	217.9	990.6
	2002	1 012.7	804.2	208.5	941.0
	2003	1 048.7	846.2	202.5	1 021.0
	2004	1 095.0	886.5	208.5	904.8
	2005	1 182.5	948.9	233.6	911.2
	2006	**1 088.8**	**864.5**	**224.3**	**808.4**
北 京	Beijing	5.0	1.5	3.5	3.0
天 津	Tianjin	8.0	6.7	1.3	1.0
河 北	Hebei	72.3	55.3	17.0	64.6
山 西	Shanxi	106.1	84.5	21.6	64.3
内蒙古	Inner Mongolia	66.1	48.8	17.2	27.0
辽 宁	Liaoning	71.4	45.6	25.8	42.0
吉 林	Jilin	41.8	32.9	8.8	12.7
黑龙江	Heilongjiang	53.8	44.2	9.6	12.6
上 海	Shanghai	11.3	4.7	6.6	1.0
江 苏	Jiangsu	43.0	40.2	2.8	30.2
浙 江	Zhejiang	20.6	19.5	1.1	22.0
安 徽	Anhui	31.0	25.4	5.7	40.8
福 建	Fujian	14.5	10.9	3.7	17.6
江 西	Jiangxi	23.0	21.2	1.8	34.8
山 东	Shandong	58.4	41.8	16.6	32.3
河 南	Henan	79.7	72.5	7.1	56.4
湖 北	Hubei	30.7	26.9	3.8	32.6
湖 南	Hunan	49.1	41.6	7.5	73.4
广 东	Guangdong	28.2	27.2	0.9	27.8
广 西	Guangxi	45.7	44.6	1.1	46.2
海 南	Hainan	1.1	1.0	0.1	1.0
重 庆	Chongqing	21.3	13.1	8.2	20.1
四 川	Sichuan	61.3	47.5	13.8	32.8
贵 州	Guizhou	26.3	18.4	7.9	15.4
云 南	Yunnan	21.7	16.0	5.8	14.8
西 藏	Tibet		0.1	…	0.1
陕 西	Shaanxi	34.5	27.0	7.5	30.6
甘 肃	Gansu	15.9	11.4	4.5	16.1
青 海	Qinghai	7.2	5.2	2.0	8.9
宁 夏	Ningxia	11.4	9.7	1.7	8.8
新 疆	Xinjiang	28.2	18.8	9.3	17.5

各地区主要污染物排放情况（四）

Discharge of Key Pollutants by Region（4）

单位：万吨　　　　（2006）　　　　（10 000 tons）

年份 地区	Year Region	氮氧化物排放总量 Total Volume of Nitrogen Oxide Discharged	工业 Industrial	生活 Household	工业固体废物排放量 Total Volume of Industrial Solid Waste Discharged
	2000	—	—	—	3 186.1
	2001	—	—	—	2 893.8
	2002	—	—	—	2 635.2
	2003	—	—	—	1 940.9
	2004	—	—	—	1 762.0
	2005	—	—	—	1 654.7
	2006	**1 523.8**	**1 136.0**	**387.8**	**1 302.1**
北　京	Beijing	21.8	7.9	14.0	0.1
天　津	Tianjin	16.0	15.2	0.8	…
河　北	Hebei	118.2	99.2	19.0	42.0
山　西	Shanxi	66.3	53.4	13.0	435.7
内蒙古	Inner Mongolia	89.8	75.5	14.3	28.2
辽　宁	Liaoning	81.2	66.8	14.4	24.7
吉　林	Jilin	36.3	32.7	3.7	2.1
黑龙江	Heilongjiang	45.9	36.5	9.4	1.0
上　海	Shanghai	47.8	32.4	15.4	0.2
江　苏	Jiangsu	110.3	84.7	25.6	…
浙　江	Zhejiang	76.0	53.4	22.6	5.2
安　徽	Anhui	61.0	48.9	12.0	…
福　建	Fujian	30.4	17.5	12.9	3.4
江　西	Jiangxi	27.6	19.2	8.4	8.3
山　东	Shandong	124.7	96.6	28.1	0.4
河　南	Henan	104.3	79.9	24.4	3.2
湖　北	Hubei	55.4	42.9	12.5	11.5
湖　南	Hunan	39.7	30.8	8.9	38.7
广　东	Guangdong	115.8	74.5	41.3	13.6
广　西	Guangxi	23.2	14.9	8.3	22.7
海　南	Hainan	5.9	1.2	4.7	…
重　庆	Chongqing	22.3	15.6	6.6	122.2
四　川	Sichuan	35.8	29.2	6.6	84.9
贵　州	Guizhou	18.0	13.1	4.8	137.7
云　南	Yunnan	27.5	17.4	10.1	99.6
西　藏	Tibet				7.4
陕　西	Shaanxi	32.3	21.6	10.7	42.9
甘　肃	Gansu	22.7	18.0	4.7	33.7
青　海	Qinghai	7.5	5.1	2.5	0.3
宁　夏	Ningxia	16.2	8.1	8.1	6.0
新　疆	Xinjiang	43.9	23.8	20.1	126.3

各地区工业废水排放及处理情况（一）

Discharge and Treatment of Industrial Waste Water by Region（1）

单位：万吨　　（2006）　　（10 000 tons）

年份 地区	Year Region	工业废水排放量 Total Volume of Industrial Waste Water Discharged	工业废水排放达标量 Industrial Waste Water Meeting Discharge Standards	工业废水处理量 Industrial Waste Water treated
	2000	1 942 405	1 493 277	—
	2001	2 006 906	1 727 185	—
	2002	2 071 885	1 830 394	—
	2003	2 122 527	1 892 891	—
	2004	2 211 424	2 005 680	—
	2005	2 431 121	2 217 093	—
	2006	**2 401 946**	**2 178 461**	**4 427 385**
北京	Beijing	10 170	10 098	76 118
天津	Tianjin	22 978	22 925	87 399
河北	Hebei	130 340	121 750	430 775
山西	Shanxi	44 091	30 377	158 657
内蒙古	Inner Mongolia	27 823	21 416	64 292
辽宁	Liaoning	94 724	88 007	185 828
吉林	Jilin	39 321	32 010	44 432
黑龙江	Heilongjiang	44 801	39 344	95 763
上海	Shanghai	48 336	47 146	106 629
江苏	Jiangsu	287 181	280 457	486 533
浙江	Zhejiang	199 593	172 414	214 138
安徽	Anhui	70 119	68 097	188 434
福建	Fujian	127 583	124 960	206 623
江西	Jiangxi	64 074	59 739	104 808
山东	Shandong	144 365	141 540	311 673
河南	Henan	130 158	121 024	248 787
湖北	Hubei	91 146	82 930	222 407
湖南	Hunan	100 024	91 618	249 964
广东	Guangdong	234 713	199 215	114 460
广西	Guangxi	128 932	119 795	222 474
海南	Hainan	7 351	6 956	5 226
重庆	Chongqing	86 496	81 146	74 532
四川	Sichuan	115 348	97 456	178 526
贵州	Guizhou	13 928	10 006	88 676
云南	Yunnan	34 286	30 568	107 930
西藏	Tibet	790	223	223
陕西	Shaanxi	40 479	36 118	83 994
甘肃	Gansu	16 570	13 103	18 490
青海	Qinghai	7 168	3 487	2 080
宁夏	Ningxia	18 500	11 980	25 888
新疆	Xinjiang	20 558	12 556	21 626

各地区工业废水排放及处理情况（二）

Discharge and Treatment of Industrial Waste Water by Region（2）

（2006）

年 份 地 区	Year Region	废水治理设施数 （套） Number of Facilities for Treatment of Waste Water （set）	废水治理设施 治理能力 （万吨/日） Capacity of Facilities for Treatment of Waste Water （10 000 tons/day）	废水治理设施 运行费用 （万元） Annual Expenditure for Operation （10 000 yuan）	废水污染物在线监测 仪器套数（套） On-line Apparatus for Waste Water Mornitoring
	2000	64 453	—	1 325 348.4	—
	2001	61 226	14 380	1 958 331.5	—
	2002	62 939	13 113	1 810 758.9	—
	2003	65 128	14 031	1 965 031.8	—
	2004	66 252	16 220	2 445 651.4	—
	2005	69 231	16 349	2 766 907.3	—
	2006	**75 830**	**19 553**	**3 885 001.7**	**7 749**
北 京	Beijing	530	311	46 879.5	49
天 津	Tianjin	897	187	56 432.0	191
河 北	Hebei	3 929	2 002	146 151.1	413
山 西	Shanxi	3 760	695	185 976.7	117
内蒙古	Inner Mongolia	776	286	42 502.3	31
辽 宁	Liaoning	1 960	713	217 588.4	79
吉 林	Jilin	689	204	41 011.2	23
黑龙江	Heilongjiang	1 052	509	186 151.6	58
上 海	Shanghai	1 812	532	152 435.5	261
江 苏	Jiangsu	6 809	1 268	431 452.7	1 116
浙 江	Zhejiang	6 979	1 114	387 803.8	1 418
安 徽	Anhui	1 550	751	127 866.1	334
福 建	Fujian	5 933	884	109 906.0	266
江 西	Jiangxi	1 515	284	60 898.1	60
山 东	Shandong	6 350	2 304	367 523.9	510
河 南	Henan	3 242	1 168	128 220.6	397
湖 北	Hubei	2 050	859	101 505.0	215
湖 南	Hunan	2 916	779	72 974.7	106
广 东	Guangdong	6 486	924	339 407.4	997
广 西	Guangxi	2 249	1 083	101 540.6	82
海 南	Hainan	243	31	21 262.6	34
重 庆	Chongqing	1 400	166	42 494.9	149
四 川	Sichuan	4 824	774	214 856.6	501
贵 州	Guizhou	2 151	374	43 197.3	61
云 南	Yunnan	1 864	590	55 103.7	103
西 藏	Tibet	12	1	200.0	
陕 西	Shaanxi	1 996	306	53 628.2	46
甘 肃	Gansu	788	135	31 568.5	39
青 海	Qinghai	144	23	5 040.5	5
宁 夏	Ningxia	326	62	15 616.3	44
新 疆	Xinjiang	598	234	97 805.9	44

各地区工业废水排放及处理情况（三）

Discharge and Treatment of Industrial Waste Water by Region（3）

单位：君　　　　（2006）　　　　（ton）

年 份 地 区	Year Region	工业废水中污染物排放量 Amount of Pollutants Discharged in the Industrial Waste Water					
		汞 Mercury	镉 Cadmium	六价铬 Hexavalent Chrome	铅 Lead	砷 Arsenic	挥发酚 Volatile Hydroxy-benzene
	2000	10. 115	138. 505	119. 692	655. 212	578. 724	4 077. 763
	2001	5.604	118.073	121.428	533.941	463.388	2 445.737
	2002	4.813	105.640	111.088	484.795	369.125	2 132.448
	2003	5.478	84.470	103.122	568.450	373.702	2 245.563
	2004	3.006	56.343	150.781	366.161	306.057	1 562.826
	2005	2.687	62.058	105.601	378.284	453.201	4 166.060
	2006	**2.638**	**49.352**	**96.447**	**339.121**	**245.214**	**3 453.131**
北 京	Beijing	…	0.002	0.091	0.021	…	0.777
天 津	Tianjin	…	…	0.156	0.232	…	13.302
河 北	Hebei	0.065	0.018	3.502	0.463	2.115	13.769
山 西	Shanxi	0.030	0.022	0.292	4.761	0.340	361.628
内蒙古	Inner Mongolia	0.006	0.036	0.319	3.016	1.194	201.294
辽 宁	Liaoning		0.110	1.154	0.978	0.641	80.614
吉 林	Jilin	…	0.014	0.932	1.261	5.979	21.583
黑龙江	Heilongjiang	…	0.003	0.089	0.105	0.132	2 130.316
上 海	Shanghai	0.007	0.001	4.149	0.211	0.630	14.714
江 苏	Jiangsu	0.003	0.157	14.474	10.368	3.183	77.079
浙 江	Zhejiang	0.009	0.128	18.584	2.389	0.266	12.190
安 徽	Anhui	0.002	0.098	0.678	2.333	4.981	23.994
福 建	Fujian	0.038	0.222	2.814	4.541	0.392	13.052
江 西	Jiangxi	0.024	3.236	1.741	9.335	8.769	24.133
山 东	Shandong	0.006	0.014	1.685	0.099	0.289	29.896
河 南	Henan	0.075	0.254	4.487	3.992	1.582	23.305
湖 北	Hubei	0.042	0.121	3.525	2.146	3.894	62.678
湖 南	Hunan	1.324	18.532	13.890	77.113	80.500	120.168
广 东	Guangdong	0.093	1.778	10.132	11.948	2.149	10.297
广 西	Guangxi	0.052	4.294	1.555	25.217	18.535	46.362
海 南	Hainan	…	…	…	0.044	…	0.025
重 庆	Chongqing	…	0.003	3.501	2.969	0.280	3.643
四 川	Sichuan	0.468	0.576	3.880	4.322	4.568	20.224
贵 州	Guizhou	0.010	0.660	0.170	2.800	0.500	1.530
云 南	Yunnan	0.006	1.867	0.054	34.370	6.639	8.208
西 藏	Tibet						0.006
陕 西	Shaanxi	0.001	0.234	0.885	2.161	0.651	13.774
甘 肃	Gansu	0.314	15.272	1.961	74.205	94.560	13.325
青 海	Qinghai	0.001	1.206	0.098	56.524	0.340	0.225
宁 夏	Ningxia	…	0.007	0.047	0.008	1.512	71.679
新 疆	Xinjiang	0.062	0.484	1.603	1.189	0.593	39.341

各地区工业废水排放及处理情况（四）

Discharge and Treatment of Industrial Waste Water by Region（4）

单位：吨　　　　（2006）　　　　（ton）

年 份 地 区	Year Region	工业废水中污染物排放量 Amount of Pollutants Discharged in the Industrial Waste Water			
		氰化物 Cyanide	化学需氧量 COD	石油类 Petroleum	氨氮 Ammonia Nitrogen
	2000	923.8	7 045 400.0	34 243.9	—
	2001	899.5	6 075 000.0	28 734.2	413 057.8
	2002	772.9	5 840 438.2	25 261.9	421 222.4
	2003	638.6	5 118 062.8	24 458.7	403 600.8
	2004	629.8	5 097 004.0	24 104.6	421 817.9
	2005	573.8	5 547 333.1	23 471.6	525 064.9
	2006	**457.1**	**5 422 616.2**	**19 152.7**	**424 616.8**
北 京	Beijing	0.1	9 257.7	72.8	646.0
天 津	Tianjin	4.8	36 874.7	295.5	4 021.4
河 北	Hebei	11.5	357 804.7	1 582.9	31 756.9
山 西	Shanxi	38.1	169 633.8	635.6	13 911.4
内蒙古	Inner Mongolia	19.0	136 113.8	161.2	6 549.9
辽 宁	Liaoning	51.4	260 792.0	2 872.2	14 775.8
吉 林	Jilin	4.2	167 988.9	592.6	6 850.4
黑龙江	Heilongjiang	7.7	141 735.6	1 359.2	10 081.6
上 海	Shanghai	7.9	35 276.2	530.5	3 020.7
江 苏	Jiangsu	18.7	295 685.4	2 073.3	22 760.6
浙 江	Zhejiang	25.6	286 532.2	595.7	26 480.0
安 徽	Anhui	20.3	141 936.9	609.0	22 236.3
福 建	Fujian	5.2	94 489.7	250.1	8 180.9
江 西	Jiangxi	25.6	115 807.3	318.9	7 948.7
山 东	Shandong	7.9	336 291.4	684.9	25 010.4
河 南	Henan	38.2	317 937.4	855.2	42 376.7
湖 北	Hubei	32.8	169 652.9	1 293.9	21 692.9
湖 南	Hunan	54.0	292 054.1	1 027.7	37 404.8
广 东	Guangdong	10.4	293 965.4	309.8	7 309.5
广 西	Guangxi	36.0	679 464.4	317.2	36 139.2
海 南	Hainan	…	12 492.5	35.6	677.0
重 庆	Chongqing	3.2	116 615.3	154.9	12 704.2
四 川	Sichuan	10.8	302 031.9	465.2	20 356.8
贵 州	Guizhou	4.1	18 331.8	107.8	1 755.6
云 南	Yunnan	9.4	105 633.0	153.8	4 035.6
西 藏	Tibet		948.3	0.1	10.9
陕 西	Shaanxi	2.3	163 454.8	989.8	3 915.3
甘 肃	Gansu	2.7	54 030.9	339.6	20 048.2
青 海	Qinghai	…	35 318.8	59.3	1 424.7
宁 夏	Ningxia	0.3	108 052.5	141.0	6 001.0
新 疆	Xinjiang	4.9	166 412.0	267.4	4 533.4

各地区工业废水排放及处理情况（五）

Discharge and Treatment of Industrial Waste Water by Region（5）

单位：吨 （2006） (ton)

年份 地区	Year Region	工业废水中污染物去除量 Amount of Pollutants Removed from Industrial Waste Water					
		氰化物 Cyanide	化学需氧量 COD	新增设施去除的 Removed by new-added facilities of treatment	石油类 Petroleum	氨氮 Ammonia Nitrogen	挥发酚 Volatile Hydroxy -benzene
	2000	16 316	8 198 079	—	328 875	—	54 826
	2001	14 532	10 457 509	609 663	271 564	340 712	50 034
	2002	12 939	16 498 543	472 165	324 854	387 849	46 931
	2003	14 016	10 080 308	290 479	283 249	360 390	55 179
	2004	16 332	10 438 648	389 230	290 823	466 369	70 090
	2005	17 564	10 882 642	412 286	271 878	483 370	73 548
	2006	**16 060**	**10 992 651**	**564 778**	**302 388**	**552 649**	**137 743**
北　京	Beijing	47	38 933	421	1 841	2 042	882
天　津	Tianjin	4	89 781	1 337	2 722	718	317
河　北	Hebei	940	600 464	18 251	3 750	21 991	5 903
山　西	Shanxi	2 475	110 985	32 452	2 742	9 426	65 213
内蒙古	Inner Mongolia	1 186	279 090	18 644	1 448	10 752	3 419
辽　宁	Liaoning	480	307 590	6 315	11 427	15 177	4 926
吉　林	Jilin	55	332 331	14 404	1 393	4 020	904
黑龙江	Heilongjiang	91	263 264	2 251	23 842	3 269	841
上　海	Shanghai	217	240 285	11 421	35 630	6 255	1 582
江　苏	Jiangsu	584	845 722	25 467	53 994	46 162	4 134
浙　江	Zhejiang	1 520	1 063 360	33 481	19 901	52 043	506
安　徽	Anhui	4 806	388 060	37 621	20 494	67 165	20 566
福　建	Fujian	137	492 971	7 149	2 361	10 613	132
江　西	Jiangxi	315	79 753	1 497	5 518	10 539	1 390
山　东	Shandong	344	1 685 380	117 667	34 384	116 057	7 691
河　南	Henan	1 048	1 006 280	48 729	23 830	39 382	1 843
湖　北	Hubei	183	258 466	7 140	5 617	9 402	1 948
湖　南	Hunan	213	319 590	6 345	3 650	19 766	740
广　东	Guangdong	744	439 693	10 282	7 486	15 755	548
广　西	Guangxi	24	613 906	49 808	516	4 948	415
海　南	Hainan	…	57 877	4 798	27	336	…
重　庆	Chongqing	9	92 962	3 231	862	4 321	1 313
四　川	Sichuan	195	597 307	24 646	2 226	19 843	2 648
贵　州	Guizhou	254	64 189	984	244	1 538	337
云　南	Yunnan	47	319 794	1 263	16 985	22 820	7 519
西　藏	Tibet		…				
陕　西	Shaanxi	130	217 251	70 243	6 355	19 162	576
甘　肃	Gansu		30 845	753	6 550	3 988	112
青　海	Qinghai	…	1 557	…	…	306	…
宁　夏	Ningxia	1	87 842	1 456	1 834	6 004	118
新　疆	Xinjiang	11	67 123	6 725	4 759	8 849	1 220

各地区工业废气排放及处理情况（一）

Discharge and Treatment of Industrial Waste Gas by Region（1）

（2006）

年份 Year 地区 Region	煤炭消费量（万吨）Total Amount of Coal Consumed（10 000 tons）	燃料煤 Coal Used as Fuel	原料煤 Coal Used as Material	燃料油消费量（万吨）Total Amount of Fuel Oil Consumed（10 000 tons）	工业废气排放总量（标态）（亿米³）Total Volume of Industrial Waste Gas Emission（100 millon cu.m）	燃料燃烧中排放的 From Process of Fuel Burning	生产工艺中排放的 From Process of Production
2000	119 344	81 188	38 156	2 890	138 145	81 970	56 032
2001	121 805	91 234	30 571	2 646	160 863	93 526	67 337
2002	133 790	97 265	36 525	2 773	175 257	103 776	71 481
2003	153 351	110 729	42 624	2 624	198 906	116 447	82 459
2004	175 998	125 972	50 026	2 734	237 696	139 726	97 971
2005	204 423	143 627	60 796	3 447	268 988	155 238	113 749
2006	**230 076**	**162 089**	**67 987**	**2 666**	**330 990**	**181 636**	**149 354**
北　京 Beijing	2 105	1 479	625	78	4 641	2 772	1 869
天　津 Tianjin	3 263	2 869	394	31	6 512	4 568	1 945
河　北 Hebei	17 045	11 280	5 769	36	39 254	19 251	20 003
山　西 Shanxi	26 548	10 247	16 297	9	18 128	10 424	7 705
内蒙古 Inner Mongolia	14 878	10 687	4 190	14	18 415	12 559	5 856
辽　宁 Liaoning	11 484	8 431	3 052	185	27 195	10 034	17 161
吉　林 Jilin	4 932	4 244	688	45	5 352	3 380	1 972
黑龙江 Heilongjiang	6 491	4 964	1 528	39	5 991	4 748	1 242
上　海 Shanghai	4 723	3 097	1 626	173	9 428	3 326	6 102
江　苏 Jiangsu	17 483	14 956	2 528	175	24 881	15 319	9 561
浙　江 Zhejiang	9 571	8 715	856	196	14 702	9 216	5 486
安　徽 Anhui	6 782	4 385	2 397	28	8 677	4 622	4 056
福　建 Fujian	4 304	3 468	835	60	6 884	3 676	3 207
江　西 Jiangxi	3 804	2 587	1 217	170	5 096	2 552	2 544
山　东 Shandong	19 487	14 564	4 923	162	25 751	15 417	10 334
河　南 Henan	13 935	11 158	2 778	64	16 770	9 584	7 186
湖　北 Hubei	6 617	4 308	2 309	35	11 015	4 040	6 974
湖　南 Hunan	4 996	3 398	1 598	27	5 986	2 916	3 070
广　东 Guangdong	9 882	8 484	1 398	1 015	13 584	9 725	3 858
广　西 Guangxi	3 939	2 694	1 245	17	8 969	4 087	4 883
海　南 Hainan	343	288	55	4	860	565	294
重　庆 Chongqing	2 489	1 962	528	3	6 757	3 699	3 058
四　川 Sichuan	7 121	4 933	2 189	16	10 553	5 804	4 749
贵　州 Guizhou	7 517	4 508	3 009	26	8 344	4 328	4 016
云　南 Yunnan	5 272	3 227	2 046	25	6 646	3 510	3 136
西　藏 Tibet	24	16	8	…	13	12	…
陕　西 Shaanxi	5 445	3 480	1 965	6	5 535	3 102	2 433
甘　肃 Gansu	2 664	2 056	608	16	4 761	2 850	1 911
青　海 Qinghai	778	611	167	1	2 099	452	1 647
宁　夏 Ningxia	2 685	2 190	495	2	3 140	1 628	1 512
新　疆 Xinjiang	3 465	2 803	661	9	5 053	3 470	1 583

各地区工业废气排放及处理情况（二）

Discharge and Treatment of Industrial Waste Gas by Region（2）

单位：吨 （2006） （ton）

年份 地区	Year Region	工业二氧化硫排放量 Volume of Industrial Sulphur Dioxide Emission	燃料燃烧中排放的 From Process of Fuel Burning	生产工艺中排放的 From Process of Production	工业二氧化硫去除量 Volume of Industrial Sulphur Dioxide Removed	燃料燃烧中去除的 Removed in Process of Fuel Burning	生产工艺中去除的 Removed in Process of Production
	2000	16 125 100	14 025 509	2 099 594	5 750 600	1 538 631	4 211 969
	2001	15 660 000	12 722 373	2 311 973	5 647 472	1 631 201	4 016 271
	2002	15 619 821	13 343 443	2 276 378	6 977 124	2 001 245	4 975 879
	2003	17 915 620	15 431 434	2 484 186	7 492 125	2 248 647	5 243 478
	2004	18 914 041	16 006 330	2 907 711	8 902 444	3 113 000	5 789 444
	2005	21 684 245	18 430 775	3 253 470	10 904 393	4 149 311	6 755 083
	2006	**22 376 204**	**18 930 863**	**3 445 341**	**14 390 241**	**6 536 083**	**7 854 007**
北京	Beijing	93 755	91 032	2 723	68 290	40 676	27 614
天津	Tianjin	232 282	225 444	6 838	176 665	121 857	54 808
河北	Hebei	1 325 612	1 104 229	221 383	723 439	532 616	190 676
山西	Shanxi	1 177 348	898 341	279 007	588 715	433 248	155 467
内蒙古	Inner Mongolia	1 383 589	1 164 235	219 354	439 174	246 642	192 532
辽宁	Liaoning	1 036 915	802 233	234 682	903 706	155 566	748 140
吉林	Jilin	335 822	295 155	40 667	87 614	34 391	53 223
黑龙江	Heilongjiang	439 858	388 940	50 917	24 057	14 025	10 033
上海	Shanghai	374 327	361 736	12 591	94 494	43 953	50 540
江苏	Jiangsu	1 265 592	1 184 866	80 725	1 036 810	668 285	368 525
浙江	Zhejiang	829 080	786 778	42 302	749 013	438 698	310 315
安徽	Anhui	519 174	419 826	99 348	904 727	57 508	847 219
福建	Fujian	446 108	376 024	70 084	146 258	140 269	5 989
江西	Jiangxi	569 908	448 073	121 835	844 539	76 750	767 789
山东	Shandong	1 686 820	1 549 156	137 664	1 469 037	1 261 671	207 365
河南	Henan	1 464 285	1 298 596	165 689	709 410	233 500	475 910
湖北	Hubei	653 611	501 245	152 367	620 053	129 763	490 290
湖南	Hunan	766 025	551 581	214 444	551 435	131 759	419 676
广东	Guangdong	1 246 789	1 154 722	92 067	687 541	387 603	299 938
广西	Guangxi	944 095	737 297	206 798	476 727	244 407	232 321
海南	Hainan	23 286	20 618	2 669	9 640	8 075	1 565
重庆	Chongqing	711 537	604 037	107 500	419 159	329 927	89 232
四川	Sichuan	1 120 833	869 754	251 079	330 634	265 258	65 376
贵州	Guizhou	1 039 679	975 007	64 672	306 921	268 643	38 275
云南	Yunnan	456 209	369 574	86 635	896 992	98 090	798 903
西藏	Tibet	773	751	22			
陕西	Shaanxi	869 885	718 257	151 628	183 105	53 519	129 586
甘肃	Gansu	462 812	262 814	199 999	892 027	84 031	807 997
青海	Qinghai	121 204	92 522	28 681	…	…	…
宁夏	Ningxia	350 127	336 789	13 338	33 805	24 851	8 954
新疆	Xinjiang	428 863	341 229	87 634	16 255	10 504	5 751

各地区工业废气排放及处理情况（三）

Discharge and Treatment of Industrial Waste Gas by Region（3）

单位：吨　　　　（2006）　　　　（ton）

年份 地区	Year Region	工业烟尘去除量 Volume of Industrial Soot Removed	工业烟尘排放量 Volume of Industrial Soot Emission	工业粉尘去除量 Volume of Industrial Dust Removed	工业粉尘排放量 Volume of Industrial Dust Emission	工业氮氧化物去除量 Volume of Industrial Nitrogen Oxide Removed	工业氮氧化物排放量 Volume of Industrial Nitrogen Oxide Emission
	2000	107 173 542	9 533 292	44 795 560	10 920 000	—	—
	2001	123 170 437	8 520 862	53 216 271	9 906 000	—	—
	2002	139 984 586	8 042 089	55 697 765	9 410 303	—	—
	2003	156 493 712	8 460 745	59 949 356	10 213 064	—	—
	2004	180 747 811	8 865 413	85 285 700	9 047 952	—	—
	2005	205 870 817	9 489 033	64 538 505	9 111 883	—	—
	2006	**235 645 611**	**8 644 934**	**72 799 462**	**8 084 446**	**941 567**	**11 362 582**
北　京	Beijing	2 331 015	14 648	2 012 864	30 132	9 101	78 701
天　津	Tianjin	3 033 072	66 919	432 629	10 280	69 533	151 759
河　北	Hebei	20 337 380	553 067	8 466 119	645 756	98 681	991 966
山　西	Shanxi	14 149 376	844 910	3 000 265	642 824	29 926	533 689
内蒙古	Inner Mongolia	14 760 420	488 433	1 592 838	269 791	1 305	755 119
辽　宁	Liaoning	12 093 680	456 419	4 708 840	420 457	37 825	668 122
吉　林	Jilin	6 003 323	329 465	2 814 534	127 317	16 763	326 666
黑龙江	Heilongjiang	8 428 403	442 264	823 731	125 635	9 424	364 603
上　海	Shanghai	5 205 377	47 255	1 467 975	9 588	21 357	324 082
江　苏	Jiangsu	23 291 914	401 686	3 543 557	302 048	107 357	846 945
浙　江	Zhejiang	8 629 929	195 483	5 223 539	220 307	17 367	533 543
安　徽	Anhui	6 378 886	253 507	2 060 223	407 767	48 454	489 356
福　建	Fujian	3 659 628	108 537	2 296 556	175 741	18 784	175 013
江　西	Jiangxi	5 214 844	212 036	3 255 931	348 152	18 112	192 435
山　东	Shandong	22 453 053	418 010	4 638 135	323 177	268 315	966 224
河　南	Henan	19 991 393	725 203	5 739 587	563 895	6 268	798 791
湖　北	Hubei	7 026 597	269 455	4 162 015	326 072	3 981	429 158
湖　南	Hunan	5 765 068	416 378	2 358 342	733 549	12 081	308 451
广　东	Guangdong	8 253 031	272 427	2 379 691	278 221	18 079	745 458
广　西	Guangxi	4 594 898	445 708	1 896 038	462 282	32 586	149 195
海　南	Hainan	611 869	10 229	43 704	10 219	1 945	12 358
重　庆	Chongqing	2 315 363	131 232	342 953	201 087	4 916	156 418
四　川	Sichuan	7 199 072	474 805	2 502 064	328 187	20 992	291 858
贵　州	Guizhou	6 444 003	184 469	1 582 951	153 554	16 984	131 308
云　南	Yunnan	2 982 654	159 544	1 583 419	147 785	26 003	174 369
西　藏	Tibet		1 480	79	1 132		
陕　西	Shaanxi	7 527 414	269 837	1 824 920	306 080	17 911	216 342
甘　肃	Gansu	3 264 051	113 904	664 512	161 229	5 688	180 326
青　海	Qinghai	738 322	52 398	453 614	89 052		50 975
宁　夏	Ningxia	1 169 937	96 856	357 909	88 291	627	80 977
新　疆	Xinjiang	1 791 638	188 369	569 930	174 839	1 203	238 378

各地区工业废气排放及处理情况（四）

Discharge and Treatment of Industrial Waste Gas by Region（4）

（2006）

年 份 地 区	Year Region	废气治理设施数（套） Facilities for Treatment of Waste Gas （set）	脱硫设施数 Desulfurization Facilities	废气治理设施处理能力（标态）（万米³/时） Capacity of Facilities for Treatment of Waste Gas （cu.m/hour）	脱硫设施脱硫能力（吨/时） Capacity of Desulfurization Facilities （ton/hour）
	2000	145 534	—	—	—
	2001	134 025	17 444	—	17 461
	2002	137 668	18 783	—	9 821
	2003	137 204	19 660	—	7 133
	2004	144 973	21 643	—	7 404
	2005	145 043	22 648	—	12 907
	2006	**154 557**	**24 530**	**801 085**	**16 116**
北 京	Beijing	2 376	866	8 440	276
天 津	Tianjin	2 899	1 341	8 906	1 084
河 北	Hebei	12 961	3 157	43 516	1 247
山 西	Shanxi	8 648	2 606	23 153	3 254
内蒙古	Inner Mongolia	4 007	308	25 998	203
辽 宁	Liaoning	9 272	2 749	21 550	2 442
吉 林	Jilin	2 921	736	12 992	60
黑龙江	Heilongjiang	4 112	180	14 449	719
上 海	Shanghai	3 332	366	13 071	242
江 苏	Jiangsu	9 747	719	37 511	917
浙 江	Zhejiang	12 932	1 844	73 095	324
安 徽	Anhui	3 566	184	13 429	85
福 建	Fujian	5 704	221	15 072	244
江 西	Jiangxi	2 748	262	10 455	211
山 东	Shandong	10 594	2 320	54 034	750
河 南	Henan	8 644	711	28 267	324
湖 北	Hubei	4 578	300	16 314	749
湖 南	Hunan	4 722	691	13 512	73
广 东	Guangdong	9 386	862	26 833	190
广 西	Guangxi	4 887	500	189 451	210
海 南	Hainan	332	6	1 186	292
重 庆	Chongqing	2 581	327	15 828	238
四 川	Sichuan	5 798	535	73 768	462
贵 州	Guizhou	2 559	610	12 820	218
云 南	Yunnan	4 391	364	15 874	402
西 藏	Tibet	22			
陕 西	Shaanxi	3 874	572	13 539	284
甘 肃	Gansu	2 682	556	4 919	225
青 海	Qinghai	573		1 996	
宁 夏	Ningxia	1 312	294	4 743	63
新 疆	Xinjiang	2 397	343	6 364	331

各地区工业废气排放及处理情况（五）

Discharge and Treatment of Industrial Waste Gas by Region（5）

（2006）

年份 地区	Year Region	废气治理设施运行费用（万元） Annul Expenditure for Operation （10 000 yuan）	脱硫设施运行费用（万元） Annul Expenditure for Operation （10 000 yuan）	废气污染物在线监测仪器套数（套） On-line Appartus for Waste Gas Mornitoring
	2000	937 228.3	—	—
	2001	1 110 776.7	—	—
	2002	1 470 902.0	—	—
	2003	1 505 873.6	—	—
	2004	2 138 162.4	—	—
	2005	2 670 764.6	—	—
	2006	**4 643 681.2**	**1 323 719.7**	**3 028**
北　京	Beijing	49 399.3	12 257.0	101
天　津	Tianjin	61 583.1	13 905.3	105
河　北	Hebei	475 180.2	137 739.9	253
山　西	Shanxi	355 872.6	55 828.4	236
内蒙古	Inner Mongolia	79 178.7	15 891.7	70
辽　宁	Liaoning	348 493.6	50 771.2	75
吉　林	Jilin	43 117.7	9 691.2	10
黑龙江	Heilongjiang	34 039.6	3 765.5	30
上　海	Shanghai	188 656.4	82 228.4	77
江　苏	Jiangsu	383 154.9	157 824.1	302
浙　江	Zhejiang	397 742.5	78 604.6	301
安　徽	Anhui	84 933.5	29 838.1	68
福　建	Fujian	75 565.9	16 046.3	50
江　西	Jiangxi	63 269.0	25 528.3	52
山　东	Shandong	494 425.1	153 126.9	288
河　南	Henan	194 463.4	59 687.4	198
湖　北	Hubei	110 619.6	35 735.5	51
湖　南	Hunan	87 429.1	22 760.0	74
广　东	Guangdong	381 207.9	166 838.8	228
广　西	Guangxi	59 902.5	14 895.2	38
海　南	Hainan	6 474.1	2 605.0	21
重　庆	Chongqing	105 097.8	47 100.6	77
四　川	Sichuan	147 679.2	23 365.0	75
贵　州	Guizhou	62 653.3	20 638.7	56
云　南	Yunnan	119 025.0	36 465.8	109
西　藏	Tibet	410.0		
陕　西	Shaanxi	56 478.8	17 367.2	29
甘　肃	Gansu	53 897.6	20 170.3	12
青　海	Qinghai	16 491.8		4
宁　夏	Ningxia	26 599.5	5 588.2	17
新　疆	Xinjiang	80 639.5	7 455.1	21

各地区工业固体废物产生及处置利用情况（一）

Generation and Utilization of Industrial Solid Wastes by Region（1-1）

单位：万吨　　　　（2006）　　　　（10 000 tons）

年份 地区	Year Region	工业固体废物产生量 Industrial Solid Wastes Generated	危险废物 Hazardous Wastes	冶炼废渣 Smelting Residue	粉煤灰 Coalburning Powder	炉渣 Slag
	2000	81 608	830	8 841	12 653	9 374
	2001	88 840	952	9 745	14 121	8 673
	2002	94 509	1 001	10 784	15 722	9 491
	2003	100 428	1 170	12 304	17 529	10 544
	2004	120 030	995	14 626	21 391	12 346
	2005	134 449	1 162	18 199	23 377	13 722
	2006	**151 541**	**1 084**	**20 893**	**26 602**	**15 603**
北京	Beijing	1 356	12	327	201	96
天津	Tianjin	1 292	15	321	294	386
河北	Hebei	14 229	32	3 899	1 767	1 211
山西	Shanxi	11 817	4	1 520	1 761	1 048
内蒙古	Inner Mongolia	8 710	42	699	1 716	507
辽宁	Liaoning	13 013	44	1 831	1 308	727
吉林	Jilin	2 802	35	324	638	658
黑龙江	Heilongjiang	3 914	21	119	1 154	422
上海	Shanghai	2 063	41	760	506	131
江苏	Jiangsu	7 195	99	1 056	2 248	1 612
浙江	Zhejiang	3 096	44	93	1 082	884
安徽	Anhui	5 028	6	653	974	442
福建	Fujian	4 238	8	171	403	359
江西	Jiangxi	7 393	5	488	630	274
山东	Shandong	11 011	121	1 614	2 551	1 488
河南	Henan	7 464	15	832	1 943	1 036
湖北	Hubei	4 315	18	914	852	513
湖南	Hunan	3 688	41	886	623	444
广东	Guangdong	3 057	130	347	1 147	442
广西	Guangxi	3 894	35	514	616	269
海南	Hainan	147	1	1	54	11
重庆	Chongqing	1 764	16	129	259	372
四川	Sichuan	7 600	26	989	902	776
贵州	Guizhou	5 827	104	432	846	253
云南	Yunnan	5 972	57	1 161	605	347
西藏	Tibet	9				…
陕西	Shaanxi	4 794	8	127	600	252
甘肃	Gansu	2 591	16	446	288	159
青海	Qinghai	882	76	76	93	48
宁夏	Ningxia	799	…	58	275	257
新疆	Xinjiang	1 581	12	106	266	179

各地区工业固体废物产生及处置利用情况（一）（续表）

Generation and Utilization of Industrial Solid Wastes by Region（1-2）

单位：万吨　（2006）　（10 000 tons）

年 份 地 区	Year Region	工业固体废物产生量 Industrial Solid Wastes Generated				
		煤矸石 Coal Stone	尾矿 Gangue	放射性废物 Radioactive Wastes	脱硫石膏 Gypsum for Desulfurization	其他 Others
	2000	15 214	26 691	7.9	—	7 995
	2001	12 018	24 125	22.9	—	12 434
	2002	13 035	26 542	11.5	—	11 471
	2003	12 964	28 980	30.7	—	9 963
	2004	13 679	32 059	14.5	—	16 719
	2005	16 158	38 519	19.6	—	13 383
	2006	**17 693**	**42 738**	**10.4**	**872.8**	**16 559**
北 京	Beijing	57	322		9.2	216
天 津	Tianjin	…	…	…	11.4	171
河 北	Hebei	411	4 427		30.6	768
山 西	Shanxi	4 548	1 641	0.2	58.9	465
内蒙古	Inner Mongolia	2 569	2 397	2.7	49	252
辽 宁	Liaoning	405	7 391	…	6.5	896
吉 林	Jilin	113	691		3.3	119
黑龙江	Heilongjiang	1 391	328		1	177
上 海	Shanghai	2	…	…	3	427
江 苏	Jiangsu	218	285		82.7	1 074
浙 江	Zhejiang	10	192	…	47.1	498
安 徽	Anhui	1 227	1 152		10.2	448
福 建	Fujian	171	2 608		14.9	340
江 西	Jiangxi	265	5 000		8.3	453
山 东	Shandong	1 349	1 556		66.7	1 772
河 南	Henan	441	1 810		28	688
湖 北	Hubei	52	984	…	5	736
湖 南	Hunan	247	908	…	19.2	243
广 东	Guangdong	14	304	7.3	34.9	359
广 西	Guangxi	67	1 208		17.1	942
海 南	Hainan	…	27		1.7	43
重 庆	Chongqing	384	21	…	123.1	332
四 川	Sichuan	728	2 379	…	45.3	936
贵 州	Guizhou	1 561	1 395		68.8	1 169
云 南	Yunnan	211	1 589		117.6	1 400
西 藏	Tibet		8			
陕 西	Shaanxi	897	1 770		6.7	949
甘 肃	Gansu	143	1 214	0.2	1.8	269
青 海	Qinghai	38	476		…	67
宁 夏	Ningxia	45	…	…	0.7	135
新 疆	Xinjiang	129	655	…	…	215

各地区工业固体废物产生及处置利用情况（二）

Generation and Utilization of Industrial Solid Wastes by Region（2-1）

单位：万吨　　（2006）　　（10 000 tons）

年份 地区	Year Region	工业固体废物综合利用量 Industrial Solid Wastes Utilized	危险废物 Hazardous Wastes	冶炼废渣 Smelting Residue	粉煤灰 Coalburning Powder
	2000	37 451	408	7 565	8 387
	2001	47 290	442	7 768	9 576
	2002	50 061	391	8 920	10 740
	2003	56 040	427	10 385	12 204
	2004	67 796	403	12 855	14 847
	2005	76 993	496	16 243	16 916
	2006	**92 601**	**566**	**18 588**	**20 245**
北　京	Beijing	1 095	6	432	204
天　津	Tianjin	1 271	13	321	294
河　北	Hebei	8 850	28	3 672	1 523
山　西	Shanxi	5 370	4	1 312	480
内蒙古	Inner Mongolia	3 891	11	445	753
辽　宁	Liaoning	4 958	22	1 780	725
吉　林	Jilin	1 781	21	325	455
黑龙江	Heilongjiang	2 851	9	96	749
上　海	Shanghai	1 953	29	759	502
江　苏	Jiangsu	6 966	74	1 055	2 378
浙　江	Zhejiang	2 855	18	92	1 067
安　徽	Anhui	4 123	5	606	844
福　建	Fujian	3 105	5	160	374
江　西	Jiangxi	2 637	5	486	460
山　东	Shandong	10 397	75	1 533	2 459
河　南	Henan	5 268	14	785	1 680
湖　北	Hubei	3 150	16	871	799
湖　南	Hunan	2 716	34	742	460
广　东	Guangdong	2 878	91	334	1 316
广　西	Guangxi	2 293	14	431	425
海　南	Hainan	113		1	46
重　庆	Chongqing	1 331	21	36	225
四　川	Sichuan	4 187	20	842	615
贵　州	Guizhou	2 108	11	238	288
云　南	Yunnan	2 463	6	811	201
西　藏	Tibet				
陕　西	Shaanxi	1 825	2	121	386
甘　肃	Gansu	723	7	117	207
青　海	Qinghai	260		72	25
宁　夏	Ningxia	432		14	119
新　疆	Xinjiang	751	5	99	186

各地区工业固体废物产生及处置利用情况（二）（续表）

Generation and Utilization of Industrial Solid Wastes by Region（2-2）

单位：万吨 （2006） （10 000 tons）

年 份 地 区	Year Region	工业固体废物综合利用量 Industrial Solid Wastes Utilized				
		炉渣 Slag	煤矸石 Coal Stone	尾矿 Gangue	脱硫石膏 Gypsum for Desulfurization	其他 Others
	2000	6 809	5 395	3 623	—	5 266
	2001	7 521	6 641	3 438	—	8 539
	2002	8 132	7 020	4 420	—	7 321
	2003	9 131	7 641	5 451	—	7 129
	2004	10 886	8 336	7 790	—	8 349
	2005	12 137	10 911	7 951	—	9 599
	2006	**14 084**	**12 161**	**8 416**	**594**	**11 640**
北 京	Beijing	96	21	8	9	212
天 津	Tianjin	386			11	154
河 北	Hebei	1 187	274	618	31	557
山 西	Shanxi	585	1 966	289	41	315
内蒙古	Inner Mongolia	422	1 762	141	15	154
辽 宁	Liaoning	653	480	266	4	831
吉 林	Jilin	533	80	78	2	94
黑龙江	Heilongjiang	409	1 062	172	1	143
上 海	Shanghai	112	2		3	380
江 苏	Jiangsu	1 604	248	87	79	934
浙 江	Zhejiang	877	10	95	45	431
安 徽	Anhui	474	1 152	553	10	370
福 建	Fujian	348	112	1 629	14	331
江 西	Jiangxi	236	245	687	8	330
山 东	Shandong	1 450	1 452	1 184	66	1 712
河 南	Henan	965	594	244	19	471
湖 北	Hubei	503	39	194	4	530
湖 南	Hunan	433	192	438	11	209
广 东	Guangdong	442	3	105	35	318
广 西	Guangxi	261	40	180	17	764
海 南	Hainan	8		17	2	33
重 庆	Chongqing	354	275	12	102	218
四 川	Sichuan	648	568	404	19	627
贵 州	Guizhou	129	617	441	37	348
云 南	Yunnan	272	179	274	6	471
西 藏	Tibet					
陕 西	Shaanxi	214	622	64	3	326
甘 肃	Gansu	124	35	67		135
青 海	Qinghai	34	5	81		42
宁 夏	Ningxia	198	5			75
新 疆	Xinjiang	127	121	88		123

各地区工业固体废物产生及处置利用情况（三）

Generation and Utilization of Industrial Solid Wastes by Region（3）

单位：万吔　　（2006）　　（10 000 tons）

年份 地区	Year Region	工业固体废物贮存量 Stock of Industrial Solid Wastes	危险废物贮存量 Hazardous Wastes	工业固体废物处置量 Industrial Solid Wastes Disposed	危险废物处置量 Hazardous Wastes	工业固体废物排放量（吨）Industrial Solid Wastes Discharged（ton）	危险废物排放量 Hazardous Wastes
	2000	28 921	275.52	9 152	179.00	31 862 039	25 707.85
	2001	30 183	307.14	14 491	228.97	28 938 045	20 595.98
	2002	30 040	382.76	16 618	242.15	26 352 123	16 972.35
	2003	27 667	422.96	17 751	375.44	19 409 096	2 798.21
	2004	26 012	343.26	26 635	275.19	17 619 510	11 469.59
	2005	27 876	337.27	31 259	339.00	16 546 848	5 966.96
	2006	**22 398**	**266.81**	**42 883**	**289.34**	**13 020 916**	**199 663.10**
北　京	Beijing	63	0.42	632	5.56	1 011	
天　津	Tianjin		…	20	1.92	…	
河　北	Hebei	2 722	0.01	2 850	3.76	419 579	1.00
山　西	Shanxi	992	0.12	5 198	0.29	4 357 022	
内蒙古	Inner Mongolia	2 345	12.77	2 578	20.92	282 161	
辽　宁	Liaoning	2 273	0.09	6 048	24.72	246 918	
吉　林	Jilin	974	0.08	53	18.40	20 509	
黑龙江	Heilongjiang	859	0.45	274	10.86	10 269	
上　海	Shanghai	7	0.03	103	14.10	2 414	
江　苏	Jiangsu	197	0.15	249	25.22	270	
浙　江	Zhejiang	90	2.29	162	24.87	51 800	20.00
安　徽	Anhui	419	0.14	509	1.24	468	
福　建	Fujian	73	0.06	1 070	3.02	33 707	
江　西	Jiangxi	560	0.20	4 197	0.10	83 022	
山　东	Shandong	578	42.89	343	16.72	4 139	
河　南	Henan	704	0.05	1 831	1.45	32 217	
湖　北	Hubei	891	…	303	2.28	115 310	
湖　南	Hunan	673	9.42	305	3.75	387 231	812.00
广　东	Guangdong	172	1.41	353	37.11	135 771	0.15
广　西	Guangxi	896	0.56	886	19.87	227 434	23.00
海　南	Hainan	34	1.14		0.04	200	
重　庆	Chongqing	235	1.02	124	2.06	1 221 841	3 806.00
四　川	Sichuan	1 125	5.15	2 226	1.19	848 568	0.50
贵　州	Guizhou	1 096	46.67	2 510	26.79	1 376 600	195 000.00
云　南	Yunnan	1 535	52.21	2 014	8.11	995 583	0.45
西　藏	Tibet	1	…	…	…	73 860	
陕　西	Shaanxi	683	9.00	2 260	2.96	429 068	
甘　肃	Gansu	808	0.31	5 469	8.99	337 345	
青　海	Qinghai	623	75.60	1	0.02	3 154	
宁　夏	Ningxia	156	…	226	0.04	60 178	
新　疆	Xinjiang	615	4.59	90	2.98	1 263 270	

各地区汇总工业企业概况（一）

Summarization of Industrial Enterprises Investigeted by Region（1）

（2006）

年份 地区 Year Region	汇总工业企业数（个）Number of Industrial Enterprises Investigated（unit）	工业总产值（现价）（万元）Gross Industrial Output Value（current rate）（10 000 yuan）	企业专职环保人员数（人）Number of Professional Environmental-protection Employee（person）	工业炉窑数（台）Number of Industrial Furnaces（unit）	烟尘排放达标的 Furnaces with Soot Discharged Meeting Standard	二氧化硫排放达标的 Furnaces with Sulphur Dioxide Discharged Meeting Standard
2000	70 944	497 983 587.5	174 047	70 665	49 709	—
2001	71 425	538 202 156.2	162 191	77 430	52 037	35 722
2002	70 831	607 572 378.9	173 540	83 059	56 127	44 851
2003	69 904	709 258 687.5	168 188	84 325	56 189	47 605
2004	70 630	898 419 799.1	178 025	85 132	58 253	50 674
2005	70 612	1 120 864 276.0	188 051	81 117	60 525	53 545
2006	**76 185**	**1 426 002 200.0**	**268 473**	**82 814**	**64 599**	**57 450**
北　京 Beijing	739	33 757 246.5	1 588	363	363	360
天　津 Tianjin	1 776	64 929 815.4	3 489	715	715	714
河　北 Hebei	2 942	72 554 372.1	14 040	4 667	3 662	3 260
山　西 Shanxi	3 377	42 117 644.3	11 127	6 251	5 514	4 352
内蒙古 Inner Mongolia	1 328	24 342 458.5	3 572	2 444	1 812	1 523
辽　宁 Liaoning	4 244	77 935 895.7	9 085	4 647	4 048	3 483
吉　林 Jilin	836	30 463 139.8	3 163	593	393	450
黑龙江 Heilongjiang	1 399	40 037 368.4	3 379	3 084	3 007	2 987
上　海 Shanghai	1 779	98 399 578.8	9 944	1 223	1 181	1 171
江　苏 Jiangsu	5 926	149 354 647.6	18 639	3 248	3 027	2 835
浙　江 Zhejiang	6 340	101 071 219.1	38 166	4 130	3 652	3 272
安　徽 Anhui	1 825	43 634 505.3	5 073	1 594	1 322	925
福　建 Fujian	3 133	45 341 920.1	6 981	2 549	2 434	2 393
江　西 Jiangxi	1 301	17 836 842.8	3 274	2 724	1 248	1 066
山　东 Shandong	5 226	151 501 490.5	26 260	4 968	4 523	4 049
河　南 Henan	3 867	56 311 335.8	11 251	5 363	4 098	3 502
湖　北 Hubei	2 225	38 998 040.1	5 048	2 242	2 001	1 811
湖　南 Hunan	2 736	30 584 079.8	6 399	2 871	2 009	1 796
广　东 Guangdong	6 805	99 782 377.5	23 463	2 936	2 566	2 268
广　西 Guangxi	1 797	21 556 638.0	5 079	2 955	2 586	2 447
海　南 Hainan	246	5 580 563.4	711	209	179	131
重　庆 Chongqing	1 946	19 408 687.1	2 967	1 533	1 318	1 228
四　川 Sichuan	5 418	41 753 800.8	15 608	6 980	3 972	3 182
贵　州 Guizhou	2 851	15 059 617.8	4 330	4 527	2 104	1 962
云　南 Yunnan	1 785	26 854 220.7	9 887	1 996	1 642	1 577
西　藏 Tibet	25	150 431.8	58	28		
陕　西 Shaanxi	1 714	28 789 792.7	5 933	1 876	1 520	1 309
甘　肃 Gansu	1 074	18 482 192.9	7 701	2 675	1 516	1 065
青　海 Qinghai	255	5 034 701.8	479	562	175	109
宁　夏 Ningxia	374	6 007 649.4	1 030	1 746	1 553	1 514
新　疆 Xinjiang	896	18 369 925.5	10 749	1 115	459	709

各地区汇总工业企业概况（二）

Summarization of Industrial Enterprises Investigeted by Region（2）

（2006）

年份 地区	Year Region	工业锅炉数（台）Number of Industrial Boilers（unit）	烟尘排放达标的 Boilers with Soot Discharged Meeting Standard	二氧化硫排放达标的 Boilers with Sulphur Dioxide Discharged Meeting Standard	工业锅炉蒸吨数（蒸吨）Capacity of Industrial Boilers（steam. ton）	烟尘排放达标的 Boilers with Soot Discharged Meeting Standard	二氧化硫排放达标的 Boilers with Sulphur Dioxide Discharged Meeting Standard
	2000	118 093	107 506	—	1 213 837	1 158 078	—
	2001	87 704	78 001	52 916	1 238 608	1 165 038	913 739
	2002	86 212	76 684	59 188	1 297 336	1 244 902	1 063 979
	2003	84 311	75 098	60 918	1 363 905	1 296 044	1 121 297
	2004	85 116	76 840	63 700	1 500 823	1 432 994	1 266 854
	2005	85 324	76 328	65 220	1 702 889	1 593 056	1 443 641
	2006	**80 355**	**73 497**	**64 628**	**1 666 515**	**1 617 654**	**1 522 552**
北　京	Beijing	1 624	1 623	1 622	32 212	32 208	32 207
天　津	Tianjin	1 987	1 987	1 985	38 408	38 408	34 806
河　北	Hebei	5 805	5 348	3 839	70 113	68 872	66 517
山　西	Shanxi	4 217	3 576	3 120	73 906	72 481	68 442
内蒙古	Inner Mongolia	2 793	2 245	2 091	108 907	105 463	93 443
辽　宁	Liaoning	5 528	4 961	4 449	100 137	95 532	91 596
吉　林	Jilin	2 966	2 533	2 037	38 012	35 890	31 528
黑龙江	Heilongjiang	4 438	4 200	3 762	63 802	62 889	58 839
上　海	Shanghai	1 969	1 903	1 875	39 712	38 357	38 227
江　苏	Jiangsu	5 782	5 605	5 287	178 775	175 936	174 075
浙　江	Zhejiang	6 708	6 521	5 836	92 343	91 603	89 034
安　徽	Anhui	1 388	1 322	1 054	39 152	38 504	37 584
福　建	Fujian	2 331	2 234	2 152	43 157	42 838	42 543
江　西	Jiangxi	1 139	991	708	24 145	23 784	14 248
山　东	Shandong	6 027	5 914	5 411	188 562	187 648	180 488
河　南	Henan	3 866	3 676	2 827	80 890	80 317	73 060
湖　北	Hubei	1 805	1 615	1 411	42 997	40 002	39 252
湖　南	Hunan	1 877	1 623	1 300	42 104	36 454	38 085
广　东	Guangdong	4 467	4 082	3 658	111 056	103 503	101 849
广　西	Guangxi	1 308	1 109	979	20 819	20 100	18 893
海　南	Hainan	177	161	136	8 439	8 352	7 926
重　庆	Chongqing	947	826	765	18 190	17 659	17 426
四　川	Sichuan	3 027	2 635	2 145	35 098	34 042	29 723
贵　州	Guizhou	906	683	602	29 646	29 141	23 397
云　南	Yunnan	1 031	921	829	23 199	21 911	13 834
西　藏	Tibet	6	3		2	…	
陕　西	Shaanxi	1 939	1 836	1 548	29 816	29 330	27 433
甘　肃	Gansu	1 775	1 399	1 414	32 056	29 872	26 796
青　海	Qinghai	313	228	197	7 626	6 805	6 565
宁　夏	Ningxia	779	629	577	22 100	21 637	19 530
新　疆	Xinjiang	1 430	1 108	1 012	31 138	28 116	25 205

各地区汇总工业企业概况（三）

Summarization of Industrial Enterprises Investigeted by Region（3）

（2006）

年份 地区	Year Region	工业用水总量（万吨）Quantity of Water Used by Industry（10 000 tons）	新鲜水量 Fresh Water	重复用水量 Recycled Water	污水排放口数（个）Number of Waste Water Outlets（unit）	直接排海的污水排放口数 Direct Discharge into Sea	"三废"综合利用产品产值（万元）Output Value of Products Made from "Three Waste"（10 000 yuan）
	2000	21 090 023	6 653 435	14 436 602	—	—	3 104 792.9
	2001	23 333 575	7 101 186	16 232 387	61 398	1 338	3 446 149.0
	2002	24 943 632	7 116 909	17 826 724	62 630	1 303	3 856 329.5
	2003	26 974 060	7 412 087	19 561 968	62 272	1 115	4 410 121.0
	2004	29 038 017	7 486 854	21 551 163	63 930	1 357	5 733 245.8
	2005	31 992 327	7 965 406	24 026 774	64 583	1 141	7 555 064.3
	2006	**34 653 012**	**7 059 207**	**27 593 815**	**67 074**	**1 156**	**10 267 926.0**
北京	Beijing	592 023	23 292	568 730	661		110 528.6
天津	Tianjin	890 872	42 538	848 334	1 320	9	171 747.8
河北	Hebei	2 896 761	247 141	2 649 633	3 220	5	561 234.2
山西	Shanxi	1 982 200	129 849	1 852 351	1 236		225 883.8
内蒙古	Inner Mongolia	1 487 581	61 573	1 426 008	922		83 917.1
辽宁	Liaoning	1 848 895	182 608	1 666 287	3 332	132	305 735.7
吉林	Jilin	727 505	112 602	614 904	1 006		207 413.7
黑龙江	Heilongjiang	940 237	191 868	748 369	1 188		175 473.4
上海	Shanghai	1 366 795	522 824	843 970	1 712	62	97 197.9
江苏	Jiangsu	2 755 754	597 647	2 158 107	5 640	10	1 440 509.3
浙江	Zhejiang	1 775 411	916 888	858 523	6 835	428	1 497 950.1
安徽	Anhui	1 204 822	189 642	1 015 180	1 573		232 747.6
福建	Fujian	680 123	295 280	384 843	3 142	124	182 826.5
江西	Jiangxi	662 484	237 340	425 145	1 727		252 891.5
山东	Shandong	2 899 832	243 804	2 656 027	4 043	185	1 074 662.4
河南	Henan	2 260 330	220 219	2 040 110	2 927		444 607.7
湖北	Hubei	1 081 817	301 797	780 020	2 142		559 119.3
湖南	Hunan	635 354	170 003	465 350	2 855		373 538.1
广东	Guangdong	2 396 839	1 279 608	1 117 230	7 303	168	433 236.6
广西	Guangxi	661 458	259 321	402 137	1 569	21	312 363.4
海南	Hainan	124 096	10 390	113 705	191	12	12 714.2
重庆	Chongqing	623 615	265 117	358 499	1 750		133 994.4
四川	Sichuan	1 029 365	208 458	820 906	5 251		529 852.3
贵州	Guizhou	655 556	49 586	605 970	1 292		152 040.3
云南	Yunnan	574 882	70 073	504 808	924		377 929.2
西藏	Tibet	1 037	1 013	24	8		169.3
陕西	Shaanxi	539 739	65 323	474 417	1 539		98 525.2
甘肃	Gansu	456 175	47 547	408 627	755		104 990.9
青海	Qinghai	103 260	18 798	84 462	105		10 369.2
宁夏	Ningxia	358 321	31 996	326 325	328		36 529.2
新疆	Xinjiang	439 872	65 060	374 812	578		67 227.1

各地区工业污染治理项目建设情况（一）

Treatment Projects for Industrial Pollution by Region（1）

单位：个　　　　（2006）　　　　（unit）

年　份 地　区	Year Region	汇总工业企业数 Number of Industrial Enterprises Collected	本年施工项目总数 Numer of Projects under Construction	治理废水 Treatment of Waste Water	治理废气 Treatment of Waste Gas	治理固体废物 Treatment of Solid Wastes	治理噪声 Treatment of Noise Pollution	治理其他 Treatment of Other Pollution
	2000	20 459	27 243	11 894	12 840	803	551	791
	2001	8 805	11 640	4 705	5 406	559	355	615
	2002	8 634	11 557	4 679	4 992	666	375	845
	2003	8 515	11 292	4 573	4 848	660	330	881
	2004	9 519	12 944	5 373	5 664	677	380	850
	2005	9 871	13 330	5 545	5 472	820	415	928
	2006	**9 605**	**13 101**	**5 717**	**5 272**	**750**	**298**	**1 064**
北　京	Beijing	107	177	42	106	2	12	15
天　津	Tianjin	121	162	61	62	4	3	32
河　北	Hebei	294	446	123	280	6	7	30
山　西	Shanxi	497	813	237	469	43	6	58
内蒙古	Inner Mongolia	149	195	53	111	4	1	26
辽　宁	Liaoning	238	326	133	138	18	8	29
吉　林	Jilin	110	152	65	56	7	5	19
黑龙江	Heilongjiang	105	135	60	66	4		5
上　海	Shanghai	134	190	82	71	6	14	17
江　苏	Jiangsu	512	642	347	213	17	20	45
浙　江	Zhejiang	711	866	531	196	20	10	109
安　徽	Anhui	196	280	141	99	3	6	31
福　建	Fujian	543	690	308	249	88	8	37
江　西	Jiangxi	183	259	131	96	15	5	12
山　东	Shandong	945	1 199	623	351	108	32	85
河　南	Henan	597	738	259	406	29	14	30
湖　北	Hubei	354	477	199	188	29	17	44
湖　南	Hunan	326	453	184	203	37	10	19
广　东	Guangdong	1 091	1 333	582	447	63	36	205
广　西	Guangxi	253	392	186	164	23	4	15
海　南	Hainan	36	43	32	6	1		4
重　庆	Chongqing	128	178	70	70	7	12	19
四　川	Sichuan	592	801	274	374	53	33	67
贵　州	Guizhou	324	723	537	134	26	7	19
云　南	Yunnan	390	542	140	325	35	12	30
西　藏	Tibet	1	1	1				0
陕　西	Shaanxi	244	301	129	108	29	11	24
甘　肃	Gansu	223	315	102	134	52	5	22
青　海	Qinghai	18	21	2	19			0
宁　夏	Ningxia	91	108	26	76	4		2
新　疆	Xinjiang	92	143	57	55	17		14

各地区工业污染治理项目建设情况（二）

Treatment Projects for Industrial Pollution by Region（2）

单位：个 （2006） （unit）

年份 地区	Year Region	本年竣工项目数 Number of Projects Completed	治理废水 Treatment of Waste Water	治理废气 Treatment of Waste Gas	治理固体废物 Treatment of Solid Wastes	治理噪声 Treatment of Noise Pollution	治理其他 Treatment of Other Pollution
	2000	21 070	8 759	10 552	622	454	683
	2001	10 277	4 076	4 856	503	322	520
	2002	9 733	3 794	4 300	583	328	728
	2003	9 568	3 827	4 107	578	283	773
	2004	11 290	4 662	4 923	610	346	749
	2005	11 158	4 710	4 613	708	353	731
	2006	**11 822**	**5 047**	**4 843**	**679**	**274**	**979**
北　京	Beijing	168	39	103	2	10	14
天　津	Tianjin	149	55	55	4	3	32
河　北	Hebei	399	107	247	7	6	32
山　西	Shanxi	725	203	420	37	3	62
内蒙古	Inner Mongolia	183	49	105	3	1	25
辽　宁	Liaoning	289	110	130	15	8	26
吉　林	Jilin	135	53	55	6	5	16
黑龙江	Heilongjiang	117	47	64	2	0	4
上　海	Shanghai	186	80	71	6	12	17
江　苏	Jiangsu	571	308	195	15	20	33
浙　江	Zhejiang	740	443	180	18	9	90
安　徽	Anhui	236	121	81	2	6	26
福　建	Fujian	583	247	212	80	9	35
江　西	Jiangxi	216	104	87	12	2	11
山　东	Shandong	1 091	547	329	106	28	81
河　南	Henan	672	230	376	26	12	28
湖　北	Hubei	403	165	167	22	15	34
湖　南	Hunan	426	177	188	34	10	17
广　东	Guangdong	1 223	520	420	59	35	189
广　西	Guangxi	352	168	148	20	3	13
海　南	Hainan	38	28	5	1	0	4
重　庆	Chongqing	167	66	66	5	12	18
四　川	Sichuan	718	242	338	48	29	61
贵　州	Guizhou	697	522	130	23	7	15
云　南	Yunnan	506	133	302	30	13	28
西　藏	Tibet	1	1	0	0	0	0
陕　西	Shaanxi	274	114	99	28	10	23
甘　肃	Gansu	301	95	129	49	5	23
青　海	Qinghai	21	2	19	0	0	0
宁　夏	Ningxia	103	24	73	4	0	2
新　疆	Xinjiang	132	51	51	16	1	13

各地区工业污染治理项目建设情况（三）

Treatment Projects for Industrial Pollution by Region（3）

单位：万元　（2006）　（10 000 yuan）

年份 地区	Year Region	污染治理项目本年完成投资合计 Investment Completed in the Treatment of Industrial Pollution This Year（delete）	治理废水 Treatment of Waste Water	治理废气 Treatment of Waste Gas	治理固体废物 Treatment of Solid Wastes	治理噪声 Treatment of Noise Pollution	治理其他 Treatment of Other Pollution
	2000	2 394 390.8	1 095 897.4	909 241.6	114 673.0	60 188.5	214 390.3
	2001	1 745 280.0	729 214.3	657 940.4	186 967.2	6 424.4	164 733.7
	2002	1 883 662.8	714 935.1	697 864.3	161 287.3	10 463.5	299 112.6
	2003	2 218 281.0	873 747.7	921 222.4	161 763.4	10 139.2	251 408.3
	2004	3 081 059.5	1 055 868.1	1 427 974.9	226 464.8	13 416.1	357 335.6
	2005	4 581 908.7	1 337 146.9	2 129 571.3	274 181.3	30 613.3	810 395.9
	2006	**4 839 485.1**	**1 511 164.5**	**2 332 697.1**	**182 630.5**	**30 145.1**	**782 847.9**
北京	Beijing	101 397.3	8 471.9	89 533.8	1 039.5	346.4	2 005.7
天津	Tianjin	149 534.2	26 537.3	68 425.8	148.0	260.0	54 163.1
河北	Hebei	190 689.4	38 500.5	137 799.6	303.0	3 107.5	10 978.8
山西	Shanxi	367 602.6	110 036.4	216 934.3	17 793.1	229.7	22 609.1
内蒙古	Inner Mongolia	177 234.8	26 040.4	144 638.7	517.0	20.0	6 018.7
辽宁	Liaoning	520 470.3	79 661.0	78 075.7	3 026.0	675.0	359 032.6
吉林	Jilin	39 810.3	33 809.5	3 513.2	757.5	16.2	1 713.9
黑龙江	Heilongjiang	58 189.4	43 959.4	10 390.3	736.1		3 103.6
上海	Shanghai	59 269.0	7 011.0	16 856.3	31 375.5	729.6	3 296.6
江苏	Jiangsu	280 053.4	93 372.5	171 498.9	2 320.8	1 261.4	11 599.8
浙江	Zhejiang	250 363.1	81 717.3	124 903.6	1 694.0	274.4	41 773.8
安徽	Anhui	54 555.4	40 322.6	8 071.6	2 194.0	520.3	3 446.9
福建	Fujian	196 034.8	84 534.5	65 458.6	13 924.2	7 045.7	25 071.8
江西	Jiangxi	68 578.7	23 929.6	32 223.0	1 131.1	6 103.8	5 191.2
山东	Shandong	596 643.1	244 305.4	240 339.6	20 172.6	1 434.4	90 391.1
河南	Henan	247 334.6	94 576.7	127 750.0	16 627.5	528.7	7 851.7
湖北	Hubei	148 872.8	59 631.7	65 821.7	10 240.6	202.5	12 976.3
湖南	Hunan	173 309.0	48 705.7	117 441.3	4 756.1	1 396.5	1 009.4
广东	Guangdong	313 708.3	95 548.3	155 113.9	11 011.3	2 661.3	49 373.5
广西	Guangxi	86 604.2	43 700.3	37 012.3	1 690.3	238.2	3 963.1
海南	Hainan	21 389.2	16 931.9	3 398.1	187.2		872.0
重庆	Chongqing	36 742.1	18 346.8	15 463.3	833.0	638.0	1 461.0
四川	Sichuan	203 008.4	50 915.6	136 481.0	3 215.2	829.0	11 567.6
贵州	Guizhou	100 771.0	23 778.5	53 678.5	10 364.7	238.6	12 710.7
云南	Yunnan	94 089.2	17 961.7	52 394.3	9 944.2	442.2	13 346.8
西藏	Tibet	128.9	128.9				
陕西	Shaanxi	73 746.5	31 470.3	18 176.9	3 147.5	790.5	20 161.3
甘肃	Gansu	136 467.9	20 605.1	105 493.1	7 183.4	123.2	3 063.1
青海	Qinghai	7 773.2	292.2	7 481.0			
宁夏	Ningxia	39 885.5	19 485.4	16 292.4	3 715.0		392.7
新疆	Xinjiang	45 228.5	26 876.1	12 036.3	2 582.1	32.0	3 702.0

各地区工业污染治理项目建设情况（四）

Treatment Projects for Industrial Pollution by Region（4）

单位：万元　　（2006）　　（10 000 yuan）

年 份 地 区	Year Region	污染治理项目本年投资来源 Source of Current Investment in the Treatment of Industrial Pollution				
		合 计 Total	排污费补助 Subsidy of Pollution Emission Expenditure	政府其他补助 Other Funds	企业自筹 Self-financing	国内贷款 Domestic Loans
	2000	2 394 390.8	67 051.1	331 154.3	1 996 185.4	125 532.3
	2001	1 745 280.0	83 245.4	363 456.9	1 298 577.7	671 103.7
	2002	1 883 662.8	67 893.3	419 555.3	1 396 214.2	435 504.5
	2003	2 218 281.0	123 798.9	187 521.3	1 906 960.8	250 958.0
	2004	3 081 059.5	111 312.7	137 146.5	2 832 600.3	290 189.4
	2005	4 581 908.7	206 000.5	77 765.8	4 298 142.4	389 917.7
	2006	**4 839 485.1**	**142 810.8**	**155 157.4**	**4 541 517.0**	**301 030.0**
北 京	Beijing	101 397.3	2 960.0	20 357.9	78 079.4	12 400.0
天 津	Tianjin	149 534.2	1 627.8	4 785.4	143 121.0	16 931.0
河 北	Hebei	190 689.4	10 388.2	8 230.0	172 071.2	7 461.0
山 西	Shanxi	367 602.6	30 543.6	9 530.1	327 528.9	15 729.8
内蒙古	Inner Mongolia	177 234.8	2 736.0	335.0	174 163.8	3 792.0
辽 宁	Liaoning	520 470.3	6 456.5	11 286.0	502 727.8	6 340.0
吉 林	Jilin	39 810.3	169.0	594.0	39 047.3	1 936.4
黑龙江	Heilongjiang	58 189.4	534.7	963.8	56 690.9	30.0
上 海	Shanghai	59 269.0	5.0	131.8	59 132.2	167.3
江 苏	Jiangsu	280 053.4	9 805.4	2 372.0	267 876.0	19 638.0
浙 江	Zhejiang	250 363.1	5 262.7	842.0	244 258.4	11 485.0
安 徽	Anhui	54 555.4	2 798.6	3 897.1	47 859.7	3 984.0
福 建	Fujian	196 034.8	1 950.5	1 478.5	192 605.8	2 154.0
江 西	Jiangxi	68 578.7	2 751.0	528.0	65 299.7	651.0
山 东	Shandong	596 643.1	7 740.0	11 303.0	577 600.1	52 380.9
河 南	Henan	247 334.6	5 133.0	12 343.8	229 857.8	20 147.0
湖 北	Hubei	148 872.8	2 941.6	9 039.5	136 891.7	9 574.0
湖 南	Hunan	173 309.0	8 737.5	11 705.0	152 866.5	25 821.0
广 东	Guangdong	313 708.3	2 142.5	10 422.6	301 143.2	10 242.0
广 西	Guangxi	86 604.2	3 276.5	449.5	82 878.2	4 496.4
海 南	Hainan	21 389.2	64.0	20.0	21 305.2	6 774.0
重 庆	Chongqing	36 742.1	1 480.0	4 250.0	31 012.1	835.0
四 川	Sichuan	203 008.4	7 927.7	5 474.8	189 605.9	34 266.7
贵 州	Guizhou	100 771.0	17 268.1	430.0	83 072.9	16 449.1
云 南	Yunnan	94 089.2	1 351.9	1 873.0	90 864.3	7 583.1
西 藏	Tibet	128.9		116.0	12.9	
陕 西	Shaanxi	73 746.5	1 530.0	743.0	71 473.5	2 278.3
甘 肃	Gansu	136 467.9	3 865.0	18 908.0	113 694.9	3 595.0
青 海	Qinghai	7 773.2	10.0	1 315.0	6 448.2	
宁 夏	Ningxia	39 885.5	530.0	104.6	39 250.9	833.0
新 疆	Xinjiang	45 228.5	824.0	1 328.0	43 076.5	3 055.0

各地区工业污染治理项目建设情况（五）
Treatment Projects for Industrial Pollution by Region（5）

（2006）

年 份 地 区	Year Region	本年竣工项目新增设计处理能力 Capacity for Treament of Industrial Pollution New-added 治理废水（吨/日） Treatment of Waste Water（ton/day）	治理废气（标态）（万米^3/时） Treatment of Waste Gas（cu.m/hour）	治理固体废物（吨/日） Treatment of Solid Wastes （ton/day）
	2000	91 145 316	92 986	30 379 168
	2001	26 888 923	35 299	2 737 640
	2002	25 209 270	118 010	1 638 711
	2003	10 135 724	15 708	4 960 284
	2004	18 106 382	37 205	2 987 559
	2005	25 602 344	25 573	2 769 710
	2006	**13 490 365**	**94 949**	**15 960 737**
北 京	Beijing	15 823	2 226	7
天 津	Tianjin	11 522	50	0
河 北	Hebei	199 886	1 048	594
山 西	Shanxi	771 235	766	50 528
内蒙古	Inner Mongolia	597 521	523	30 068
辽 宁	Liaoning	102 108	420	22 142
吉 林	Jilin	124 582	123	6 400
黑龙江	Heilongjiang	1 132 825	158	
上 海	Shanghai	12 047	164	3 865
江 苏	Jiangsu	589 513	12 027	271 215
浙 江	Zhejiang	449 414	1 243	16 128
安 徽	Anhui	277 052	161	
福 建	Fujian	261 324	895	11 513
江 西	Jiangxi	165 250	486	3 625
山 东	Shandong	3 325 124	6 254	25 420
河 南	Henan	648 533	1 079	2 634
湖 北	Hubei	614 280	54 020	11 708
湖 南	Hunan	1 057 248	708	1 133 668
广 东	Guangdong	625 477	2 027	13 247
广 西	Guangxi	592 420	302	3 472
海 南	Hainan	34 513	55	
重 庆	Chongqing	164 928	165	350
四 川	Sichuan	609 156	7 841	97 728
贵 州	Guizhou	120 318	560	14 051 476
云 南	Yunnan	314 642	693	10 923
西 藏	Tibet			
陕 西	Shaanxi	124 476	177	40 104
甘 肃	Gansu	291 428	339	128 613
青 海	Qinghai	900	269	
宁 夏	Ningxia	35 413	132	234
新 疆	Xinjiang	221 407	36	25 075

各地区工业企业“三废”治理效率（一）

Effeciency of Industrial Pollution Treatment by Region（1）

单位：%　　　　（2006）　　　　（%）

年 份 地 区	Year Region	二氧化硫排放达标率 Ratio of Industrial Sulphur Dioxide Meeting Discharge Standards	烟尘排放达标率 Ratio of Industrial Soot Meeting Discharge Standards	工业粉尘排放达标率 Ratio of Industrial Dust Meeting Discharge Standards	工业氮氧化物排放达标率 Ratio of Industrial Nirogen Oxcide Meeting Discharge Standards
	2000	—	—	—	—
	2001	61.3	67.3	50.2	—
	2002	70.2	75.0	61.7	—
	2003	69.1	78.5	54.5	—
	2004	75.6	80.2	71.1	—
	2005	79.4	82.9	75.1	—
	2006	**81.9**	**87.0**	**82.9**	**79.6**
北 京	Beijing	100.0	99.9	100.0	96.9
天 津	Tianjin	99.3	100.0	100.0	84.4
河 北	Hebei	87.7	93.2	93.9	77.1
山 西	Shanxi	80.8	86.7	87.1	76.4
内蒙古	Inner Mongolia	79.2	70.4	74.8	76.6
辽 宁	Liaoning	88.7	92.3	87.0	70.5
吉 林	Jilin	70.9	84.1	55.9	69.0
黑龙江	Heilongjiang	91.8	92.1	75.7	83.0
上 海	Shanghai	95.6	95.7	99.7	98.2
江 苏	Jiangsu	98.3	98.1	97.7	98.3
浙 江	Zhejiang	94.7	92.8	97.7	94.6
安 徽	Anhui	91.4	97.2	94.3	83.1
福 建	Fujian	97.3	94.9	96.0	97.5
江 西	Jiangxi	82.3	93.1	89.6	73.7
山 东	Shandong	90.4	97.0	96.1	84.9
河 南	Henan	87.2	89.4	86.7	75.1
湖 北	Hubei	91.8	84.7	80.1	92.2
湖 南	Hunan	85.0	85.5	74.7	88.1
广 东	Guangdong	76.7	82.5	84.0	67.7
广 西	Guangxi	78.6	93.2	91.5	83.0
海 南	Hainan	35.7	82.9	91.2	88.7
重 庆	Chongqing	83.6	88.6	89.2	77.2
四 川	Sichuan	61.5	86.0	72.7	70.5
贵 州	Guizhou	62.3	50.4	33.4	77.5
云 南	Yunnan	67.8	80.5	84.8	66.6
西 藏	Tibet				
陕 西	Shaanxi	66.3	89.4	90.1	66.2
甘 肃	Gansu	66.2	73.5	43.0	83.2
青 海	Qinghai	52.9	37.1	24.5	52.2
宁 夏	Ningxia	61.9	80.0	66.3	39.6
新 疆	Xinjiang	69.6	62.8	44.4	40.6

各地区工业企业“三废”治理效率（二）

Effeciency of Industrial Pollution Treatment by Region（2）

单位：%　　　　（2006）　　　　（%）

年　份 地　区	Year Region	工业废水 排放达标率 Ratio of Industrial Waste Water Meeting Discharge Standards	工业用水 重复利用率 Ratio of Recycled Water Used in Industry	工业固体废物	
				综合利用率 Ratio of Industrial Solid Wastes Utilized	处置率 Ratio of Industrial Solid Wastes Disposed
	2000	82.0	68.4	51.7	12.6
	2001	85.6	69.6	52.1	15.7
	2002	88.3	71.5	52.0	17.1
	2003	89.2	72.5	54.8	17.5
	2004	90.7	74.2	55.7	22.1
	2005	91.2	75.1	57.5	23.2
	2006	**90.7**	**79.6**	**60.2**	**27.4**
北　京	Beijing	99.3	96.1	74.6	37.7
天　津	Tianjin	99.8	95.2	98.4	1.6
河　北	Hebei	93.4	91.5	61.7	20.0
山　西	Shanxi	68.9	93.4	45.0	43.8
内蒙古	Inner Mongolia	77.0	95.9	44.0	29.6
辽　宁	Liaoning	92.9	90.1	38.0	46.0
吉　林	Jilin	81.4	84.5	63.5	1.9
黑龙江	Heilongjiang	87.8	79.6	71.5	7.0
上　海	Shanghai	97.5	61.7	94.7	5.0
江　苏	Jiangsu	97.7	78.3	94.1	3.5
浙　江	Zhejiang	86.4	48.4	91.8	5.2
安　徽	Anhui	97.1	84.3	81.6	10.1
福　建	Fujian	97.9	56.6	73.1	25.2
江　西	Jiangxi	93.2	64.2	35.6	56.8
山　东	Shandong	98.0	91.6	92.0	3.1
河　南	Henan	93.0	90.3	67.6	24.5
湖　北	Hubei	91.0	72.1	72.3	7.0
湖　南	Hunan	91.6	73.2	73.0	8.3
广　东	Guangdong	84.9	46.6	84.3	11.5
广　西	Guangxi	92.9	60.8	58.1	21.9
海　南	Hainan	94.6	91.6	77.1	0.1
重　庆	Chongqing	93.8	57.5	73.7	7.0
四　川	Sichuan	84.5	79.7	55.0	29.3
贵　州	Guizhou	71.8	92.4	36.0	43.1
云　南	Yunnan	89.2	87.8	41.0	33.2
西　藏	Tibet	28.2	2.3		
陕　西	Shaanxi	89.2	87.9	38.0	47.1
甘　肃	Gansu	79.1	89.6	27.1	79.7
青　海	Qinghai	48.6	81.8	29.4	0.1
宁　夏	Ningxia	64.8	91.1	53.9	28.3
新　疆	Xinjiang	61.1	85.2	47.5	5.7

各地区危险废物集中处置情况（一）

Centralized Treatment of Hazardous Wastes by Region（1）

（2006）

年 份 地 区	Year Region	危险废物集中处置厂数（座） Number of Plants for Centralized Treatment of Hazardous Wastes（unit）	危险废物处置能力（吨/日） Capacity of Plants for Centralized Treatment of Hazardous Wastes（ton/day）	焚 烧 处置能力 Treatment by Burning	填 埋 处理能力 Treatment by Landfilling
	2000	—	—	—	—
	2001	92	3416	1694	1722
	2002	152	2983	2180	803
	2003	154	10627	8624	2003
	2004	177	4006	2261	995
	2005	189	5211	3290	1167
	2006	**248**	**18052**	**3144**	**13314**
北 京	Beijing	5	320	307	
天 津	Tianjin	4	12117	77	12040
河 北	Hebei	6	33	28	5
山 西	Shanxi	7	72	68	4
内蒙古	Inner Mongolia	8	30	30	
辽 宁	Liaoning	20	890	518	372
吉 林	Jilin	5	171	64	107
黑龙江	Heilongjiang	5	29	16	13
上 海	Shanghai	24	367	295	73
江 苏	Jiangsu	38	667	578	89
浙 江	Zhejiang	22	366	286	76
安 徽	Anhui	2	20	20	
福 建	Fujian	7	131	53	78
江 西	Jiangxi	1	3	3	
山 东	Shandong	11	273	122	
河 南	Henan	1	2	2	
湖 北	Hubei	6	74	56	18
湖 南	Hunan	4	17	16	1
广 东	Guangdong	41	2241	394	420
广 西	Guangxi	5	43	43	
海 南	Hainan	2	7	7	
重 庆	Chongqing	4	20	20	
四 川	Sichuan	8	42	41	1
贵 州	Guizhou	2	30	25	5
陕 西	Shaanxi	2	30	25	5
甘 肃	Gansu	2	4	4	
青 海	Qinghai	1	3	3	
宁 夏	Ningxia	2	1	1	
新 疆	Xinjiang	3	54	44	10

各地区危险废物集中处置情况（二）

Centralized Treatment of Hazardous Wastes by Region（2）

（2006）

年份 地区	Year Region	危险废物处置量（吨） Volume of Hazardous Wastes Disposed（ton）			危险废物综合利用量（吨） Volume of Hazardous Wastes Utilized（ton）	本年运行费用（万元） Annual Expenditure for Operation（10 000 yuan）
			焚烧量 Volume of Hazardous Wastes Burned	填埋量 Volume of Hazardous Wastes Landfilled		
	2000	—	—	—	—	—
	2001	136 065	99 141	36 924	73 212	21 168.8
	2002	199 116	152 842	46 274	175 706	15 932.8
	2003	421 362	330 914	90 448	216 584	31 365.5
	2004	416 488	270 917	141 881	178 447	46 888.1
	2005	521 978	316 524	198 839	214 316	71 496.0
	2006	**885 908**	**507 979**	**352 856**	**337 338**	**110 234.2**
北　京	Beijing	41 574	41 524		2 880	6 744.7
天　津	Tianjin	80 662	7 973	72 689	9 304	3 895.0
河　北	Hebei	4 244	4 094	150	160	551.9
山　西	Shanxi	10 916	9 658	1 258	…	956.1
内蒙古	Inner Mongolia	1 862	1 862		13	264.6
辽　宁	Liaoning	119 094	54 114	64 980	48 044	8 204.1
吉　林	Jilin	46 853	8 075	38 778		1 630.0
黑龙江	Heilongjiang	6 591	4 157	2 434	…	711.6
上　海	Shanghai	80 020	53 549	26 471	20 039	9 782.3
江　苏	Jiangsu	104 352	92 815	11 537	4 889	10 234.9
浙　江	Zhejiang	55 963	55 303	109	14 518	8 699.6
安　徽	Anhui	6 882	6 882			741.6
福　建	Fujian	17 926	9 887	8 039	1 000	1 113.0
江　西	Jiangxi	540	540	…	…	211.0
山　东	Shandong	19 309	19 124	101	85	4 269.4
河　南	Henan	265	265			80.0
湖　北	Hubei	13 143	12 032	1 111	459	2 050.8
湖　南	Hunan	1 909	1 894	15	46	756.8
广　东	Guangdong	212 721	69 808	118 526	222 196	43 438.6
广　西	Guangxi	7 584	7 584			836.0
海　南	Hainan	1 966	1 966	…		493.6
重　庆	Chongqing	4 928	4 928		724	1 288.0
四　川	Sichuan	8 578	8 571	8	73	1 004.9
贵　州	Guizhou	5 719	5 354	365		361.5
陕　西	Shaanxi	7 508	7 232	276	138	528.0
甘　肃	Gansu	3 748	1 388	2 360	…	374.7
青　海	Qinghai	956	956			196.0
宁　夏	Ningxia	455	455			114.0
新　疆	Xinjiang	19 641	15 992	3 649	12 771	701.5

各地区城市污水处理情况（一）
Urban Waste Water Treatment by Region（1）

（2006）

年 份 地 区	Year Region	城市污水处理厂数（座） Urban Waste Water Treatment Plants （unit）	污水处理厂设计处理能力（万吨/日） Treatment Capacity （10 000 tons/day）	工业区废污水集中处理装置数（座） Industrilal Park Waste Water Treatment Plants （unit）	集中处理装置处理能力（吨/日） Treatment Capacity （ton/day）	本年运行费用（万元） Annul Expenditure for Operation （10 000 yuan）
	2000	315	1 659	—	—	161 128.0
	2001	319	2 022	14	326 190	236 977.5
	2002	418	2 544	27	398 290	313 286.1
	2003	511	3 231	26	425 458	411 549.4
	2004	637	4 255	26	394 121	583 042.1
	2005	764	5 220	46	742 445	736 514.5
	2006	**939**	**6 370**	**74**	**1 627 310**	**1 016 240.3**
北 京	Beijing	26	320			68 262.2
天 津	Tianjin	15	180			22 284.8
河 北	Hebei	41	287	1	20 000	37 860.3
山 西	Shanxi	20	89	1	30 000	12 778.6
内蒙古	Inner Mongolia	19	90	8	111 900	11 070.7
辽 宁	Liaoning	29	320	1	125 000	33 586.9
吉 林	Jilin	9	103			11 873.0
黑龙江	Heilongjiang	8	98			13 665.0
上 海	Shanghai	43	470			57 573.2
江 苏	Jiangsu	154	578	26	387 170	109 951.5
浙 江	Zhejiang	58	510	16	533 240	129 083.5
安 徽	Anhui	21	171			24 858.1
福 建	Fujian	27	190	8	258 600	34 334.7
江 西	Jiangxi	4	52			7 030.7
山 东	Shandong	104	565			90 986.7
河 南	Henan	42	295	2	52 000	30 711.5
湖 北	Hubei	28	255	2	30 000	18 221.4
湖 南	Hunan	20	138			14 415.7
广 东	Guangdong	84	701			142 886.0
广 西	Guangxi	9	60			8 380.7
海 南	Hainan	4	39			3 506.9
重 庆	Chongqing	37	167	4	14 300	22 477.2
四 川	Sichuan	37	230			47 683.3
贵 州	Guizhou	6	26	4	7 100	3 193.4
云 南	Yunnan	31	113			12 821.5
陕 西	Shaanxi	11	79			13 482.8
甘 肃	Gansu	17	77	1	58 000	15 152.8
青 海	Qinghai	1	8			1 500.0
宁 夏	Ningxia	8	43			6 574.2
新 疆	Xinjiang	26	115			10 033.0

各地区城市污水处理情况（二）

Urban Waste Water Treatment by Region（2）

（2006）

年　份 地　区	Year Region	污水处理量（万吨） Quantity of Waste Water Treated（10 000 tons）	处理生活污水量 Household Waste Water Treated	污水再生利用量（万吨） Waste Water Recycled（10 000 tons）	化学需氧量去除量（吨） Quantity of COD Removed（ton）
	2000	438 325	320 667	18 095	1 074 656
	2001	512 295	417 709	22 183	1 412 362
	2002	632 848	522 483	30 084	1 972 182
	2003	775 041	646 797	40 935	2 351 537
	2004	1 014 404	857 963	46 172	3 050 905
	2005	1 287 059	1 084 444	55 174	3 745 933
	2006	**1 631 339**	**1 304 230**	**75 062**	**4 830 318**
北　京	Beijing	88 395	84 693	13 069	355 040
天　津	Tianjin	37 226	26 535	682	161 727
河　北	Hebei	59 336	45 505	3 831	255 801
山　西	Shanxi	25 493	24 171	4 896	107 834
内蒙古	Inner Mongolia	20 640	15 676	984	91 340
辽　宁	Liaoning	72 721	60 449	11 271	176 157
吉　林	Jilin	16 823	9 422		45 819
黑龙江	Heilongjiang	20 455	19 887	605	53 856
上　海	Shanghai	155 726	135 125	424	303 254
江　苏	Jiangsu	153 308	118 234	1 870	434 693
浙　江	Zhejiang	137 222	75 320	4 333	813 778
安　徽	Anhui	35 105	31 697	1 631	70 555
福　建	Fujian	48 513	36 359	112	161 428
江　西	Jiangxi	12 963	11 442	2	9 370
山　东	Shandong	138 422	103 135	5 385	514 451
河　南	Henan	65 580	53 713	3 441	206 651
湖　北	Hubei	57 599	53 442	23	60 773
湖　南	Hunan	30 122	27 216	558	70 122
广　东	Guangdong	244 147	179 158	850	362 851
广　西	Guangxi	12 546	12 256	105	20 713
海　南	Hainan	10 084	10 084	26	19 667
重　庆	Chongqing	27 952	29 918	126	68 594
四　川	Sichuan	59 220	52 069	4 144	174 432
贵　州	Guizhou	7 105	4 383	112	9 278
云　南	Yunnan	27 616	27 208	9 576	56 551
陕　西	Shaanxi	19 328	15 145	948	68 595
甘　肃	Gansu	14 380	9 462	1 318	35 836
青　海	Qinghai	2 600	2 600		7 826
宁　夏	Ningxia	9 614	8 872	178	29 965
新　疆	Xinjiang	21 098	19 660	4 562	83 363

各地区城市污水处理情况（三）

Urban Waste Water Treatment by Region（3）

单位：吨　　　　（2006）　　　　（ton）

年 份 地 区	Year Region	氨氮去除量 Quantity of Ammonia Nitrogen Removed	总磷去除量 Quantity of TP Removed	污泥产生量 Quantity of Sludge Generated	污泥排放量 Quantity of Sludge Removed
	2000	—	—	—	—
	2001	67 927	11 662	5 665 435	172 879
	2002	94 960	13 794	5 046 371	158 876
	2003	117 836	18 267	17 664 878	215 804
	2004	166 162	26 202	14 022 002	762 239
	2005	214 482	46 972	11 130 226	85 605
	2006	**288 951**	**48 807**	**11 038 162**	**304 155**
北 京	Beijing	33 870	3 788	689 118	…
天 津	Tianjin	9 202	2 063	109 584	8 367
河 北	Hebei	12 602	2 152	554 112	1 052
山 西	Shanxi	4 754	1 668	137 518	23 247
内蒙古	Inner Mongolia	4 927	554	125 179	4 107
辽 宁	Liaoning	9 888	1 248	280 499	30 020
吉 林	Jilin	2765	292	60 668	8
黑龙江	Heilongjiang	4 398	285	174 124	2 135
上 海	Shanghai	10 976	2 676	1 093 825	…
江 苏	Jiangsu	28 730	6 292	1 434 519	8 120
浙 江	Zhejiang	29 227	5 930	668 561	81 150
安 徽	Anhui	5 744	732	1 425 542	221
福 建	Fujian	7 030	1 033	211 309	1 405
江 西	Jiangxi	927	143	20 545	…
山 东	Shandong	30 143	4 728	660 266	83 335
河 南	Henan	12 382	1 628	387 178	2 000
湖 北	Hubei	3 338	877	119 326	15 113
湖 南	Hunan	3 347	1 850	527 556	208
广 东	Guangdong	38 077	4 780	703 119	17
广 西	Guangxi	1 726	291	24 775	…
海 南	Hainan	506	268	12 898	…
重 庆	Chongqing	4 329	856	114 133	…
四 川	Sichuan	12 628	1 608	252 010	298
贵 州	Guizhou	626	65	25 903	
云 南	Yunnan	4 420	1 021	149 766	92
陕 西	Shaanxi	4 580	903	98 196	60
甘 肃	Gansu	3 025	225	130 254	415
青 海	Qinghai		…	2 817	2 817
宁 夏	Ningxia	1 722	387	26 932	…
新 疆	Xinjiang	3 063	464	817 930	39 968

各地区生活及其他污染情况（一）

Discharge of Household Pollutants by Region（1）

（2006）

年 份 地 区	Year Region	城镇生活污水排放量（万吨） Amount of Household Waste Water Discharged（10 000 tons）	城镇生活污水中化学需氧量排放量（吨） Amount of Household COD Discharged （ton）	城镇生活污水中氨氮排放量（吨） Amount of Household Ammonia Nitrogen Discharged （ton）	城镇生活污水处理率（%） Ratio of Household Waste Water Treated（%）
	2000	2 209 152	7 404 562	—	14.5
	2001	2 302 341	7 972 518	838 835	18.5
	2002	2 323 420	7 829 006	867 071	22.3
	2003	2 470 115	8 211 402	892 199	25.8
	2004	2 612 669	8 294 750	908 071	32.3
	2005	2 813 968	8 594 387	972 743	37.4
	2006	**2 966 340**	**8 859 086**	**988 656**	**43.8**
北 京	Beijing	94 824	100 609	12 426	89.3
天 津	Tianjin	35 909	106 125	10 966	73.9
河 北	Hebei	91 922	329 665	36 050	49.5
山 西	Shanxi	58 765	217 366	28 493	41.1
内蒙古	Inner Mongolia	33 686	161 892	31 160	46.5
辽 宁	Liaoning	118 229	380 285	59 195	51.1
吉 林	Jilin	57 845	248 863	29 226	16.3
黑龙江	Heilongjiang	70 857	356 267	42 608	28.1
上 海	Shanghai	175 419	266 703	31 513	77.0
江 苏	Jiangsu	228 368	641 523	60 332	51.8
浙 江	Zhejiang	131 101	306 151	30 861	57.5
安 徽	Anhui	96 352	314 269	36 982	32.9
福 建	Fujian	88 441	300 579	41 067	41.1
江 西	Jiangxi	70 444	358 476	27 323	16.2
山 东	Shandong	158 272	421 810	58 225	65.2
河 南	Henan	147 864	403 177	51 250	36.3
湖 北	Hubei	148 524	456 260	52 325	36.0
湖 南	Hunan	144 110	630 448	63 049	18.9
广 东	Guangdong	419 706	755 246	85 648	42.7
广 西	Guangxi	130 789	439 871	34 907	9.4
海 南	Hainan	28 006	86 523	6 887	36.0
重 庆	Chongqing	64 117	147 394	15 553	46.7
四 川	Sichuan	137 027	503 798	45 683	38.0
贵 州	Guizhou	41 454	210 823	16 072	10.6
云 南	Yunnan	46 192	188 046	15 555	58.9
西 藏	Tibet	2 462	14 364	1 436	32.9
陕 西	Shaanxi	46 086	195 872	22 541	32.5
甘 肃	Gansu	29 151	124 051	13 359	21.2
青 海	Qinghai	12 239	39 482	5 519	66.7
宁 夏	Ningxia	13 296	31 885	3 925	44.0
新 疆	Xinjiang	44 884	121 262	18 519	43.8

各地区生活及其他污染情况（二）

Discharge of Household Pollutants by Region（2）

（2006）

年　份 地　区 Year Region	生活及其他煤炭消费量（万吨） Amount of Household Coal Consumed（10 000 tons）	生活及其他二氧化硫排放量（吨） Amount of Household Sulphur Dioxide Emission （ton）	生活及其他烟尘排放量（吨） Amount of Household Soot Emission （ton）	生活及其他氮氧化物排放量（吨） Amount of Household Nitrogen Oxide Emission （ton）	公路交通氮氧化物排放量（吨） Amount of Road Traffic Nitrogen Oxcide Emission （ton）
2000	18 237	3 825 827	2 121 047	—	—
2001	20 412	3 811 833	2 178 736	—	—
2002	19 024	3 645 831	2 084 836	—	—
2003	19 078	3 669 379	2 024 527	—	—
2004	19 613	3 635 088	2 084 478	—	—
2005	21 741	3 808 817	2 335 820	—	—
2006	**20 376**	**3 511 888**	**2 226 552**	**3 877 733**	**2 843 207**
北　京 Beijing	537	81 789	34 946	139 699	139 699
天　津 Tianjin	191	22 470	12 593	8 237	3 756
河　北 Hebei	1 376	219 818	170 117	190 486	96 544
山　西 Shanxi	2 596	300 677	216 250	129 625	71 721
内蒙古 Inner Mongolia	1 184	173 461	172 462	143 044	71 389
辽　宁 Liaoning	1 370	222138	258 064	143 685	87 121
吉　林 Jilin	831	73 165	88 113	36 694	18 020
黑龙江 Heilongjiang	1 159	78 073	95 758	94 137	59 590
上　海 Shanghai	420	133 673	65 653	153 790	148 807
江　苏 Jiangsu	344	57 760	27 951	255 623	218 977
浙　江 Zhejiang	178	30 267	10 776	226 183	170 571
安　徽 Anhui	431	65 288	56 535	120 336	80 868
福　建 Fujian	142	22 465	36 888	128 631	96 385
江　西 Jiangxi	309	64 137	18 282	83 841	65 483
山　东 Shandong	1 475	275 013	166 185	281 000	220 000
河　南 Henan	1 181	160 097	71 480	244 457	195 630
湖　北 Hubei	505	106 605	37 944	125 247	106 241
湖　南 Hunan	620	167 588	74 971	88 843	66 370
广　东 Guangdong	103	20 541	9 188	412 691	395 855
广　西 Guangxi	191	49 911	11 023	82 581	66 447
海　南 Hainan	3	539	977	46 662	5 427
重　庆 Chongqing	343	147 973	81 945	66 216	41 834
四　川 Sichuan	775	160 260	137 820	66 036	43 479
贵　州 Guizhou	1 169	425 300	78 603	48 392	13 010
云　南 Yunnan	623	94 791	57 733	101 055	82 856
西　藏 Tibet	6	1 000			
陕　西 Shaanxi	769	112 469	75 239	107 074	54 046
甘　肃 Gansu	389	83 030	44 920	46 978	36 148
青　海 Qinghai	108	8 646	19 756	24 501	19 361
宁　夏 Ningxia	263	32 473	17 330	81 217	13 901
新　疆 Xinjiang	789	120 471	93 421	200 772	153 671

各地区主要污染物排放强度（一）

Emission Density of Key Pollutants by Region（1）

单位：吨/万元 GDP　　（2006）　　（ton/10 000 yuan GDP）

年份 地区 Year Region	废水 Waste Water	化学需氧量 COD	氨氮 Ammonia Nitrogen	工业固体废物 Solid Wastes
2000	41.85	0.014 6	—	0.032 1
2001	39.07	0.012 8	0.001 1	0.026 4
2002	36.52	0.011 4	0.001 1	0.021 9
2003	33.87	0.009 8	0.001 0	0.014 3
2004	30.17	0.008 4	0.000 8	0.011 0
2005	28.77	0.007 8	0.000 8	0.009 1
2006	**25.46**	**0.006 8**	**0.000 7**	**0.006 2**
北　京 Beijing	13.60	0.001 4	0.000 2	…
天　津 Tianjin	13.58	0.003 3	0.000 3	
河　北 Hebei	19.14	0.005 9	0.000 6	0.003 6
山　西 Shanxi	21.67	0.008 2	0.000 9	0.091 8
内蒙古 Inner Mongolia	12.84	0.006 2	0.000 8	0.005 9
辽　宁 Liaoning	23.00	0.006 9	0.000 8	0.002 7
吉　林 Jilin	22.87	0.009 8	0.000 8	0.000 5
黑龙江 Heilongjiang	18.60	0.008 0	0.000 8	0.000 2
上　海 Shanghai	21.73	0.002 9	0.000 3	…
江　苏 Jiangsu	23.93	0.004 3	0.000 4	…
浙　江 Zhejiang	21.13	0.003 8	0.000 4	0.000 3
安　徽 Anhui	27.10	0.007 4	0.001 0	…
福　建 Fujian	28.80	0.005 3	0.000 7	0.000 4
江　西 Jiangxi	29.12	0.010 3	0.000 8	0.001 8
山　东 Shandong	13.85	0.003 5	0.000 4	…
河　南 Henan	22.31	0.005 8	0.000 8	0.000 3
湖　北 Hubei	31.97	0.008 3	0.001 0	0.001 5
湖　南 Hunan	32.58	0.012 3	0.001 3	0.005 2
广　东 Guangdong	25.20	0.004 0	0.000 4	0.000 5
广　西 Guangxi	54.09	0.023 3	0.001 5	0.004 7
海　南 Hainan	33.60	0.009 4	0.000 7	…
重　庆 Chongqing	43.20	0.007 6	0.000 8	0.035 0
四　川 Sichuan	29.22	0.009 3	0.000 8	0.009 8
贵　州 Guizhou	24.43	0.010 1	0.000 8	0.060 7
云　南 Yunnan	20.11	0.007 3	0.000 5	0.024 9
西　藏 Tibet	11.21	0.005 3	0.000 5	0.025 5
陕　西 Shaanxi	19.75	0.008 1	0.000 6	0.009 8
甘　肃 Gansu	20.10	0.007 8	0.001 5	0.014 8
青　海 Qinghai	30.27	0.011 7	0.001 1	0.000 5
宁　夏 Ningxia	44.97	0.019 8	0.001 4	0.008 5
新　疆 Xinjiang	21.68	0.009 5	0.000 8	0.041 8

各地区主要污染物排放强度（二）

Emission Density of Key Pollutants by Region（2）

单位：吨/万元 GDP　　（2006）　　（ton/10 000 yuan GDP）

年 份 地 区	Year Region	二氧化硫 Sulphur Dioxide	烟尘 Soot	工业粉尘 Dust	氮氧化物 NO_x
	2000	0.020 1	0.011 7	0.011 0	—
	2001	0.017 8	0.009 7	0.009 0	—
	2002	0.016 0	0.008 4	0.007 8	—
	2003	0.015 9	0.007 7	0.007 5	—
	2004	0.014 1	0.006 8	0.005 7	—
	2005	0.014 0	0.006 5	0.005 0	—
	2006	**0.012 3**	**0.005 2**	**0.003 8**	**0.008 9**
北　京	Beijing	0.002 3	0.000 6	0.000 4	0.002 8
天　津	Tianjin	0.005 9	0.001 8	0.000 2	0.003 7
河　北	Hebei	0.013 3	0.006 2	0.005 6	0.010 2
山　西	Shanxi	0.031 1	0.022 4	0.013 5	0.014 0
内蒙古	Inner Mongolia	0.032 5	0.013 8	0.005 6	0.018 8
辽　宁	Liaoning	0.013 6	0.007 7	0.004 5	0.008 8
吉　林	Jilin	0.009 6	0.009 8	0.003 0	0.008 6
黑龙江	Heilongjiang	0.008 3	0.008 7	0.002 0	0.007 4
上　海	Shanghai	0.004 9	0.001 1	0.000 1	0.004 6
江　苏	Jiangsu	0.006 1	0.002 0	0.001 4	0.005 1
浙　江	Zhejiang	0.005 5	0.001 3	0.001 4	0.004 9
安　徽	Anhui	0.009 5	0.005 0	0.006 6	0.009 9
福　建	Fujian	0.006 2	0.001 9	0.002 3	0.004 0
江　西	Jiangxi	0.013 7	0.005 0	0.007 5	0.006 0
山　东	Shandong	0.009 0	0.002 7	0.001 5	0.022 0
河　南	Henan	0.013 0	0.006 4	0.004 5	0.008 4
湖　北	Hubei	0.010 1	0.004 1	0.004 3	0.007 4
湖　南	Hunan	0.012 5	0.006 6	0.009 8	0.005 3
广　东	Guangdong	0.004 9	0.001 1	0.001 1	0.004 5
广　西	Guangxi	0.020 7	0.009 5	0.009 6	0.004 8
海　南	Hainan	0.002 3	0.001 1	0.001 0	0.005 6
重　庆	Chongqing	0.024 7	0.006 1	0.005 8	0.006 4
四　川	Sichuan	0.014 8	0.007 1	0.003 8	0.004 1
贵　州	Guizhou	0.064 6	0.011 6	0.006 8	0.007 9
云　南	Yunnan	0.013 8	0.005 4	0.003 7	0.006 9
西　藏	Tibet	0.000 6	0.000 5	0.000 4	0.000 0
陕　西	Shaanxi	0.022 4	0.007 9	0.007 0	0.007 4
甘　肃	Gansu	0.024 0	0.007 0	0.007 1	0.010 0
青　海	Qinghai	0.020 3	0.011 3	0.013 9	0.011 8
宁　夏	Ningxia	0.054 1	0.016 2	0.012 5	0.022 9
新　疆	Xinjiang	0.018 2	0.009 3	0.005 8	0.014 5

各地区环境污染治理投资情况

Investment in the Treatment of Environmental Pollution by Region

（2006）

年份 地区	Year Region	环境污染治理投资总额（亿元） Total Investment in Treatment of Environmental Pollution （100 million yuan）	城市环境基础设施建设投资 Investment in Urban Environment Infrastructure Facilities	工业污染源治理投资 Investment in Treatment of Industrial Pollution Sources	建设项目“三同时”环保投资 Investments in Environment Components for New Construction Projects	环境污染治理投资总额占GDP比重（%） Percentage of Treatment Investment of Environmental Pollution in GDP
	2000	1 060.7	561.3	239.4	260.0	1.07
	2001	1 106.6	595.7	174.5	336.4	1.01
	2002	1 367.2	789.1	188.4	389.7	1.14
	2003	1 627.7	1 072.4	221.8	333.5	1.20
	2004	1 909.8	1 141.2	308.1	460.5	1.19
	2005	2 388.0	1 289.7	458.2	640.1	1.31
	2006	**2 566.0**	**1 314.9**	**483.9**	**767.2**	**1.22**
国家级	State Level	164.6	—	—	164.6	—
北　京	Beijing	165.5	126.7	10.1	28.7	2.14
天　津	Tianjin	40.8	17.9	15.0	7.9	0.94
河　北	Hebei	132.2	84.6	19.1	28.5	1.14
山　西	Shanxi	63.2	13.7	36.8	12.7	1.33
内蒙古	Inner Mongolia	104.8	57.5	17.7	29.6	2.20
辽　宁	Liaoning	145.8	77.3	52.0	16.5	1.58
吉　林	Jilin	42.3	31.2	4.0	7.1	1.00
黑龙江	Heilongjiang	54.2	40.2	5.8	8.2	0.87
上　海	Shanghai	94.3	50.6	5.9	37.8	0.92
江　苏	Jiangsu	282.7	161.4	28.0	93.3	1.31
浙　江	Zhejiang	140.3	57.9	25.0	57.4	0.90
安　徽	Anhui	52.0	36.6	5.5	9.9	0.85
福　建	Fujian	59.8	24.9	19.6	15.3	0.80
江　西	Jiangxi	37.5	24.0	6.9	6.6	0.81
山　东	Shandong	258.1	160.5	59.7	37.9	1.18
河　南	Henan	95.1	47.4	24.7	23	0.76
湖　北	Hubei	67.7	38.5	14.9	14.3	0.90
湖　南	Hunan	54.0	28.7	17.3	8	0.72
广　东	Guangdong	160.4	62.6	31.4	66.4	0.62
广　西	Guangxi	41.2	25.6	8.7	6.9	0.82
海　南	Hainan	8.3	3.5	2.1	2.7	0.81
重　庆	Chongqing	60.1	32.7	3.7	23.7	1.73
四　川	Sichuan	71.1	31.5	20.3	19.3	0.82
贵　州	Guizhou	19.8	5.4	10.1	4.3	0.87
云　南	Yunnan	29.0	10.1	9.4	9.5	0.73
西　藏	Tibet	1.7	1.7	0.0		0.59
陕　西	Shaanxi	41.0	21.2	7.4	12.4	0.94
甘　肃	Gansu	27.8	11.2	13.6	3	1.22
青　海	Qinghai	6.1	3.9	0.8	1.4	0.95
宁　夏	Ningxia	21.3	13.5	4.0	3.8	3.07
新　疆	Xinjiang	23.3	12.5	4.5	6.3	0.78

各地区城市环境基础设施建设投资情况

Investment in Urban Environment Infrastructure by Region

单位：亿元　　　　（2006）　　　　（100 million yuan）

年份 地区	Year Region	投资总额 Total Investment	燃气 Gas Supply	集中供热 Gerneral Heating	排水 Sewerage Projects	园林绿化 Gardening & Greening	市容环境卫生 Sanitation
	2000	421.52	58.42	59.65	129.60	119.61	54.24
	2001	595.73	75.48	81.98	224.46	163.24	50.56
	2002	789.13	88.42	121.43	274.99	239.47	64.81
	2003	1 072.36	133.46	145.82	375.16	321.94	95.99
	2004	1 141.22	148.32	173.35	352.28	359.46	107.80
	2005	1 289.70	142.37	220.19	368.03	411.32	147.79
	2006	**1 314.92**	**155.05**	**223.59**	**331.52**	**429.01**	**175.75**
北　京	Beijing	126.67	10.89	22.43	3.91	19.33	70.11
天　津	Tianjin	17.90	3.89	5.67	4.85	3.19	0.29
河　北	Hebei	84.63	12.27	23.97	17.46	24.45	6.47
山　西	Shanxi	13.70	1.24	7.01	1.44	2.89	1.12
内蒙古	Inner Mongolia	57.46	2.91	25.07	13.86	14.71	0.91
辽　宁	Liaoning	77.30	4.54	38.88	20.48	10.28	3.13
吉　林	Jilin	31.15	2.99	9.83	5.29	3.37	9.68
黑龙江	Heilongjiang	40.16	3.07	23.91	3.65	7.27	2.26
上　海	Shanghai	50.60	9.37		17.55	18.88	4.80
江　苏	Jiangsu	161.42	11.55	6.02	24.95	97.76	21.15
浙　江	Zhejiang	57.89	6.93	4.03	20.17	19.11	7.65
安　徽	Anhui	36.59	6.58	0.96	12.55	14.24	2.26
福　建	Fujian	24.94	2.29		5.78	11.09	5.78
江　西	Jiangxi	23.98	7.44		7.12	7.88	1.54
山　东	Shandong	160.50	19.64	34.26	38.67	60.19	7.75
河　南	Henan	47.43	6.09	6.37	16.87	15.95	2.16
湖　北	Hubei	38.53	7.50	0.07	14.44	11.71	4.80
湖　南	Hunan	28.71	5.38		9.58	9.34	4.41
广　东	Guangdong	62.56	10.72		31.54	13.28	7.03
广　西	Guangxi	25.55	2.56		12.55	8.36	2.08
海　南	Hainan	3.51	0.71		0.10	1.96	0.74
重　庆	Chongqing	32.75	2.64		19.85	9.17	1.10
四　川	Sichuan	31.47	3.30		8.40	16.41	3.36
贵　州	Guizhou	5.36			3.86	1.25	0.25
云　南	Yunnan	10.06	1.47		5.08	3.26	0.24
西　藏	Tibet	1.71	0.02		0.58	1.05	0.07
陕　西	Shaanxi	21.25	2.79	3.78	4.52	8.59	1.57
甘　肃	Gansu	11.20	1.18	2.16	3.12	3.35	1.39
青　海	Qinghai	3.87	0.00		1.05	2.20	0.62
宁　夏	Ningxia	13.51	1.92	5.09	1.08	5.04	0.38
新　疆	Xinjiang	12.55	3.16	4.08	1.17	3.48	0.65

重点城市环境统计

ZHONGDIAN CHENGSHI HUANJING TONGJI

重点城市工业废水排放及处理情况（一）

（2006）

城市名称	工业废水排放量（万吨）	直接排入海的	工业废水排放达标量（万吨）	废水治理设施数（套）	废水治理设施治理能力（吨/日）	废水治理设施运行费用（万元）
总　计	1 349 056	66 000	1 253 697	42 347	115 817 073. 9	2 568 338. 9
北　京	10 170		10 098	530	3 111 256. 6	46 879. 5
天　津	22 978	678	22 925	897	1 867 223. 5	56 432. 0
石家庄	24 196		23 949	585	2 951 050. 2	26 525. 0
唐　山	28 713	240	27 660	750	10 907 206. 4	44 079. 5
秦皇岛	5 508	222	5 296	185	343 871. 7	3 941. 1
邯　郸	12 417		12 261	242	836 539. 9	26 858. 1
保　定	16 071		14 912	709	709 287. 0	9 213. 2
太　原	3 486		3 279	235	968 210. 2	35 275. 1
大　同	4 208		3 367	1 488	2 482 028. 3	18 050. 9
阳　泉	1 513		1 168	86	145 956. 8	2 306. 9
长　治	3 404		3 232	336	492 286. 6	72 926. 4
临　汾	4 877		4 663	234	276 037. 4	10 606. 9
呼和浩特	1 849		1 602	71	89 307. 5	4 346. 2
包　头	5 189		4 531	237	1 393 111. 3	15 672. 5
赤　峰	2 129		1 842	73	146 704. 6	2 553. 4
沈　阳	7 663	143	6 927	401	307 817. 1	8 666. 2
大　连	33 698	30 798	32 986	305	215 573. 2	14 989. 8
鞍　山	5 231		4 973	147	2 696 569. 0	11 840. 4
抚　顺	5 968		5 573	95	656 757. 4	72 909. 0
本　溪	10 012		9 845	90	714 037. 0	8 216. 9
锦　州	5 087	93	4 231	139	171 409. 3	19 560. 9
长　春	4 024		3 910	108	187 212. 0	4 967. 5
吉　林	16 685		14 523	147	810 619. 1	18 660. 0
哈尔滨	3 980		3 035	161	308 641. 8	41 128. 1
齐齐哈尔	6 563		5 707	85	616 034. 5	3 391. 7
大　庆	8 623		7 779	228	2 356 589. 6	127 518. 2
牡丹江	10 604		10 391	102	178 806. 4	2 360. 7
上　海	48 336	13 508	47 146	1 812	5 320 911. 0	152 435. 5
南　京	43 182		40 163	646	3 096 351. 7	68 807. 7
无　锡	44 652		42 830	645	1 987 358. 0	40 486. 8
徐　州	8 624	…	8 485	228	1 323 135. 5	11 657. 2
常　州	36 788		34 153	639	638 509. 1	75 471. 4
苏　州	70 049	2	69 330	920	2 137 770. 1	81 037. 3
南　通	15 767		14 933	692	627 425. 6	24 373. 7
连云港	3 893	637	3 817	97	424 992. 3	5 520. 8
扬　州	13 240		12 238	231	309 581. 7	35 991. 9
杭　州	76 539		55 811	969	3 860 394. 6	56 304. 4

重点城市工业废水排放及处理情况（一）（续表）

（2006）

城市名称	工业废水排放量（万吨）	直接排入海的	工业废水排放达标量（万吨）	废水治理设施数（套）	废水治理设施治理能力（吨/日）	废水治理设施运行费用（万元）
宁波	15 827	5 565	14 506	732	856 386.1	81 180.1
温州	11 409	584	10 181	1 366	510 542.9	103 566.7
嘉兴	16 291	240	15 713	602	873 051.0	32 937.4
湖州	9 862		9 432	367	409 034.8	15 836.2
绍兴	27 867	159	27 334	787	1 133 258.3	36 126.5
台州	4 892	946	4 424	548	361 977.7	17 444.3
合肥	5 502		5 386	155	687 800.2	5 916.5
芜湖	4 932		4 892	131	337 875.5	10 275.8
马鞍山	9 007		8 498	97	1 273 740.0	14 053.9
福州	5 631	280	5 418	310	358 443.5	33 373.0
厦门	3 979	241	3 862	288	188 217.7	9 942.5
泉州	26 894	889	26 843	2 414	1 418 893.4	20 057.4
南昌	9 931		9 372	145	328 943.8	17 654.6
九江	6 154		5 856	111	223 140.0	6 525.0
济南	4 949		4 922	239	1 124 199.1	16 575.0
青岛	9 521	2 511	9 401	470	757 624.1	35 474.7
淄博	13 362		12 781	574	963 316.6	41 212.0
枣庄	12 509		11 900	137	490 374.0	10 980.8
烟台	7 066	2 552	6 896	499	508 914.7	18 616.8
潍坊	12 744		12 595	412	2 145 071.6	27 732.3
济宁	10 660		10 629	329	10 771 641.9	23 453.8
泰安	3 562		3 509	227	564 437.1	10 275.9
威海	2 851	1 075	2 823	148	299 486.5	13 079.9
日照	6 764	2 533	6 764	59	162 585.0	4 972.5
郑州	13 120		12 749	434	681 331.1	13 028.9
开封	3 508		3 338	81	220 959.5	1 097.7
洛阳	11 835		10 847	410	736 611.5	10 906.2
平顶山	6 570		6 280	203	1 002 143.0	10 275.7
安阳	10 353		9 300	370	1 140 838.3	12 469.2
焦作	13 888		13 627	250	689 924.0	12 430.1
武汉	24 560		24 286	311	2 570 029.3	25 441.1
宜昌	9 784		9 155	322	1 120 597.1	10 203.2
荆州	6 089		3 993	77	239 416.2	2 785.5
长沙	4 073		3 482	268	181 529.2	3 985.8
株洲	8 991		8 233	538	537 587.4	8 114.5
湘潭	9 029		8 651	201	190 422.0	8 768.4
岳阳	11 148		10 154	218	334 807.0	14 698.5
常德	8 026		7 446	134	336 176.7	2 730.8

重点城市工业废水排放及处理情况（一）（续表）

（2006）

城市名称	工业废水排放量（万吨）	直接排入海的	工业废水排放达标量（万吨）	废水治理设施数（套）	废水治理设施治理能力（吨/日）	废水治理设施运行费用（万元）
张家界	609		558	6	3 890.0	91.6
广州	20 445		19 629	728	1 788 682.1	85 194.2
韶关	12 305		9 147	222	230 904.1	26 743.4
深圳	6 396	844	6 156	666	274 686.0	31 114.6
珠海	3 434	328	3 301	244	134 064.0	9 906.0
汕头	5 442	346	5 223	277	217 554.0	7 229.8
佛山	22 491	1	22 030	672	1 080 484.6	26 402.8
湛江	6 620	300	4 848	165	451 432.8	9 577.8
中山	10 284	250	9 842	453	516 172.1	17 825.8
南宁	16 601		15 730	366	1 410 756.1	10 586.7
柳州	15 532	6	13 137	311	4 270 672.3	9 299.4
桂林	4 640		4 507	197	340 316.0	2 569.5
北海	2 653	26	2 379	54	265 131.4	1 085.9
海口	627		619	36	42 498.2	1 108.0
三亚	292	…	288	3	2 637.0	21.0
重庆	86 496		81 120	1 400	1 663 736.9	42 494.9
成都	30 406		25 608	1 727	1 584 180.7	21 522.6
攀枝花	1 567		1 543	271	1 293 532.4	127 842.8
泸州	6 634		5 657	232	301 885.9	4 314.4
绵阳	7 686		7 539	176	442 942.0	4 959.3
宜宾	9 047		7 742	186	493 267.6	4 942.0
贵阳	4 457		3 963	468	905 600.0	7 169.7
遵义	1 663		1 425	273	176 000.0	6 913.9
昆明	5 097		4 865	481	1 401 922.1	17 597.2
曲靖	2 834		2 703	257	591 415.9	7 252.1
拉萨	566		222	11	8 127.8	175.0
西安	15 863		13 544	462	629 749.3	8 425.3
铜川	301		222	66	146 452.8	568.9
宝鸡	7 744		7 545	312	675 727.7	5 313.3
咸阳	6 265		6 038	189	294 316.1	6 862.0
延安	784		658	182	75 049.0	15 805.5
兰州	4 255		3 813	138	621 875.9	12 025.1
金昌	1 613		1 441	79	83 988.4	1 542.9
西宁	4 180		3 349	123	194 975.6	2 753.9
银川	5 619		5 200	136	104 898.5	5 161.3
石嘴山	1 885		1 564	93	195 609.4	1 585.5
乌鲁木齐	5 314		4 221	103	368 697.4	5 243.2
克拉玛依	1 352		1 272	73	135 340.0	12 949.6

重点城市工业废水排放及处理情况（二）

（2006）

单位：吨

城市名称	工业废水中污染物排放量					
	汞	镉	六价铬	铅	砷	挥发酚
总　计	1.873	7.455	59.321	80.912	36.233	1 342.036
北　京		0.002	0.091	0.021		0.777
天　津			0.156	0.233	…	13.302
石家庄			2.686	0.052		2.178
唐　山			0.008			3.152
秦皇岛			0.017		0.046	0.480
邯　郸		0.012	0.086		0.220	1.394
保　定		0.004	0.182	0.233		0.074
太　原	0.017	0.020	0.145	1.178	0.072	2.877
大　同	0.010	0.001	0.016	0.080	0.010	130.853
阳　泉						…
长　治	0.003		0.049		0.024	75.862
临　汾		0.001	0.010	0.014	0.051	88.796
呼和浩特		0.003	0.001	0.050	0.010	0.220
包　头	0.006	0.010	0.129	2.692	0.685	2.776
赤　峰		0.001	0.165	0.148	0.484	0.584
沈　阳		0.003	0.613	0.241		0.547
大　连		…	0.011			16.171
鞍　山			0.353	0.586		0.536
抚　顺		0.106	0.075	0.030	0.042	1.341
本　溪			0.046	0.030	0.400	52.758
锦　州			0.018			0.555
长　春			0.034			0.455
吉　林	…	0.014	0.544	1.195	0.318	2.063
哈尔滨		0.003	0.004	0.007	0.008	662.093
齐齐哈尔			0.011			23.887
大　庆			0.041	0.007	0.080	3.278
牡丹江			0.002	0.025		0.109
上　海	0.007	0.001	4.149	0.211	0.630	14.714
南　京	0.001	0.130	1.470	8.509	0.095	21.280
无　锡		0.012	0.087	0.259	0.053	8.150
徐　州			0.001	0.023	0.056	1.511
常　州		0.003	0.624	0.023		3.609
苏　州		…	2.070	1.201	0.060	8.392
南　通		0.012	0.882	0.142		6.122
连云港						0.377
扬　州	0.002	0.003	1.279	0.105		5.792
杭　州	…		0.531	0.132	0.078	1.070

重点城市工业废水排放及处理情况（二）（续表）

（2006） 单位：吨

城市名称	工业废水中污染物排放量					
	汞	镉	六价铬	铅	砷	挥发酚
宁波		0.002	3.336	0.061		0.061
温州			6.914	0.112		0.195
嘉兴			2.183	0.130		0.089
湖州			0.238			0.054
绍兴	0.004	0.001	0.470	0.043		0.972
台州			2.472	0.099	0.011	0.014
合肥			0.032			11.416
芜湖	0.002	0.019	0.046	0.019	0.015	
马鞍山						3.438
福州	…		0.255	0.139	0.012	0.116
厦门	0.038		0.293	0.007	0.036	0.016
泉州			0.559	0.037		0.044
南昌		0.001	0.099	0.021		0.579
九江		0.253	0.316	0.917	0.379	3.673
济南			0.566			2.768
青岛			0.319	0.001		0.728
淄博			0.002			3.105
枣庄			0.001			0.612
烟台		0.014	0.023	0.086	0.142	0.428
潍坊			0.035		0.003	2.347
济宁	0.006		0.036			3.599
泰安			0.013		0.099	0.305
威海			0.411			0.011
日照						
郑州		0.011	0.031	0.020	0.024	0.179
开封			0.010		0.041	0.080
洛阳		0.009	0.140	0.766	0.880	0.763
平顶山			0.026			1.367
安阳			0.223	0.059		2.445
焦作	0.054	0.003	3.589			12.948
武汉	0.021	0.011	0.324	0.142	0.246	5.736
宜昌		0.007	0.008	0.089	0.509	0.608
荆州			0.160		0.350	6.304
长沙		0.449	0.950	0.467	0.401	0.122
株洲	0.734	1.908	0.286	20.937	11.390	5.145
湘潭	0.400	1.033	3.749	3.616	1.023	1.772
岳阳			0.011	0.016	0.089	2.036
常德		…	0.046	0.031	2.520	31.441

重点城市工业废水排放及处理情况（二）（续表）

（2006）

单位：吨

城市名称	工业废水中污染物排放量					
	汞	镉	六价铬	铅	砷	挥发酚
张家界					0.001	
广州	0.005	0.068	0.809	1.134	0.091	0.226
韶关	0.077	0.582	0.800	6.860	1.036	4.083
深圳	0.006	0.004	1.027	0.540	…	0.029
珠海		0.032	0.201	0.246		0.127
汕头			0.063	0.051		0.006
佛山		0.005	0.640	0.025	0.048	1.029
湛江		0.049	0.011	0.196	0.016	0.001
中山		0.293	2.099	0.609		1.050
南宁	…	0.005	0.137	0.005	0.007	0.988
柳州	0.011	1.477	0.039	9.099	7.866	3.752
桂林		0.036	0.056	0.755	0.006	0.971
北海						0.018
海口		…		0.044		0.025
三亚						
重庆	…	0.003	3.501	2.969	0.280	3.643
成都	0.420	0.109	1.768	0.571	0.594	11.727
攀枝花			0.004			0.602
泸州			0.191			3.149
绵阳		0.002	0.263			1.740
宜宾			0.001		2.637	0.023
贵阳			0.010	0.010	0.010	1.010
遵义	0.010	0.240	0.010		0.050	0.210
昆明	0.006	0.091	0.029	7.606	0.952	1.610
曲靖		0.095	0.016	0.568	0.259	0.025
拉萨						0.006
西安		0.004	0.278	0.009	0.018	8.983
铜川						
宝鸡			0.101	1.098	0.062	1.943
咸阳		0.030	0.363	0.085	0.008	0.052
延安		0.018	0.090	0.241	0.129	0.035
兰州		0.188	0.881	1.228	0.153	0.611
金昌	0.012	0.024	0.264	0.406	0.182	0.562
西宁	0.001	0.022	0.098	0.176	0.007	0.225
银川		0.007	0.014	0.008	0.035	7.882
石嘴山					0.010	0.037
乌鲁木齐	0.018	0.008	0.804	1.135	0.184	20.416
克拉玛依						1.593

重点城市工业废水排放及处理情况（三）

（2006）

单位：吨

城市名称	工业废水中污染物排放量			
	氰化物	化学需氧量	石油类	氨氮
总　计	248.5	2 338 175.5	12 838.6	204 186.6
北　京	0.1	9 257.7	72.8	646.0
天　津	4.8	36 874.7	295.5	4 021.4
石家庄	3.2	86 772.6	218.2	5 536.4
唐　山	1.1	75 064.1	73.3	4 265.4
秦皇岛	…	10 226.5	15.8	497.4
邯　郸	3.6	18 432.9	79.6	1 001.8
保　定	0.1	28 449.5	11.4	4 126.9
太　原	4.0	6 735.0	65.8	482.0
大　同	0.1	25 782.9	52.0	3 128.9
阳　泉		1 270.8	9.1	92.7
长　治	12.5	8 941.3	120.9	1 205.1
临　汾	4.9	11 649.7	247.6	1 684.5
呼和浩特	4.8	13 195.9	41.4	241.0
包　头	12.0	8 887.3	77.3	1 635.7
赤　峰	1.8	4 566.5	17.1	151.5
沈　阳	0.1	8 566.5	1 886.5	1 029.0
大　连	2.1	12 999.3	300.0	2 158.7
鞍　山	4.8	8 946.9	44.1	484.3
抚　顺	1.2	5 698.8	166.2	1 081.1
本　溪	25.8	18 892.2	81.5	2 511.8
锦　州	0.1	43 938.8	107.8	290.8
长　春	0.5	20 324.8	227.2	532.0
吉　林	1.8	29 094.6	168.7	2 304.7
哈尔滨	…	16 534.9	153.8	2 750.7
齐齐哈尔	1.1	14 265.7	128.1	575.4
大　庆	6.3	17 012.0	575.6	1 813.6
牡丹江	…	14 756.9	15.2	68.4
上　海	7.9	35 276.2	530.5	3 020.7
南　京	6.2	28 448.1	543.4	1 666.1
无　锡	0.2	40 011.9	227.6	1 767.8
徐　州	1.3	17 967.2	106.5	483.9
常　州	1.6	37 064.9	112.1	2 155.8
苏　州	3.3	65 716.9	182.4	6 754.9
南　通	0.6	21 560.2	71.8	1 637.6
连云港	0.1	5 250.5	2.9	442.0
扬　州	0.7	18 979.4	17.3	3 505.9
杭　州	1.6	112 051.8	217.6	3 694.8

重点城市工业废水排放及处理情况（三）（续表）

（2006）

单位：吨

城市名称	工业废水中污染物排放量			
	氰化物	化学需氧量	石油类	氨氮
宁波	5.5	16 240.3	15.1	2 366.1
温州	6.1	29 647.6	0.8	5 694.7
嘉兴	0.1	16 605.3	2.8	1 724.6
湖州	0.2	7 703.4	9.2	1 417.7
绍兴	0.8	45 372.1	91.0	2 966.5
台州	1.9	9 941.0	14.7	405.2
合肥	11.0	6 667.2	170.3	1 170.1
芜湖	…	17 069.0	4.6	191.4
马鞍山	1.0	7 013.8	221.4	212.8
福州	…	5 794.8	42.9	468.1
厦门	0.1	5 480.6	6.5	791.0
泉州	0.2	27 461.1	14.6	2 301.2
南昌	9.9	22 158.5	51.6	2 621.0
九江	0.1	5 276.4	43.1	200.6
济南	0.7	7 616.5	61.5	306.5
青岛	0.4	13 202.7	21.8	748.7
淄博	0.5	25 680.6	155.9	3 704.2
枣庄	0.1	20 102.8	41.6	1 947.1
烟台	0.2	17 055.5	13.5	891.7
潍坊	0.2	29 246.4	31.8	1 444.5
济宁	0.9	14 071.5	23.8	2 727.3
泰安	1.2	5 339.7	27.9	364.5
威海	…	4 958.6	0.2	253.4
日照	…	17 860.6	0.1	525.0
郑州	0.3	13 105.6	34.5	1 878.8
开封	1.0	9 480.6	27.8	3 303.7
洛阳	5.9	13 284.9	207.2	3 040.0
平顶山	3.3	12 736.3	69.1	1 555.2
安阳	4.1	41 515.6	211.5	718.1
焦作	5.6	36 959.3	80.9	4 615.4
武汉	9.3	24 260.9	664.8	1 238.4
宜昌	1.9	9 063.4	22.1	3 224.3
荆州	0.3	29 926.1	78.8	275.8
长沙	0.1	4 717.2	31.8	182.5
株洲	8.4	18 065.9	377.6	7 678.2
湘潭	1.5	26 401.2	144.2	5 432.7
岳阳	7.3	37 403.8	114.9	6 528.2
常德	…	51 898.2	48.5	833.3

重点城市工业废水排放及处理情况（三）（续表）

（2006）

单位：吨

城市名称	工业废水中污染物排放量			
	氰化物	化学需氧量	石油类	氨氮
张家界		1 480.8		54.5
广州	1.4	12 096.7	50.6	548.5
韶关	1.0	7 460.2	25.6	603.3
深圳	0.6	4 321.1	4.3	127.6
珠海	0.1	3 113.2	16.7	223.6
汕头	…	3 997.0	16.9	139.8
佛山	0.4	12 999.6	10.2	676.8
湛江		11 216.0	2.3	473.9
中山	2.0	7 742.3	19.7	372.1
南宁	0.5	74 585.2	30.8	4 160.4
柳州	15.9	57 064.4	161.0	3 053.5
桂林	0.2	5 994.4	8.4	183.2
北海		20 856.9	1.2	819.5
海口	…	407.6	1.7	10.6
三亚		62.3		1.6
重庆	3.2	116 615.3	154.9	12 704.2
成都	0.3	88 635.3	168.5	11 513.3
攀枝花	0.2	4 899.2	19.4	22.8
泸州	…	22 759.8	38.1	1 485.9
绵阳	…	9 008.3	107.3	392.3
宜宾	…	36 818.0	6.0	379.1
贵阳	1.3	4 366.5	62.2	593.5
遵义	0.5	3 786.7	16.4	152.3
昆明	1.4	4 385.6	50.2	229.8
曲靖	2.1	4 868.3	35.9	1 393.9
拉萨		729.2	0.1	10.9
西安	0.2	51 350.5	121.5	869.3
铜川		598.8	0.4	8.6
宝鸡	1.0	33 386.1	105.1	263.5
咸阳	…	28 678.6	94.2	342.3
延安	…	4 027.7	554.9	46.4
兰州	0.3	3 149.8	140.6	3 277.9
金昌	0.8	7 223.4	52.7	7 105.1
西宁		11 444.8	53.0	924.0
银川	…	16 982.4	43.3	2 046.1
石嘴山		6 226.5	0.5	2 267.3
乌鲁木齐	4.9	7 232.1	162.2	1 225.1
克拉玛依	…	1 754.3	56.5	88.8

重点城市工业废水排放及处理情况（四）

（2006）

单位：吨

城市名称	工业废水中污染物去除量				
	氰化物	化学需氧量	石油类	氨氮	挥发酚
总　计	12 344.2	5 833 296.1	222 359.1	312 113.9	121 127.9
北　京	47.4	38 933.3	1 840.5	2 042.4	882.4
天　津	4.4	89 781.2	2 721.5	718.3	316.6
石家庄	315.9	173 290.9	825.4	5 404.2	465.2
唐　山	34.4	63 781.3	150.6	1 190.6	1 424.7
秦皇岛	…	43 488.0	4.0	17.6	
邯　郸	300.2	22 583.9	35.6	1 765.4	1 763.2
保　定	8.2	52 196.5	199.9	642.3	54.5
太　原	86.5	25 118.0	667.7	1 330.1	373.2
大　同	2.4	12 071.5	258.5	1 469.5	171.4
阳　泉		180.3	35.0	512.3	
长　治	2.9	8 476.8	34.3	184.4	83.0
临　汾	1 864.6	44 134.4	1 485.3	3 241.7	63 896.8
呼和浩特	890.7	17 547.1	6.2	468.4	14.1
包　头	288.2	11 213.9	1 421.0	7 236.3	3 402.2
赤　峰		2 383.8	0.8	26.2	
沈　阳	4.8	60 183.4	95.3	309.1	1.3
大　连	2.0	16 142.7	449.3	2 349.9	73.6
鞍　山	153.3	19 327.2	134.1	1 555.6	1 904.0
抚　顺	181.7	7 237.9	1 278.7	110.0	425.7
本　溪	73.2	16 246.5	34.4	189.5	454.1
锦　州	1.1	94 308.9	613.2	3 036.7	1 700.0
长　春	12.5	23 894.4	363.8	439.0	438.5
吉　林	1.6	53 851.4	604.1	1 106.2	46.6
哈尔滨	2.7	57 052.8	274.3	96.0	51.5
齐齐哈尔	0.1	13 886.8	172.7	10.1	588.1
大　庆	37.3	43 003.1	23 183.6	2 723.9	109.6
牡丹江		6 859.8	7.5	286.1	3.4
上　海	216.8	240 285.3	35 629.8	6 254.7	1 582.4
南　京	234.4	46 000.6	51 405.2	6 918.8	3 257.6
无　锡	80.3	110 134.0	468.6	1 669.1	107.8
徐　州	183.1	108 649.9	49.2	4 264.0	187.1
常　州	13.0	94 004.8	511.8	2 043.2	54.3
苏　州	41.6	232 576.2	283.9	21 078.9	234.9
南　通	3.3	61 501.0	102.8	2 418.7	39.7
连云港		57 170.9		2 676.3	1.5
扬　州	1.3	33 254.0	106.4	1 242.1	28.7
杭　州	33.1	309 684.2	686.8	2 146.1	136.6

重点城市工业废水排放及处理情况（四）（续表）

（2006）　　单位：吨

城市名称	工业废水中污染物去除量				
	氰化物	化学需氧量	石油类	氨氮	挥发酚
宁　波	76.3	96 008.4	18 721.2	37 634.9	91.5
温　州	700.4	123 773.9	1.2	1 109.3	
嘉　兴	4.5	112 008.5	2.8	836.9	97.8
湖　州	2.5	39 695.4	17.3	1 107.0	71.3
绍　兴	0.2	167 448.9	25.6	2 046.5	3.4
台　州	13.7	64 331.7	54.1	1 161.1	0.3
合　肥	24.1	12 834.7	270.2	4 287.6	704.9
芜　湖	29.1	26 574.5	31.8	86.5	124.0
马鞍山	4 579.0	39 498.9	19 785.8	1 101.0	19 411.0
福　州	…	21 894.2	1.9	293.6	…
厦　门	0.1	57 682.4	5.4	1 682.6	4.0
泉　州	14.2	123 525.4	1 942.8	2 091.4	46.6
南　昌	84.4	32 459.6	542.9	801.2	145.3
九　江	0.1	15 101.4	1 052.7	194.7	285.3
济　南	53.2	15 517.5	2 157.5	61 718.7	3 343.4
青　岛	2.3	97 756.9	365.5	5 061.0	49.8
淄　博	3.5	131 367.9	1 882.8	2 933.9	2 599.6
枣　庄	13.6	56 000.4	181.5	4 708.9	191.4
烟　台	230.9	91 001.7	13.8	268.9	0.6
潍　坊	1.4	140 645.3	426.0	4 266.6	10.4
济　宁	8.1	115 046.1	54.0	15 858.8	99.9
泰　安	0.5	20 277.3	42.6	567.3	43.9
威　海	…	12 641.3		396.6	…
日　照	…	125 738.2	0.1	346.9	
郑　州	1.5	31 951.8	223.4	960.7	…
开　封	1.5	4 888.8	0.6	1 069.4	1.5
洛　阳	18.8	21 883.5	18 166.0	892.6	140.9
平顶山	69.2	18 809.8	397.1	2 331.1	602.4
安　阳	34.5	42 974.4	941.7	1 061.7	814.2
焦　作	0.1	109 399.7	1.2	4 579.3	3.0
武　汉	16.3	83 999.0	2 643.9	1 157.9	1 097.9
宜　昌	57.4	27 335.9	12.6	2 420.4	24.2
荆　州	…	24 097.1	6.9	70.5	0.5
长　沙	0.1	15 709.2	150.0	2 993.6	4.1
株　洲	75.7	18 536.6	693.6	5 605.8	46.5
湘　潭	25.6	17 718.3	45.4	311.4	311.7
岳　阳		49 096.3	1 929.6	2 902.2	282.2
常　德	1.7	45 707.7	19.5	5.4	…

重点城市工业废水排放及处理情况（四）（续表）

（2006）

单位：吨

城市名称	工业废水中污染物去除量				
	氰化物	化学需氧量	石油类	氨氮	挥发酚
张家界		6.9		3.7	
广州	5.9	54 096.5	619.4	3 024.3	22.2
韶关	6.7	3 350.9	1 186.4	51.6	300.1
深圳	151.3	23 472.1	110.3	190.4	0.3
珠海	…	9 692.9	15.2	150.6	0.2
汕头	1.0	10 921.0	12.4	82.8	…
佛山	96.3	80 530.1	237.0	1 375.1	16.7
湛江		17 069.1	2.5	334.4	2.8
中山	340.5	31 130.5	82.7	541.4	0.6
南宁		163 464.1	5.9	1 054.9	8.7
柳州	16.8	19 072.7	334.5	343.6	314.9
桂林	0.1	20 097.1	24.4	61.7	15.9
北海		6 441.2	34.2	1 772.7	24.8
海口		3 023.9	1.6	7.8	
三亚		103.5		2.0	
重庆	9.4	92 961.9	862.4	4 320.5	1 312.7
成都	37.4	86 620.2	301.3	2 869.0	0.1
攀枝花	17.5	216 840.8	833.8	1 078.5	1 427.0
泸州		8 780.1	…	675.4	
绵阳	0.3	16 674.7	359.4	635.1	4.7
宜宾	…	63 558.4	121.1	33.7	
贵阳	244.5	10 414.7	150.5	153.1	262.7
遵义	0.1	45 923.1	9.4	604.7	
昆明	10.7	16 273.7	694.6	186.8	402.4
曲靖	29.6	18 628.3	27.1	6.6	103.1
拉萨					
西安	1.4	105 853.7	660.6	6 228.9	465.1
铜川		243.7	2.9	2.1	
宝鸡	56.6	57 462.2	110.0	2 178.1	6.8
咸阳	0.3	4 080.5	3 481.3	968.8	14.2
延安	38.4	1 452.0	1 822.5	128.1	79.4
兰州	0.1	10 834.9	4 565.2	467.5	96.5
金昌		973.3	166.4	1 703.5	0.2
西宁		1 261.1	…	306.3	
银川	1.0	38 866.4	1 814.1	5 767.6	98.5
石嘴山		12 912.2		178.0	
乌鲁木齐	10.0	10 783.3	978.5	8 411.1	1 074.8
克拉玛依	0.6	8 049.4	3 778.6	115.6	145.6

重点城市工业废气排放及处理情况（一）

（2006）

城市名称	燃料煤消费量（万吨）	原料煤消费量（万吨）	燃料油消费量（万吨）	工业废气排放总量（标态）（亿米^3）	燃料燃烧废气排放	生产过程废气排放
总　计	93 347	35 263	2 208	201 825	109 277	92 548
北　京	1 479	625	78	4 641	2 772	1 869
天　津	2 869	394	31	6 512	4 568	1 945
石家庄	2 003	454	4	8 523	6 775	1 748
唐　山	2 901	2 170	2	13 511	4 669	8 842
秦皇岛	462	102	25	1 476	501	975
邯　郸	1 403	1 433	1	6 656	1 667	4 989
保　定	789	196	…	1 535	771	764
太　原	1 138	1 848	2	2 994	1 163	1 831
大　同	1 001	159	…	2 178	1 754	423
阳　泉	1 068	71	…	872	673	199
长　治	871	2 231	1	1 786	920	865
临　汾	1 149	3 347	1	1 226	738	488
呼和浩特	1 583	69	1	1 273	1 135	139
包　头	1 268	886	…	3 818	1 525	2 293
赤　峰	964	86	1	945	678	267
沈　阳	948	73	10	1 115	604	510
大　连	968	146	37	1 683	1 016	667
鞍　山	600	1 107	5	4 044	856	3 188
抚　顺	890	72	21	1 578	1 086	492
本　溪	387	1 037	3	5 858	1 820	4 037
锦　州	634	6	25	810	679	131
长　春	842	118	…	1 053	726	327
吉　林	1 031	145	29	1 643	818	825
哈尔滨	892	169	6	1 062	751	311
齐齐哈尔	911	168	2	758	647	111
大　庆	831	5	30	1 246	1 037	209
牡丹江	539	10	1	361	310	51
上　海	3 097	1 626	173	9 428	3 326	6 102
南　京	1 380	639	57	3 921	1 863	2 058
无　锡	1 930	203	9	2 707	1 874	833
徐　州	1 902	415	1	2 514	1 538	976
常　州	907	48	2	2 148	2 034	114
苏　州	3 637	688	96	6 991	3 507	3 485
南　通	967	37	4	1 204	812	392
连云港	510	28	…	361	325	37
扬　州	978	35	13	907	839	68
杭　州	1 233	274	18	3 331	1 905	1 426

重点城市工业废气排放及处理情况（一）（续表）

（2006）

城　市 名　称	燃料煤 消费量 （万吨）	原料煤 消费量 （万吨）	燃料油 消费量 （万吨）	工业废气排放 总量（标态） （亿米^3）		
					燃料燃烧 废气排放	生产过程 废气排放
宁　波	2 164	26	65	2 678	2 152	527
温　州	593	4	51	599	566	33
嘉　兴	1 304	52	13	2 020	1 347	673
湖　州	664	213	3	1 812	720	1 092
绍　兴	986	61	21	1 431	754	677
台　州	572	4	3	548	454	94
合　肥	460	101	…	603	487	117
芜　湖	203	274	1	780	188	592
马鞍山	388	515	15	1 816	847	969
福　州	531	123	18	756	575	181
厦　门	344	1	17	576	405	171
泉　州	569	53	12	1 387	817	570
南　昌	199	155	2	580	215	365
九　江	459	91	155	659	405	253
济　南	782	527	3	2 462	941	1 521
青　岛	888	105	20	1 804	1 031	773
淄　博	1 662	384	61	2 621	1 748	873
枣　庄	734	691	5	2 028	847	1 181
烟　台	1 023	160	2	1 907	1 427	480
潍　坊	987	396	1	1 665	816	850
济　宁	1 840	335	3	2 421	1 995	426
泰　安	565	335	2	1 401	808	593
威　海	418	4	5	356	336	20
日　照	318	186	5	556	273	283
郑　州	1 548	137	9	2 573	1 307	1 266
开　封	255	27	…	151	134	17
洛　阳	1 841	125	12	2 466	1 511	955
平顶山	931	662	10	1 094	777	316
安　阳	564	617	1	1 536	516	1 020
焦　作	1 167	157	3	1 530	969	560
武　汉	974	937	24	3 060	1 213	1 846
宜　昌	240	318	2	1 290	306	984
荆　州	153	39	…	181	108	73
长　沙	83	121	6	289	57	232
株　洲	378	178	4	593	335	259
湘　潭	410	231	1	339	128	211
岳　阳	477	66	7	482	405	78
常　德	291	108	…	572	277	295

重点城市工业废气排放及处理情况（一）（续表）

（2006）

城市名称	燃料煤消费量（万吨）	原料煤消费量（万吨）	燃料油消费量（万吨）	工业废气排放总量（标态）（亿米^3）	燃料燃烧废气排放	生产过程废气排放
张家界	19	7	…	72	18	54
广州	1 704	177	108	2 126	1 673	454
韶关	684	185	2	1 132	611	522
深圳	492		175	1 264	998	266
珠海	395		24	705	514	191
汕头	438	…	3	344	309	35
佛山	554	97	516	1 126	678	448
湛江	366	55	8	489	450	39
中山	129	3	36	272	215	57
南宁	208	93	11	1 004	832	172
柳州	437	549	1	1 373	546	827
桂林	297	35	1	277	197	80
北海	204	22	…	403	342	61
海口	…		…	11	3	7
三亚	14	6	…	42	37	5
重庆	1 962	528	3	6 757	3 699	3 058
成都	503	155	7	1 633	834	799
攀枝花	538	740	1	1 844	754	1 091
泸州	249	44	…	408	318	90
绵阳	519	102	…	1 044	611	433
宜宾	440	66	…	692	535	157
贵阳	599	238	12	1 673	451	1 222
遵义	709	59	…	1 732	522	1 210
昆明	751	482	23	1 988	780	1 208
曲靖	1 294	842	1	1 738	1 203	535
拉萨	11	3	…	6	6	…
西安	540	53	2	679	426	254
铜川	29	86	…	509	46	463
宝鸡	498	123	…	1 141	860	281
咸阳	478	14	…	456	382	74
延安	115	…	2	243	191	52
兰州	589	160	5	1 342	628	714
金昌	186	50	7	342	168	174
西宁	404	96	…	1 287	360	927
银川	199	58	…	430	174	256
石嘴山	878	264	…	1 083	575	508
乌鲁木齐	818	235	…	1 327	929	398
克拉玛依	167		6	542	526	16

重点城市工业废气排放及处理情况（二）

（2006）

单位：吨

城市名称	工业二氧化硫去除量	燃料燃烧过程中去除的	生产工艺过程中去除的	工业二氧化硫排放量	燃料燃烧过程中排放的	生产工艺过程中排放的
总计	7 973 634	4 367 592	3 606 042	11 418 344	9 840 803	1 562 866
北京	68 290	40 676	27 614	93 755	91 031	2 723
天津	176 665	121 857	54 808	232 282	225 444	6 838
石家庄	179 444	172 424	7 020	209 879	192 909	16 970
唐山	170 324	138 365	31 958	294 737	212 215	82 518
秦皇岛	13 644	11 746	1 898	52 802	44 523	8 279
邯郸	82 556	46 637	35 919	198 324	141 366	56 959
保定	39 242	29 023	10 219	70 186	62 880	7 282
太原	100 176	92 680	7 495	126 495	100 710	25 669
大同	50 946	48 189	2 756	115 785	109 427	6 288
阳泉	57 144	25 923	31 221	100 105	96 279	1 781
长治	46 943	45 346	1 597	118 730	64 196	54 534
临汾	39 593	25 668	13 924	79 149	25 589	53 521
呼和浩特	39 582	38 785	797	121 131	119 962	1 165
包头	170 756	54 249	116 507	179 470	109 362	70 108
赤峰	81 363	10 611	70 752	191 173	185 402	4 648
沈阳	22 808	21 222	1 586	70 005	69 313	693
大连	138 120	14 902	123 218	89 447	72 685	16 763
鞍山	31 991	25 008	6 983	103 237	84 881	18 356
抚顺	40 132	2 444	37 688	83 063	78 141	4 922
本溪	7 089	6 617	473	133 061	61 275	71 786
锦州	30 901	12 757	18 144	66 064	53 515	12 549
长春	10 672	5 942	4 731	52 727	48 030	4 697
吉林	66 980	21 960	45 021	53 102	46 263	6 838
哈尔滨	7 485	4 161	3 324	60 751	56 379	4 369
齐齐哈尔	2 696	2 656	40	51 836	49 707	2 109
大庆	4 251	413	3 838	61 594	60 691	903
牡丹江	3 394	3 214	180	44 823	44 642	181
上海	94 494	43 953	50 540	374 327	361 746	12 591
南京	345 002	40 240	304 762	146 327	119 384	26 774
无锡	82 022	69 644	12 378	145 102	139 056	6 039
徐州	72 740	61 929	10 811	177 721	169 708	7 976
常州	23 634	23 634		83 805	83 599	207
苏州	237 462	229 621	7 841	232 039	216 493	15 545
南通	44 770	38 627	6 143	97 537	96 983	557
连云港	22 808	22 733	75	39 686	38 109	1 366
扬州	36 988	36 988		90 643	87 354	3 199
杭州	92 815	84 537	8 278	121 189	110 047	10 937

重点城市工业废气排放及处理情况（二）（续表）

（2006）

单位：吨

城市名称	工业二氧化硫去除量	燃料燃烧过程中去除的	生产工艺过程中去除的	工业二氧化硫排放量	燃料燃烧过程中排放的	生产工艺过程中排放的
宁波	372 705	102 050	270 655	211 263	206 650	4 613
温州	39 710	27 139	12 571	70 834	70 755	77
嘉兴	39 792	38 750	1 042	109 760	107 439	2 327
湖州	58 572	58 572		57 187	45 117	12 143
绍兴	76 585	72 122	4 464	71 156	66 365	4 830
台州	8 623	8 138	485	75 494	75 480	14
合肥	1 332	1 023	309	27 211	24 438	2 744
芜湖	1 828	263	1 565	46 867	35 722	10 940
马鞍山	7 833	1 225	6 608	51 969	29 084	22 885
福州	2 764	2 464	300	101 500	81 333	19 853
厦门	2 116	1 852	264	68 969	68 800	169
泉州	34 707	33 643	1 064	50 977	48 371	2 606
南昌	20 084	16 298	3 785	32 795	26 952	5 843
九江	37 633	2 511	35 122	93 099	91 274	1 818
济南	73 708	63 475	10 234	77 833	61 315	16 654
青岛	362 930	347 235	15 696	117 978	112 566	3 637
淄博	229 066	207 974	21 092	213 895	188 059	25 673
枣庄	60 281	53 952	6 330	92 107	75 967	16 130
烟台	122 942	53 481	69 461	99 049	87 866	11 183
潍坊	110 776	80 498	30 278	109 961	101 852	8 108
济宁	81 089	78 111	2 978	125 091	122 081	3 002
泰安	95 799	90 379	5 419	76 752	73 667	3 083
威海	1 588	1 251	337	49 372	48 546	826
日照	90 080	89 660	421	56 331	45 977	10 353
郑州	42 954	31 552	11 402	154 297	149 170	5 125
开封	8 904	8 618	286	22 052	21 464	545
洛阳	101 962	69 559	32 403	295 548	276 463	18 401
平顶山	17 355	7 006	10 350	133 929	111 331	22 368
安阳	25 938	7 614	18 323	107 097	61 034	46 017
焦作	20 188	17 255	2 932	115 400	98 522	16 878
武汉	56 127	12 039	44 089	132 572	106 734	25 837
宜昌	57 902	36 994	20 908	40 512	33 564	6 876
荆州	13 212	12 837	375	36 281	32 095	3 635
长沙	9 895	6 020	3 875	48 340	28 392	19 948
株洲	346 792	20 813	325 978	88 368	65 291	23 077
湘潭	23 367	18 011	5 356	79 030	50 900	28 128
岳阳	20 966	16 204	4 762	69 993	64 652	5 340
常德	33 659	8 492	25 167	58 123	47 315	9 898

重点城市工业废气排放及处理情况（二）（续表）

（2006）

单位：吨

城市名称	工业二氧化硫去除量	燃料燃烧过程中去除的	生产工艺过程中去除的	工业二氧化硫排放量	燃料燃烧过程中排放的	生产工艺过程中排放的
张家界	7 372	6 059	1 312	8 415	6 435	1 950
广　州	185 170	98 385	86 785	124 765	114 199	10 566
韶　关	20 292	15 603	4 689	59 845	53 011	6 834
深　圳	32 186	32 183	3	42 380	42 379	1
珠　海	11 590	11 590		29 509	29 489	20
汕　头	37 178	37 178		25 742	25 742	
佛　山	36 711	34 321	2 391	148 141	124 065	24 075
湛　江	2 625	26	2 599	49 296	47 188	2 108
中　山	4 732	4 732		27 965	27 965	
南　宁	45 645	35 636	10 009	65 963	54 724	11 239
柳　州	63 216	20 136	43 080	83 793	68 010	15 784
桂　林	6 946	4 297	2 649	54 908	47 713	7 195
北　海	15		15	42 216	37 194	5 022
海　口				175	175	
三　亚				385	10	373
重　庆	419 159	329 927	89 232	711 537	603 043	107 500
成　都	9 866	6 991	2 875	121 143	99 136	21 974
攀枝花	5 921	5 402	518	113 652	29 924	83 316
泸　州	6 813	5 775	1 038	40 010	38 574	1 428
绵　阳	3 455	1 741	1 714	87 464	81 918	5 542
宜　宾	73 660	70 363	3 297	156 722	152 241	4 330
贵　阳	150 423	137 489	12 934	187 689	177 584	10 105
遵　义	56 138	53 942	2 197	137 401	132 900	4 501
昆　明	419 930	5 401	414 529	103 273	78 165	25 173
曲　靖	198 536	17 137	181 400	76 269	64 706	11 555
拉　萨				435	413	22
西　安	10 065	9 853	212	100 334	94 848	3 606
铜　川	735	641	94	11 269	6 942	4 327
宝　鸡	8 200	2 477	5 723	89 610	65 655	21 658
咸　阳	1 707	1 343	364	128 356	127 094	1 278
延　安	421	389	32	14 922	14 907	15
兰　州	11 284	8 498	2 786	73 657	60 748	12 909
金　昌	655 605	3 193	652 412	106 401	39 744	66 657
西　宁				72 797	54 654	18 143
银　川	11 360	7 992	3 368	16 289	14 748	1 565
石嘴山	16 986	12 144	4 843	130 225	127 220	3 006
乌鲁木齐	4 725	4 710	16	119 762	105 598	14 164
克拉玛依	7 282	1 576	5 706	24 544	19 844	4 700

重点城市工业废气排放及处理情况（三）

（2006）

单位：吨

城市名称	氮氧化物去除量	氮氧化物排放量	工业烟尘去除量	工业烟尘排放量	工业粉尘去除量	工业粉尘排放量
总　计	710 497	6 156 342	139 478 977	3 968 009	43 971 240	3 495 944
北　京	9 101	78 701	2 331 015	14 648	2 012 864	30 132
天　津	69 533	151 759	3 033 072	66 919	432 629	10 280
石家庄	912	155 629	3 335 576	86 665	943 852	140 151
唐　山	5 611	211 194	8 779 106	143 440	2 263 711	228 637
秦皇岛		25 119	383 171	15 740	248 129	62 087
邯　郸	4 328	81 633	3 010 351	75 885	4 296 082	62 895
保　定	84 769	39 132	255 300	23 983	127 201	32 378
太　原	11 877	65 391	1 783 590	49 032	1 183 566	36 988
大　同	4 784	83 983	265 374	93 415	48 855	54 092
阳　泉	1 343	27 443	810 554	49 265	62 026	17 356
长　治	42	67 247	1 934 610	86 527	472 579	106 296
临　汾	798	22 976	1 063 184	135 148	171 187	134 176
呼和浩特		118 811	4 057 511	38 033	72 414	17 598
包　头	1 269	90 985	1 744 357	60 413	634 350	60 491
赤　峰		94 007	1 868 652	38 852	149 035	22 967
沈　阳	306	29 814	1 044 558	60 960	23 598	6 738
大　连	799	75 737	778 359	21 515	282 953	19 990
鞍　山		74 403	703 763	41 170	1 834 366	73 444
抚　顺		56 913	1 555 921	28 821	493 465	16 620
本　溪		90 798	646 666	44 142	1 191 003	85 376
锦　州		63 472	1 151 181	47 465	36 769	12 435
长　春	16 028	46 451	1 535 807	61 849	851 225	24 933
吉　林		98 614	1 818 749	80 813	556 003	16 758
哈尔滨	32	36 589	1 468 737	65 078	132 137	36 665
齐齐哈尔	516	47 441	1 228 528	58 640	47 122	7 359
大　庆	7 842	55 103	1 301 978	41 342	4 896	2 493
牡丹江	148	36 680	963 512	49 604	59 869	19 874
上　海	21 357	324 082	5 205 377	47 255	1 467 975	9 588
南　京	18 469	94 951	2 769 044	42 633	844 015	52 688
无　锡		173 022	2 048 883	53 179	632 104	42 699
徐　州	22 939	68 478	2 673 935	33 077	621 750	34 907
常　州	11	26 793	556 892	31 226	59 286	59 378
苏　州	56 969	252 434	8 983 965	60 330	216 756	33 127
南　通	68	31 156	868 005	33 064	52 954	8 569
连云港	1 210	21 173	838 305	15 303	23 362	3 745
扬　州	7	55 743	1 280 006	15 596	147	5 482
杭　州	1 648	80 118	1 052 400	33 596	263 929	47 927

重点城市工业废气排放及处理情况（三）（续表）

（2006）

单位：吨

城市名称	氮氧化物去除量	氮氧化物排放量	工业烟尘去除量	工业烟尘排放量	工业粉尘去除量	工业粉尘排放量
宁　波	6 240	116 709	2 744 285	26 931	435 704	9 846
温　州	765	38 845	728 553	6 384	1 368	567
嘉　兴	2 151	67 772	408 517	29 417	413 991	9 793
湖　州	1 002	49 290	1 111 286	15 290	478 956	45 794
绍　兴	4 374	59 215	938 118	22 941	292 417	8 461
台　州	729	28 099	791 437	7 551	7 762	566
合　肥	229	10 070	779 304	14 381	42 879	3 495
芜　湖		41 343	327 966	7 916	394 128	71 688
马鞍山	151	70 330	528 158	10 340	857 598	14 829
福　州	99	25 688	863 462	21 157	16 714	205
厦　门	169	17 361	476 215	9 346	3 817	563
泉　州	10 155	26 463	247 570	29 109	133 493	16 380
南　昌	53	22 292	150 794	25 256	279 969	7 480
九　江	4	15 764	1 142 455	23 965	313 547	7 399
济　南	393	35 411	1 041 131	22 032	810 197	27 925
青　岛	10 725	40 664	1 454 936	30 447	222 958	4 458
淄　博	238 447	98 743	1 704 118	70 531	573 371	26 861
枣　庄	1 582	31 862	954 276	18 325	960 084	79 746
烟　台	429	60 580	1 535 849	15 000	92 521	44 628
潍　坊	916	89 782	811 401	21 998	140 618	33 516
济　宁	7 158	42 477	3 481 499	29 642	364 845	32 058
泰　安		89 788	887 283	23 288	285 904	7 714
威　海	2	33 729	117 549	10 793	18 400	5 486
日　照	2 827	22 661	644 383	3 374	276 192	8 633
郑　州	2 825	113 480	2 479 874	117 713	1 025 055	71 988
开　封	54	7 865	387 909	17 344	1 146	682
洛　阳	542	111 095	2 789 597	110 323	655 999	112 257
平顶山	233	92 998	2 328 288	45 452	324 921	25 197
安　阳	56	41 120	966 633	70 782	896 912	75 578
焦　作	1 159	77 212	2 157 454	50 308	568 540	38 411
武　汉	151	132 415	2 497 312	44 639	1 038 996	13 975
宜　昌	35	24 425	414 182	27 971	769 592	24 727
荆　州		13 155	175 342	19 579	14 247	11 703
长　沙	128	6 676	16 965	32 288	105 757	103 464
株　洲	1 596	14 135	1 166 494	45 248	386 179	43 244
湘　潭	38	25 432	637 490	50 525	104 525	49 702
岳　阳		30 066	971 797	18 203	36 329	9 601
常　德	349	23 471	160 796	28 268	240 191	56 878

重点城市工业废气排放及处理情况（三）（续表）

（2006）　　单位：吨

城市名称	氮氧化物去除量	氮氧化物排放量	工业烟尘去除量	工业烟尘排放量	工业粉尘去除量	工业粉尘排放量
张家界		2 192	15 519	5 244	26 048	10 368
广　州	5 926	157 307	1 719 968	16 175	211 355	2 468
韶　关		22 907	1 419 661	17 052	541 509	8 823
深　圳	1 306	36 029	371 976	4 009	412	20
珠　海	85	12 755	221 313	4 692	36	161
汕　头		11 383	452 797	5 379	880	7
佛　山	1 424	93 242	558 888	23 413	274 473	6 241
湛　江	181	19 461	666 236	12 297	30 034	10 928
中　山	4 268	10 250	73 783	7 989	87	22
南　宁	915	20 632	258 907	50 871	120 714	30 357
柳　州	738	17 261	262 866	30 266	823 193	20 204
桂　林	10	15 204	354 855	16 367	106 906	18 006
北　海		21 333	335 271	11 234	…	16 745
海　口		158	149	276		
三　亚		206		157	3 777	448
重　庆	4 916	156 418	2 315 363	131 232	342 953	201 087
成　都	5 471	36 707	539 204	56 126	215 970	25 936
攀枝花	4 028	9 982	680 307	11 923	794 733	13 248
泸　州	407	17 119	78 684	11 951	14 701	10 686
绵　阳	369	20 691	1 897 062	17 198	197 553	6 341
宜　宾	332	25 885	433 470	23 572	15 109	10 446
贵　阳	6 974	19 618	849 440	29 071	333 089	22 249
遵　义	3 371	21 401	1 308 818	12 419	103 638	9 263
昆　明	743	26 314	1 056 229	14 001	686 738	8 978
曲　靖	14 299	62 874	685 373	75 256	173 761	16 898
拉　萨				898	79	654
西　安	4 298	31 221	783 767	38 345	47 868	19 564
铜　川	11	18 698	19 462	1 482	139 446	64 506
宝　鸡	10 847	34 788	471 171	15 029	846 571	70 368
咸　阳	202	16 190	2 546 272	33 049	650 157	26 674
延　安	57	8 804	40 667	6 788	2 720	989
兰　州	78	34 349	425 856	16 139	128 594	36 064
金　昌		16 976	375 126	27 857	82 613	8 819
西　宁		32 501	653 755	22 800	292 420	32 088
银　川	10	6 067	76 431	4 535	58 436	2 044
石嘴山	325	44 817	845 958	41 943	191 134	31 028
乌鲁木齐	425	56 680	489 750	47 536	113 547	9 947
克拉玛依		15 464	43 956	4 758		453

重点城市工业废气排放及处理情况（四）

（2006）

城市名称	废气治理设施数（套）	脱硫设施数	废气治理设施处理能力（标态）（万米³/时）	脱硫设施脱硫能力（吨/时）	废气治理设施运行费用（万元）	脱硫设施运行费用
总　计	91 368	16 126	507 721	11 699	3 742 842.9	833 868.7
北　京	2 376	866	8 440	276	49 399.3	12 257.0
天　津	2 899	1 341	8 906	1 084	61 583.1	13 905.3
石家庄	1 843	443	4 518	50	23 315.7	9 613.2
唐　山	2 361	414	18 022	19	168 773.9	16 571.2
秦皇岛	2 947	230	2 300	7	21 550.6	942.2
邯　郸	1 194	288	5 821	186	60 778.4	4 860.7
保　定	1 392	820	3 887	70	20 181.2	10 992.4
太　原	1 101	573	5 974	1 745	45 816.5	20 710.4
大　同	1 080	466	2 840	759	16 908.1	8 798.3
阳　泉	346	88	1 532	19	14 913.7	2 298.9
长　治	790	29	2 679	6	99 570.8	6 438.0
临　汾	535	191	1 054	175	92 374.0	3 058.3
呼和浩特	334	37	2 796	44	5 512.8	1 449.0
包　头	958	125	5 799	33	27 789.0	6 072.1
赤　峰	356	42	1 095	22	11 630.4	5 097.1
沈　阳	1 596	703	2 240	341	6 061.2	2 483.0
大　连	1 011	356	1 882	35	16 629.2	6 367.4
鞍　山	1 833	195	4 086	280	35 674.1	14 364.8
抚　顺	678	115	3 088	867	12 487.4	378.3
本　溪	707	86	1 167	713	34 863.6	174.1
锦　州	341	137	1 628	75	14 049.0	4 491.7
长　春	755	314	905	47	11 229.8	1 367.7
吉　林	461	97	7 598	4	19 712.4	6 695.1
哈尔滨	806	33	7 694	517	5 154.2	351.4
齐齐哈尔	759	42	2 208	5	8 692.6	41.6
大　庆	189	38	2 112	32	11 386.6	2 852.2
牡丹江	236	35	505	81	2 605.2	183.4
上　海	3 332	366	13 071	242	188 656.4	82 228.4
南　京	1 101	54	4 686	46	66 608.1	22 615.0
无　锡	1 501	79	5 560	23	43 934.4	11 375.5
徐　州	963	119	5 566	297	41 009.4	18 946.2
常　州	1 134	21	1 328	2	8 652.6	1 378.3
苏　州	1 852	148	8 041	141	94 055.4	39 705.2
南　通	777	17	1 985	3	14 741.1	2 633.6
连云港	172	10	572	12	7 779.1	5 484.1
扬　州	253	19	2 466	315	11 870.2	7 013.3
杭　州	1 302	288	4 001	110	49 773.4	19 848.9

重点城市工业废气排放及处理情况（四）（续表）

（2006）

城市名称	废气治理设施数（套）	脱硫设施数	废气治理设施处理能力（标态）（万米^3/时）	脱硫设施脱硫能力（吨/时）	废气治理设施运行费用（万元）	脱硫设施运行费用
宁　波	1 314	147	4 988	80	240 565. 4	25 156. 8
温　州	1 362	87	1 283	14	14 458. 2	10 168. 2
嘉　兴	1 864	363	3 455	15	17 077. 6	3 761. 5
湖　州	1 176	92	2 869	35	14 896. 7	1 577. 1
绍　兴	1 841	502	2 165	27	25 715. 1	12 118. 7
台　州	1 237	98	1 035	32	10 877. 5	1 679. 6
合　肥	448	7	1 119	1	3 394. 9	195. 1
芜　湖	206	13	1 332	3	6 138. 1	216. 1
马鞍山	157		2 118		8 082. 6	
福　州	461	3	2 051	4	8 150. 2	4 117. 2
厦　门	401	33	1 289	5	6 837. 5	795. 7
泉　州	1 303	58	2 308	60	18 215. 7	8 525. 6
南　昌	293	41	1 371	38	11 616. 9	790. 5
九　江	411	28	828	5	3 196. 4	965. 1
济　南	821	166	9 277	81	76 971. 6	8 920. 3
青　岛	866	170	3 302	24	23 078. 5	4 725. 9
淄　博	1 164	142	3 611	134	52 582. 5	28 046. 0
枣　庄	1 012	46	3 167	29	89 575. 4	8 345. 8
烟　台	1 014	404	3 056	244	16 529. 5	6 867. 6
潍　坊	899	236	2 554	72	18 871. 5	7 546. 3
济　宁	872	290	5 003	23	23 050. 2	9 530. 6
泰　安	627	206	3 012	27	14 766. 9	6 028. 9
威　海	200	29	4 926	2	811 132. 6	40 353. 0
日　照	147	13	946	2	5 178. 7	495. 0
郑　州	1 640	93	4 700	25	25 296. 9	4 668. 7
开　封	121	19	289	99	1 287. 5	700. 6
洛　阳	1 063	229	2 437	62	34 182. 5	11 279. 3
平顶山	548	22	1 947	1	12 071. 2	1 226. 8
安　阳	999	33	3 289	20	16 451. 4	2 512. 0
焦　作	741	111	2 016	5	16 471. 1	3 643. 3
武　汉	675	27	3 916	13	36 967. 5	6 158. 1
宜　昌	528	32	1 036	6	8 940. 1	3 433. 5
荆　州	159	11	194	371	2 312. 6	1 514. 9
长　沙	382	114	206	6	3 317. 6	826. 6
株　洲	518	42	1 102	18	15 774. 0	2 351. 1
湘　潭	389	87	1 216	2	6 309. 4	4 627. 4
岳　阳	281	28	1 105	3	5 306. 6	2 319. 0
常　德	642	107	904	11	4 456. 0	498. 6

重点城市工业废气排放及处理情况（四）（续表）

（2006）

城市名称	废气治理设施数（套）	脱硫设施数	废气治理设施处理能力（标态）（万米³/时）	脱硫设施脱硫能力（吨/时）	废气治理设施运行费用（万元）	脱硫设施运行费用
张家界	73	7	127	1	756.1	439.0
广　州	1 652	119	5 212	17	74 286.0	33 160.7
韶　关	557	28	1 532	2	13 911.0	7 617.3
深　圳	296	45	1 072	5	15 906.1	8 814.5
珠　海	405	32	633	1	41 394.4	18 817.5
汕　头	451	6	1 047	6	19 606.5	16 063.9
佛　山	1 224	143	3 553	3	20 744.0	2 773.8
湛　江	245	1	510	1	7 863.0	
中　山	537	61	676	2	4 096.2	47.8
南　宁	721	163	158 337	8	7 535.6	1 516.8
柳　州	703	100	20 500	12	12 861.9	4 961.3
桂　林	375	13	789	1	2 113.6	68.0
北　海	67	2	274	…	1 321.8	17.0
海　口	18		16		391.6	
三　亚	24	3	…		420.0	
重　庆	2 581	327	15 828	238	105 097.8	47 100.6
成　都	1 413	70	2 475	29	15 302.1	722.0
攀枝花	290	30	12 777	30	28 948.2	614.0
泸　州	95	23	255	1	913.3	161.0
绵　阳	327	35	1 138	3	16 133.1	1 421.6
宜　宾	390	159	937	19	9 415.5	5 959.4
贵　阳	668	222	2 019	55	17 639.4	10 078.7
遵　义	491	104	1 504	132	9 973.9	4 063.2
昆　明	1 172	64	3 678	133	44 532.1	12 902.2
曲　靖	608	51	6 342	47	26 017.0	10 288.0
拉　萨	13				310.0	
西　安	837	175	1 403	58	11 493.4	6 366.0
铜　川	355	52	930	1	1 799.4	108.5
宝　鸡	726	129	5 760	41	13 780.3	2 684.1
咸　阳	318	63	991	46	2 981.4	612.5
延　安	71	14	524	…	2 223.9	27.9
兰　州	524	12	1 379	75	13 737.4	98.3
金　昌	238	20	362	72	18 990.9	15 512.0
西　宁	296		1 640		14 597.9	
银　川	231	65	754	4	6 656.0	1 899.7
石嘴山	634	187	1 415	49	12 356.1	3 165.5
乌鲁木齐	523	182	1 633	42	6 088.7	1 023.1
克拉玛依	166	65	229	286	4 819.8	4 033.0

重点城市工业固体废物产生及处置利用情况（一）

（2006）

单位：万吨

城市名称	工业固体废物产生量	危险废物	冶炼废渣	粉煤灰	炉渣	煤矸石	尾矿	放射性废物	脱硫石膏	其他废物
总　计	80 267	608.68	14 283	14 743	9 072	7 210	18 822	10.18	588	9 301
北　京	1 356	11.70	327	201	96	57	322		9	216
天　津	1 292	14.62	321	294	386			…	11	171
石家庄	893	13.75	299	285	134	…	7		3	34
唐　山	5 701	3.42	1 784	496	500	49	1 761		20	239
秦皇岛	539	0.10	57	97	87	…	278		…	21
邯　郸	1 756	0.06	839	250	116	285	174			29
保　定	359	12.71	29	65	119	4	44		7	26
太　原	2 121	2.89	229	238	89	857	510		11	107
大　同	769	0.07	90	152	40	212	111		26	29
阳　泉	1 303	0.60	6	190	87	880		0.15	…	22
长　治	1 299	…	271	99	186	528	48		5	113
临　汾	1 402	0.64	421	151	85	389	125		15	35
呼和浩特	349	2.86	…	262	24	…	12		31	4
包　头	2 964	11.84	627	204	58	42	1 642	2.68	6	76
赤　峰	588	18.62	19	179	50	21	218		3	38
沈　阳	614	3.62	2	93	110	117	…		6	270
大　连	273	5.15	11	113	61		2			68
鞍　山	5 025	0.57	562	59	71	…	4 207		1	6
抚　顺	1 251	4.07	132	181	76	85	350			362
本　溪	2 314	0.52	760	57	29		1 390			57
锦　州	273	6.63	37	139	49	…	2		…	34
长　春	304	1.17	…	158	104	1	1			19
吉　林	851	29.50	156	185	144	8	244			11
哈尔滨	1 238	1.00	22	284	81	564	93		1	28
齐齐哈尔	340	4.09	19	155	58	…				99
大　庆	222	10.50	…	144	27					30
牡丹江	184	…	…	124	36		2		…	12
上　海	2 063	40.79	760	506	131	2		…	3	427
南　京	1 277	23.10	482	286	63	3	193		5	201
无　锡	779	11.77	119	242	236				12	77
徐　州	1 075	0.13	131	367	215	193			7	125
常　州	319	8.69	14	42	172				1	57
苏　州	1 542	17.53	244	377	437	1	9		28	349
南　通	308	10.73	18	136	86	…			5	45
连云港	271	0.47		78	30		19		5	101
扬　州	220	3.48	…	134	48				…	10
杭　州	546	6.18	65	138	165		17		7	99

重点城市工业固体废物产生及处置利用情况（一）（续表）

（2006）　　单位：万吨

城市名称	工业固体废物产生量	危险废物	冶炼废渣	粉煤灰	炉渣	煤矸石	尾矿	放射性废物	脱硫石膏	其他废物
宁　波	618	7.81	4	322	156	…	…		11	96
温　州	190	15.88	2	70	51	…	3		7	20
嘉　兴	275	1.76	1	123	96	…				31
湖　州	247	1.01	1	133	59		19		5	12
绍　兴	327	3.47	2	84	115	2	75		1	17
台　州	172	1.97	4	82	26	…	3		…	39
合　肥	188	1.18	41	71	32		8		…	10
芜　湖	189	0.17	52	48	9		55			15
马鞍山	1 224	0.52	445	74	28		543			131
福　州	209	1.05	25	54	69	2	…		2	32
厦　门	78	0.86	1	40	16	…			…	17
泉　州	247	0.31	12	28	88	20	44		4	33
南　昌	154	0.06	48	60	24					15
九　江	391	1.94	6	111	26	5	216		1	11
济　南	1 003	8.63	396	132	84	36	10		13	238
青　岛	602	1.21	176	158	77		45		…	112
淄　博	996	8.61	184	272	192	64	188		4	57
枣　庄	496	…	…	108	156	165	15		6	4
烟　台	1 364	19.30	89	172	101	22	917		8	16
潍　坊	492	69.29	28	131	112	13	3		5	108
济　宁	1 334	5.25	7	360	146	629	102		5	70
泰　安	684	2.51	8	155	117	344			9	44
威　海	144	0.15	5	57	32		22			17
日　照	846	0.04	155	52	33				1	531
郑　州	785	0.36	20	233	158	67	199		1	23
开　封	86	4.57	…	48	26					…
洛　阳	1 704	0.97	30	300	94	22	845		10	163
平顶山	788	0.15	54	219	102	172	185			30
安　阳	928	0.13	483	96	36	8	182		1	32
焦　作	741	0.09	16	182	124	51	42		3	225
武　汉	954	0.70	457	269	51	3	13	…	1	140
宜　昌	560	0.86	59	41	95	28	87		2	182
荆　州	56	0.40	…	20	19					8
长　沙	112	0.09	2	16	32	27	1			22
株　洲	276	0.26	39	116	49	4	8	…	7	29
湘　潭	399	2.55	224	65	22				7	52
岳　阳	182	4.83	…	97	46	…	12		1	18
常　德	154	3.70	1	12	101	13	1		2	4

重点城市工业固体废物产生及处置利用情况（一）（续表）

（2006）

单位：万吨

城市名称	工业固体废物产生量	危险废物	冶炼废渣	粉煤灰	炉渣	煤矸石	尾矿	放射性废物	脱硫石膏	其他废物
张家界	18	…	2	3	2	7	1		1	1
广州	632	18.43	114	295	53	…	…		4	94
韶关	650	13.46	196	150	70		150	7.35	2	48
深圳	107	24.67		67	8	1			…	7
珠海	67	3.24		37	8				…	9
汕头	74	0.53		43	18	2			5	4
佛山	205	1.21		38	55				…	71
湛江	154	0.09	…	77	25					32
中山	36	2.43	…	12	16	…				4
南宁	285	20.76	1	45	37		24			136
柳州	783	5.15	350	57	31		85		16	221
桂林	130	0.08	28	32	19	…	14		…	27
北海	110	0.14	…	29	21	…				44
海口	3	0.03			…					3
三亚	…	…								…
重庆	1 764	16.21	129	259	372	384	21	…	123	332
成都	621	0.74	125	90	96	64	26	…	12	170
攀枝花	3 074	10.75	464	72	119	218	1 676		…	114
泸州	286	0.37		29	21	98	91			10
绵阳	283	5.54	10	178	11	1	5		…	56
宜宾	343	0.04	…	85	65	47	14		2	110
贵阳	691	0.92	89	124	52	52	94		28	251
遵义	547	0.02	15	133	30	77	149		27	115
昆明	1 428	0.58	352	109	69	1	88		3	732
曲靖	1 033	3.50	148	351	113	82	10		18	181
拉萨	4				…		4			…
西安	155	0.17	5	77	37	1	8		1	15
铜川	83	0.10	…	3	2	76			…	1
宝鸡	298	0.18	9	60	34	2	141			18
咸阳	156	0.20	…	75	29	18	1			20
延安	23	0.33	…	7	5	8	…		…	2
兰州	258	13.57	67	86	42	21	2			23
金昌	781	…	132	36	22	1	533			56
西宁	165	0.72	46	80	21	7	3		…	2
银川	85	…	…	15	20	3				44
石嘴山	428	…	27	100	199	41		…	1	60
乌鲁木齐	290	2.09	46	96	51	5	60			30
克拉玛依	41	6.22		23	12					…

重点城市工业固体废物产生及处置利用情况（二）

（2006）

单位：万吨

城市名称	工业固体废物综合利用量	危险废物	冶炼废渣	粉煤灰	炉渣	煤矸石	尾矿	脱硫石膏	其他废物
总　　计	53 513	375.79	13 104	12 038	8 331	5 206	3 174	462	6 995
北　京	1 095	5.72	432	204	96	21	8	9	212
天　津	1 271	12.87	321	294	386			11	154
石家庄	856	11.13	272	281	134	…	7	3	32
唐　山	3 577	3.40	1 775	466	494	49	66	20	180
秦皇岛	507	0.03	57	75	76	…	278	…	19
邯　郸	1 361	0.06	815	176	112	153	18		29
保　定	303	12.30	15	65	118	3	14	7	25
太　原	1 085	2.83	210	67	54	586	41	11	89
大　同	314	0.06	83	16	32	12	100	26	4
阳　泉	166	0.51	5	39	30	76			1
长　治	801	…	254	28	83	288	9		104
临　汾	1 035	0.45	306	78	61	323	98	2	34
呼和浩特	210	2.79	…	162	33	…	…	6	4
包　头	838	7.85	379	96	45	36	96	6	69
赤　峰	152	…	19	38	34	15	4	3	32
沈　阳	581	2.38	2	92	94	113		4	263
大　连	217	2.84	1	98	63		2		43
鞍　山	767	0.01	562	45	69	1	36	…	2
抚　顺	818	3.89	128	63	66	83	73		361
本　溪	919	0.53	760	58	28		13		52
锦　州	130	0.13	19	41	30	…	2	…	34
长　春	301	0.85	1	157	103	…			19
吉　林	511	15.76	156	76	135	3	45		7
哈尔滨	791	0.28	22	113	81	399	42	1	28
齐齐哈尔	245	3.79	16	76	55				89
大　庆	192	0.45	…	143	27				13
牡丹江	117	…	…	64	36		2	…	6
上　海	1 953	29.13	759	513	102	2		3	380
南　京	1 175	19.45	482	323	65	3	68	5	192
无　锡	759	10.61	119	242	236			12	60
徐　州	1 041	…	131	381	218	223		7	45
常　州	313	7.12	13	42	172				55
苏　州	1 513	10.61	244	377	432	1	9	27	334
南　通	302	7.67	18	135	86	…		5	43
连云港	280	0.25		112	28		6	5	90
扬　州	195	0.55	…	126	43			…	7
杭　州	525	4.60	65	147	159		11	7	85

重点城市工业固体废物产生及处置利用情况（二）（续表）

（2006）

单位：万吨

城市名称	工业固体废物综合利用量	危险废物	冶炼废渣	粉煤灰	炉渣	煤矸石	尾矿	脱硫石膏	其他废物
宁波	564	3.51	3	297	156		…	9	76
温州	166	0.30	2	70	51	…	…	7	16
嘉兴	271	0.27	1	123	96	…			29
湖州	241	0.66	1	133	58		17	5	10
绍兴	239	2.63	2	84	115	2	9	1	9
台州	164	1.14	4	82	26	…		…	36
合肥	187	1.10	41	71	32		8	…	10
芜湖	183	0.03	52	45	7		55		15
马鞍山	788	0.43	400	66	28		167		123
福州	201	0.87	25	49	70	…	…	2	31
厦门	79	0.49	1	40	19	…		…	16
泉州	239	0.22	11	28	88	19	41	4	32
南昌	140	…	47	48	24				14
九江	179	1.90	6	105	19	4	29		10
济南	948	6.77	396	126	77	36	10	13	198
青岛	632	0.76	176	154	76		39		154
淄博	836	8.46	184	268	175	73	43	4	56
枣庄	585	…	…	108	154	256	15	6	3
烟台	1 203	18.24	89	153	101	22	778	8	16
潍坊	449	27.59	28	131	111	13	3	5	109
济宁	1 246	5.12	7	348	139	594	102	5	36
泰安	702	2.21	8	155	117	364		9	44
威海	131	…	5	57	32		8		17
日照	831	…	155	52	33			1	518
郑州	522	0.13	20	209	150	53		1	14
开封	86	4.57	…	48	26				…
洛阳	839	0.94	29	241	73	15	189	8	143
平顶山	682	…	55	206	85	272	4		45
安阳	681	0.13	448	51	36	7	30	1	31
焦作	539	0.03	16	152	123	128		…	51
武汉	853	0.38	430	247	41	2	2	1	110
宜昌	388	0.67	47	40	95	25	64	2	66
荆州	48	0.40	…	14	19				6
长沙	103	0.06	2	16	32	20	…		22
株洲	191	0.24	38	62	47	1	4	…	20
湘潭	369	2.53	216	54	21			7	43
岳阳	165	4.76	…	93	44	…	2	1	17
常德	137	5.88	1	12	100	1	…		3

重点城市工业固体废物产生及处置利用情况（二）（续表）

（2006）

单位：万吨

城市名称	工业固体废物综合利用量	危险废物	冶炼废渣	粉煤灰	炉渣	煤矸石	尾矿	脱硫石膏	其他废物
张家界	15	…	1	3	2	4	1	1	2
广州	605	9.72	114	310	48	…	…	4	72
韶关	674	6.25	184	294	95		41	2	44
深圳	88	12.65		67	6	1			2
珠海	57	1.96		35	5			…	8
汕头	73	0.42		43	18	2		5	4
佛山	203	…		38	55			…	70
湛江	140	…	…	77	16				31
中山	31	0.51	…	12	16				2
南宁	235	1.53	1	44	36		11		126
柳州	555	4.87	297	51	31		3	16	140
桂林	121	0.08	26	34	19		10	…	24
北海	47	0.01	…	16	21				3
海口	3	…			…				3
三亚		…							
重庆	1 331	21.41	36	225	354	275	12	102	218
成都	606	0.47	114	90	88	64	25	12	169
攀枝花	925	10.70	374	39	50	153	71		105
泸州	257	0.33		11	37	81	89		6
绵阳	223	5.51	10	153	11	1	1		30
宜宾	250	…		50	49	20	13	…	102
贵阳	343	0.88	56	75	34	48	26	28	76
遵义	360	0.01	10	30	19	73	121	8	99
昆明	540	0.32	219	61	66	…	40	3	114
曲靖	469	3.50	107	69	64	103	9	2	43
拉萨									
西安	137	0.09	1	77	36	1	2	1	12
铜川	39	0.10		3	2	28			6
宝鸡	122	0.17	9	60	33	2			9
咸阳	146	0.03	…	75	28	12	1		17
延安	19	0.18	…	5	5	6	…	…	1
兰州	182	5.08	42	56	31	21	2		23
金昌	146	…	27	59	29	…	10		20
西宁	77	0.31	44	14	10	5	1		2
银川	82	…	…	15	20	3			42
石嘴山	179	…	2	24	146	2			6
乌鲁木齐	192	1.05	44	74	35	4	21		13
克拉玛依	20	3.34		9	8				

重点城市工业固体废物产生及处置利用情况（三）

（2006）

城市名称	工业固体废物贮存量（万吨）	危险废物贮存量	工业固体废物处置量（万吨）	危险废物处置量	工业固体废物排放量（万吨）	危险废物排放量
总计	8 167	74.17	24 507	205.33	588	0.39
北京	63	0.42	632	5.56	…	
天津	…	…	20	1.92		
石家庄	32		5	2.62	…	
唐山	605		1 604	0.02	26	
秦皇岛	43	…	2	0.07		
邯郸	303	…	96	…	2	
保定	29	…	26	0.40	…	
太原	88	…	922	0.05	48	
大同	100	0.01	399	…	25	
阳泉	197	0.10	901		41	
长治	220		312	…	46	
临汾	126		77	0.19	163	
呼和浩特	264		…	0.07	…	
包头	656	0.32	1 470	5.75	1	
赤峰	243	12.42	190	6.20	4	
沈阳	21		15	1.58	15	
大连	11	0.06	48	2.26	…	
鞍山	462	…	3 796	0.56		
抚顺	410	0.03	22	0.15	1	
本溪	65		1 329	…	…	
锦州	…	…	144	7.30	…	
长春	2	…	1	0.53		
吉林	321		25	17.63		
哈尔滨	446	0.06	1	0.71		
齐齐哈尔	66	0.30	29	0.10	…	
大庆	24		27	10.05		
牡丹江	68		…			
上海	7	0.03	103	14.10	…	
南京	139	0.04	14	3.61	…	
无锡			21	1.17		
徐州	7	…	80	0.13		
常州	…	…	6	1.76	…	
苏州	1	…	28	6.94		
南通	…	0.05	5	3.01		
连云港	26	…	1	0.22		
扬州	18		21	2.94	…	
杭州	…	0.02	32	1.57	…	

重点城市工业固体废物产生及处置利用情况（三）（续表）

（2006）

城　市 名　称	工业固体 废物贮存量 （万吨）	危险废物 贮存量	工业固体 废物处置量 （万吨）	危险废物 处置量	工业固体 废物排放量 （万吨）	危险废物 排放量
宁　波	2	0.09	52	4.23	…	
温　州	1	1.14	21	14.47	2	
嘉　兴	…	…	5	1.51	…	
湖　州	3	0.06	2	0.29	…	
绍　兴	63	…	24	0.89	…	…
台　州	…	0.01	8	1.02	…	
合　肥	…	0.02	…	0.08		
芜　湖	5		…	0.17	…	
马鞍山	87	…	349	0.09		
福　州	6		3	0.19		
厦　门	3	…	2	0.37	…	
泉　州	5	…	2	0.09	…	
南　昌	13	…	1	0.06	…	
九　江	26	…	187	0.04	…	
济　南	56	1.16	7	0.70	…	
青　岛	13	0.02	20	13.56	…	
淄　博	136	…	44	0.22	…	
枣　庄	19		2			
烟　台	64		98	1.06		
潍　坊	44	41.70	…	…		
济　宁	80		34	0.13		
泰　安	47		…	0.30		
威　海	14		…	0.15		
日　照			15	0.04		
郑　州	10	…	254	0.23		
开　封			…			
洛　阳	127	…	751	0.03	2	
平顶山	126		198	0.15		
安　阳	46		201	0.01		
焦　作	44	…	241	0.06	…	
武　汉	93	…	22	0.32	…	
宜　昌	9		163	0.19		
荆　州	6		…	…	1	
长　沙	5		2	0.33	4	
株　洲	13	…	73	0.02	5	
湘　潭	11	…	19	0.04	1	…
岳　阳	13	0.03	5	0.03	…	
常　德	12	…	7	…		

重点城市工业固体废物产生及处置利用情况（三）（续表）

（2006）

城　市 名　称	工业固体 废物贮存量 （万吨）	危险废物 贮存量	工业固体 废物处置量 （万吨）	危险废物 处置量	工业固体 废物排放量 （万吨）	危险废物 排放量
张家界	2		1		…	
广　州	17	1.38	43	7.34	…	
韶　关	136	…	124	7.21	3	…
深　圳	2	…	17	12.01	…	
珠　海	6		3	1.28	…	
汕　头	…	…	1	0.11	…	
佛　山			2	1.25	…	
湛　江			13	0.09	1	
中　山	…	…	4	1.91	…	
南　宁	2	0.20	44	19.04	5	
柳　州	165	0.05	59	0.23	4	…
桂　林	10		…	…	1	
北　海	1		63	0.15	…	
海　口			…	0.03		
三　亚			…	…		
重　庆	235	1.02	124	2.06	122	0.38
成　都	8	0.01	7	0.27		
攀枝花	247		1 910	0.05	1	
泸　州	5	0.03	22	0.01	3	
绵　阳	22	…	38	0.03	…	
宜　宾	88	…	1	0.04	4	
贵　阳	80		285	0.05	1	
遵　义	98	…	85	…	4	
昆　明	77	0.02	863	0.24	35	
曲　靖	257	5.74	341			
拉　萨					4	
西　安	12	6.00	5	0.10	…	
铜　川	11		38		1	
宝　鸡	2	…	173	…	2	
咸　阳	…		7	0.16	3	
延　安	2	0.05	2	0.10	…	
兰　州	42	0.13	35	8.40		
金　昌	145		4 728		…	
西　宁	90	0.39	…	0.02	…	
银　川	2		1		1	
石嘴山	65		202		…	
乌鲁木齐	70	0.01	27	1.05	1	
克拉玛依	1	1.02	20	1.86		

重点城市汇总工业企业概况（一）

（2006）

城市名称	汇总工业企业数（个）	工业总产值（现价）（万元）	企业专职环保人员数（人）	工业炉窑数（台）	烟尘排放达标的	二氧化硫排放达标的
总　计	43 530	1 043 216 062.1	155 196	41 875	36 922	33 609
北　京	739	33 757 246.5	1 588	363	363	360
天　津	1 776	64 929 815.4	3 489	715	715	714
石家庄	335	9 522 943.2	2 343	573	512	383
唐　山	279	20 279 620.0	1 531	859	760	815
秦皇岛	156	4 414 276.6	766	102	99	91
邯　郸	298	10 337 043.6	1 376	602	513	469
保　定	431	6 271 501.5	2 390	679	631	615
太　原	269	8 730 220.1	1 045	594	577	574
大　同	254	4 048 216.0	895	235	182	140
阳　泉	226	1 134 195.8	538	418	408	43
长　治	321	5 648 133.1	1 029	577	230	148
临　汾	367	5 320 933.3	1 264	472	369	352
呼和浩特	124	5 387 063.6	444	46	46	41
包　头	186	7 090 273.7	806	545	487	461
赤　峰	160	1 287 480.4	255	298	200	91
沈　阳	1 336	13 644 538.4	2 412	320	247	214
大　连	440	17 399 743.1	1 002	391	303	293
鞍　山	170	8 519 087.0	543	920	835	729
抚　顺	230	8 261 732.7	584	397	379	340
本　溪	95	2 136 675.0	375	273	261	62
锦　州	151	4 601 541.9	613	216	215	210
长　春	149	14 930 961.8	449	207	130	207
吉　林	188	6 796 131.1	1 253	180	164	167
哈尔滨	367	8 562 718.8	930	274	264	264
齐齐哈尔	167	2 543 236.4	284	325	297	297
大　庆	119	22 135 395.9	782	2 174	2 170	2 170
牡丹江	88	1 030 278.7	203	60	54	50
上　海	1 779	98 399 578.8	9 944	1 223	1 181	1 171
南　京	684	32 230 701.0	1 827	557	490	420
无　锡	747	29 688 335.4	2 158	489	485	461
徐　州	279	6 313 442.3	945	263	248	245
常　州	863	10 899 750.0	2 141	302	300	265
苏　州	918	33 734 026.9	4 371	405	405	405
南　通	786	6 868 045.8	2 017	400	398	398
连云港	102	2 304 718.6	312	23	22	14
扬　州	448	6 966 436.8	887	187	157	147
杭　州	955	21 148 753.9	3 284	306	287	280

重点城市汇总工业企业概况（一）（续表）

（2006）

城市名称	汇总工业企业数（个）	工业总产值（现价）（万元）	企业专职环保人员数（人）	工业炉窑数（台）	烟尘排放达标的	二氧化硫排放达标的
宁波	772	28 929 133.6	18 198	540	407	375
温州	641	5 292 627.1	2 646	777	770	730
嘉兴	715	7 508 551.7	2 436	314	310	305
湖州	385	5 216 788.3	1 260	203	203	171
绍兴	727	12 184 936.1	2 328	300	297	234
台州	551	7 646 988.7	2 184	362	347	334
合肥	180	6 503 653.3	569	187	179	121
芜湖	91	9 962 876.4	328	66	61	40
马鞍山	72	5 151 462.7	468	188	185	177
福州	364	10 482 230.8	785	254	236	253
厦门	347	14 096 096.7	820	84	79	77
泉州	828	7 677 770.7	2 222	1 099	1 097	1 086
南昌	156	4 802 870.9	406	304	104	76
九江	121	2 740 183.5	382	221	73	40
济南	423	15 506 789.2	1 150	917	848	730
青岛	593	20 635 010.1	1 775	239	234	231
淄博	544	15 197 668.6	3 262	700	679	510
枣庄	192	2 396 388.7	731	200	131	88
烟台	696	12 574 247.4	1 795	336	290	331
潍坊	457	11 891 275.8	1 116	158	134	125
济宁	334	8 022 924.8	1 801	486	480	457
泰安	231	4 051 600.6	609	185	140	129
威海	183	5 610 655.5	637	28	27	25
日照	69	2 474 574.2	246	47	47	47
郑州	694	7 333 030.0	2 055	1 382	1 368	1 319
开封	92	575 154.4	387	165	24	16
洛阳	309	8 171 546.7	1 936	624	559	407
平顶山	174	4 440 723.1	590	212	199	210
安阳	462	5 709 690.4	1 158	528	419	230
焦作	199	3 803 372.1	958	219	210	183
武汉	368	15 311 310.0	981	396	376	363
宜昌	273	4 380 392.7	559	212	202	202
荆州	205	1 704 158.9	534	34	21	13
长沙	425	5 692 126.5	2 252	226	118	87
株洲	364	3 748 575.3	659	524	410	399
湘潭	215	2 911 624.6	440	257	212	199
岳阳	130	4 397 798.7	339	103	86	73
常德	157	2 967 579.9	324	249	197	199

重点城市汇总工业企业概况（一）（续表）

（2006）

城市名称	汇总工业企业数（个）	工业总产值（现价）（万元）	企业专职环保人员数（人）	工业炉窑数（台）	
					烟尘排放达标的	二氧化硫排放达标的
张家界	53	101 914.8	30	233	7	2
广州	790	25 095 032.7	2 420	360	326	314
韶关	201	3 346 800.1	1 017	193	150	137
深圳	653	14 604 324.9	2 694	40	39	37
珠海	251	9 851 047.8	445	39	39	39
汕头	591	2 860 015.3	875	33	33	33
佛山	662	10 779 246.3	4 119	964	907	848
湛江	156	3 021 968.5	497	90	78	33
中山	453	4 184 795.1	1 422	130	95	87
南宁	313	2 287 370.4	1 241	559	547	534
柳州	209	6 745 418.7	547	336	276	244
桂林	165	1 553 543.1	292	188	178	164
北海	123	568 489.8	233	89	2	12
海口	47	1 805 162.7	170	8	7	7
三亚	8	320 252.2	25	4	4	4
重庆	1 946	19 408 687.1	2 967	1 533	1 318	1 228
成都	2 498	11 196 344.1	3 768	880	690	706
攀枝花	140	3 211 857.7	378	309	250	277
泸州	197	1 775 023.2	339	206	126	113
绵阳	218	3 870 747.4	349	271	241	249
宜宾	138	3 123 032.0	4 278	117	94	74
贵阳	455	4 627 560.3	1 070	1 100	909	886
遵义	345	2 976 296.0	662	468	376	359
昆明	371	10 617 658.7	1 045	454	430	377
曲靖	187	3 858 792.7	478	323	264	274
拉萨	12	83 836.5	38	13		
西安	385	7 276 504.9	1 329	156	139	132
铜川	73	623 261.2	183	49	49	46
宝鸡	208	3 961 302.5	744	160	150	133
咸阳	168	3 752 750.5	668	192	192	180
延安	82	5 150 317.8	258	21	13	5
兰州	239	6 375 739.2	595	1 139	1 057	619
金昌	34	3 137 300.2	182	69	58	55
西宁	75	2 427 766.4	220	142	78	72
银川	99	2 391 099.8	223	50	43	45
石嘴山	128	1 531 791.6	377	428	427	398
乌鲁木齐	123	3 784 833.0	303	111	69	73
克拉玛依	13	5 948 995.1	314	122	118	115

重点城市汇总工业企业概况（二）

（2006）

城 市 名 称	工业锅炉数（台）	烟尘排放达标的	二氧化硫排放达标的	工业锅炉蒸吨数（蒸吨）	烟尘排放达标的	二氧化硫排放达标的
总 计	46 630	43 973	41 242	1 028 569.7	1 012 026.8	972 154.3
北 京	1 624	1 623	1 622	32 211.6	32 207.6	32 206.6
天 津	1 987	1 987	1 985	38 407.8	38 407.8	34 805.8
石 家 庄	507	475	423	13 787.7	13 592.7	13 167.7
唐 山	511	510	492	19 942.0	19 942.0	19 626.0
秦 皇 岛	340	329	320	5 991.5	5 986.5	5 977.5
邯 郸	328	314	283	8 099.0	8 074.5	7 934.5
保 定	1 040	843	794	6 805.3	6 525.7	6 429.0
太 原	355	344	337	10 755.0	10 621.0	10 050.0
大 同	905	838	714	8 957.8	8 321.0	7 766.0
阳 泉	174	161	115	4 026.7	4 013.7	3 918.5
长 治	445	398	376	16 959.5	16 861.0	16 722.5
临 汾	496	179	144	5 642.0	5 555.0	3 755.5
呼和浩特	313	293	288	19 199.0	19 007.0	18 988.0
包 头	527	457	471	20 254.0	19 823.0	20 105.0
赤 峰	281	241	112	7 360.0	7 115.0	6 619.0
沈 阳	1 343	1 128	1 047	10 258.7	9 184.1	8 787.4
大 连	443	426	422	10 050.6	9 969.1	9 694.7
鞍 山	583	578	558	10 772.2	10 673.2	10 559.2
抚 顺	473	472	355	13 404.2	13 403.5	12 731.3
本 溪	176	173	116	4 159.2	4 153.7	1 466.5
锦 州	233	233	229	8 183.0	8 183.0	8 165.0
长 春	651	648	651	9 933.9	9 923.9	9 933.9
吉 林	547	533	518	5 047.5	4 733.5	4 878.0
哈 尔 滨	550	529	487	14 061.3	13 994.3	13 748.8
齐齐哈尔	577	546	568	10 148.7	9 995.7	9 784.7
大 庆	1 041	1 020	1 041	8 500.4	8 415.4	8 500.4
牡 丹 江	199	166	166	3 927.9	3 927.9	3 927.9
上 海	1 969	1 903	1 875	39 712.3	38 357.3	38 227.3
南 京	504	469	450	18 628.8	16 013.1	15 182.4
无 锡	847	844	827	26 930.3	26 910.3	26 840.3
徐 州	284	279	271	23 149.7	23 135.5	23 110.5
常 州	699	695	627	6 753.3	6 748.8	6 542.5
苏 州	1 239	1 234	1 234	52 175.3	52 143.3	52 143.3
南 通	540	540	540	8 569.3	8 569.3	8 565.3
连 云 港	109	109	107	4 886.4	4 886.4	4 879.4
扬 州	289	263	233	13 119.8	13 063.9	12 962.9
杭 州	802	785	783	11 258.8	11 204.3	11 199.8

重点城市汇总工业企业概况（二）（续表）

（2006）

城市名称	工业锅炉数（台）	烟尘排放达标的	二氧化硫排放达标的	工业锅炉蒸吨数（蒸吨）	烟尘排放达标的	二氧化硫排放达标的
宁　波	709	650	605	25 513.2	25 272.2	25 154.7
温　州	1 140	1 140	982	8 331.8	8 331.8	7 978.6
嘉　兴	792	781	773	17 210.1	17 191.1	17 171.1
湖　州	346	334	241	5 967.2	5 854.2	4 681.5
绍　兴	958	957	937	11 042.0	11 030.0	10 974.4
台　州	355	323	250	5 845.2	5 803.0	5 648.0
合　肥	120	116	96	1 310.4	1 152.6	1 107.8
芜　湖	95	86	83	418.8	410.8	400.8
马鞍山	58	57	53	4 545.3	4 325.0	4 533.0
福　州	360	357	355	8 369.8	8 365.3	8 360.3
厦　门	178	173	156	2 551.5	2 524.9	2 501.8
泉　州	795	795	792	6 821.4	6 816.4	6 812.4
南　昌	177	169	133	2 667.3	2 656.4	2 510.5
九　江	111	82	50	5 858.3	5 742.8	1 089.0
济　南	334	331	317	7 814.0	7 803.6	7 099.6
青　岛	670	669	663	16 660.6	16 660.1	16 480.1
淄　博	294	293	230	13 748.9	13 742.9	11 494.7
枣　庄	187	181	114	8 407.5	8 387.5	7 715.5
烟　台	596	560	553	17 812.0	17 802.0	17 786.0
潍　坊	513	513	457	13 795.0	13 795.0	13 653.0
济　宁	450	448	427	27 500.0	27 496.0	27 428.0
泰　安	288	288	281	10 056.4	10 050.4	10 032.4
威　海	125	125	121	2 546.0	2 546.0	2 406.0
日　照	115	115	115	2 649.0	2 649.0	2 649.0
郑　州	561	548	540	11 931.6	11 930.6	11 851.6
开　封	109	99	67	2 532.5	2 519.5	2 368.5
洛　阳	215	205	179	4 668.9	4 658.0	4 068.5
平顶山	211	210	209	8 094.2	8 094.2	8 069.2
安　阳	226	196	109	1 678.0	1 587.0	1 098.5
焦　作	432	425	400	5 924.0	5 858.0	5 752.0
武　汉	279	268	274	17 730.2	17 621.2	17 637.2
宜　昌	210	192	189	2 670.5	2 584.5	2 585.5
荆　州	160	111	90	1 498.0	1 360.0	1 246.0
长　沙	273	267	230	1 098.0	1 084.0	967.0
株　洲	201	162	142	3 748.0	3 628.5	3 556.6
湘　潭	188	169	131	2 324.1	2 291.4	2 214.9
岳　阳	159	139	99	7 759.5	7 720.5	7 578.5
常　德	147	103	91	5 200.0	4 832.0	4 605.0

重点城市汇总工业企业概况（二）（续表）

（2006）

城市名称	工业锅炉数（台）	烟尘排放达标的	二氧化硫排放达标的	工业锅炉蒸吨数（蒸吨）	烟尘排放达标的	二氧化硫排放达标的
张家界	17	10	4	350.0	332.0	8.0
广　州	537	498	464	19 019.9	16 601.9	17 378.9
韶　关	100	71	72	5 395.6	5 012.2	5 269.2
深　圳	179	170	167	7 251.6	7 225.7	7 222.7
珠　海	234	228	225	7 295.7	7 266.0	7 258.7
汕　头	427	426	420	6 458.5	6 457.6	6 433.6
佛　山	548	495	465	8 578.7	8 250.2	8 161.7
湛　江	151	144	88	6 397.0	6 389.0	5 989.5
中　山	500	432	413	4 515.3	4 119.4	4 072.0
南　宁	344	274	233	3 156.2	3 089.7	2 840.2
柳　州	114	83	72	2 690.0	2 566.8	2 146.5
桂　林	139	131	123	1 683.5	1 651.5	1 635.5
北　海	51	39	7	1 508.2	1 470.2	1 170.0
海　口	53	53	49	261.2	261.2	166.2
三　亚	6	6	6	59.0	59.0	59.0
重　庆	947	826	765	18 189.8	17 659.0	17 425.8
成　都	1 207	1 149	1 024	7 191.3	7 131.4	5 184.0
攀枝花	56	54	56	3 104.0	2 954.0	3 104.0
泸　州	165	151	144	1 610.7	1 591.0	1 544.0
绵　阳	175	162	130	5 708.2	5 684.2	5 515.5
宜　宾	100	92	75	3 574.4	3 540.4	3 063.5
贵　阳	190	166	145	3 663.3	3 553.5	2 132.5
遵　义	228	150	180	6 215.3	6 139.4	5 719.9
昆　明	210	203	188	2 793.9	2 768.7	1 239.7
曲　靖	155	153	153	10 337.5	10 265.5	6 279.5
拉　萨	5	3				
西　安	448	442	414	4 706.8	4 682.8	4 520.8
铜　川	110	110	106	491.0	491.0	483.0
宝　鸡	334	329	270	6 252.0	6 233.0	6 190.0
咸　阳	348	348	337	5 130.5	5 130.5	5 090.5
延　安	93	39	23	850.8	677.0	315.0
兰　州	255	248	238	8 838.0	8 651.0	8 605.5
金　昌	139	130	130	2 893.0	2 799.0	1 968.0
西　宁	170	145	137	5 767.8	5 451.8	5 367.8
银　川	190	183	186	4 443.6	4 419.1	4 443.6
石嘴山	307	305	298	7 089.5	7 062.5	6 406.5
乌鲁木齐	190	183	180	6 163.0	5 963.0	5 968.0
克拉玛依	140	140	140	2 605.2	2 605.2	2 605.2

重点城市汇总工业企业概况（三）

（2006）

城市名称	工业用水总量（万吨）	新鲜水量	重复用水量	污水排放口数（个）	直排海的污水排放口数	“三废”综合利用产品产值（万元）
总计	22 493 177	4 581 032	17 912 144	40 034	857	6 720 484.9
北京	592 023	23 292	568 730	661	2	110 528.6
天津	890 872	42 538	848 334	1 320	9	171 747.8
石家庄	488 450	37 265	451 185	305		33 299.3
唐山	868 772	54 892	813 880	183	1	274 036.0
秦皇岛	37 251	8 245	29 006	203	4	6 940.5
邯郸	481 554	24 078	457 475	155		101 365.6
保定	209 032	21 775	187 257	924		40 881.5
太原	249 588	11 586	238 001	103		23 993.4
大同	163 024	18 288	144 735	144		16 032.4
阳泉	185 457	10 605	174 852	73	1	8 360.7
长治	167 981	12 336	155 645	162		20 644.5
临汾	115 461	9 527	105 934	47		45 536.2
呼和浩特	487 213	7 100	480 113	109		3 801.3
包头	261 363	15 891	245 472	107		16 541.3
赤峰	120 872	6 307	114 564	216		4 854.6
沈阳	76 712	11 896	64 817	1 162	12	13 490.5
大连	116 682	46 344	70 338	455	95	19 788.2
鞍山	312 055	23 595	288 460	85		40 214.7
抚顺	288 794	13 320	275 474	140		109 621.3
本溪	268 624	17 957	250 667	174		1 331.4
锦州	176 373	10 955	165 418	102	6	13 134.6
长春	70 968	7 138	63 830	329		76 703.8
吉林	275 544	63 034	212 511	138		30 026.5
哈尔滨	185 840	8 966	176 874	331		49 411.1
齐齐哈尔	202 553	83 545	119 008	248		5 975.7
大庆	292 652	28 388	264 265	92		39 793.4
牡丹江	47 772	13 412	34 361	73		2 558.7
上海	1 366 795	522 824	843 970	1 712	62	97 197.9
南京	745 900	142 105	603 795	700		171 283.8
无锡	275 887	76 082	199 806	846		49 885.2
徐州	384 116	25 726	358 390	198		145 181.3
常州	123 458	45 149	78 310	713		489 665.4
苏州	530 442	179 466	350 976	840	5	384 643.5
南通	105 673	25 317	80 356	679		48 743.7
连云港	132 205	6 843	125 362	89	3	7 960.3
扬州	159 906	19 762	140 144	434		19 475.1
杭州	303 157	103 665	199 492	948		580 234.0

重点城市汇总工业企业概况（三）（续表）

（2006）

城市名称	工业用水总量（万吨）			污水排放口数（个）		“三废”综合利用产品产值（万元）
		新鲜水量	重复用水量		直排海的污水排放口数	
宁波	694 742	426 237	268 505	796	119	189 629.6
温州	217 592	199 186	18 407	1 115	57	26 605.0
嘉兴	123 931	33 334	90 597	590	14	188 210.0
湖州	90 441	21 408	69 034	367		33 542.4
绍兴	130 174	41 586	88 588	661	9	95 659.9
台州	26 612	6 530	20 082	586	78	204 907.1
合肥	154 724	9 927	144 797	128		17 255.9
芜湖	33 271	7 756	25 515	106		33 323.7
马鞍山	218 670	12 670	206 000	100		14 216.3
福州	61 210	7 594	53 616	361	16	17 175.8
厦门	74 960	6 525	68 435	277	34	59 152.7
泉州	52 062	30 325	21 737	1 291	24	29 044.3
南昌	58 988	24 105	34 883	151		22 893.2
九江	151 293	85 686	65 607	128		21 810.1
济南	328 617	10 547	318 070	362		55 839.8
青岛	123 682	16 204	107 478	586	53	54 602.7
淄博	432 759	34 467	398 292	268		143 462.8
枣庄	117 349	18 316	99 033	162	1	45 429.1
烟台	92 326	12 228	80 098	454	115	46 378.9
潍坊	156 803	17 719	139 084	393		52 638.7
济宁	396 636	22 267	374 369	240		103 392.8
泰安	159 105	8 109	150 995	152		115 946.3
威海	85 719	4 669	81 050	110	10	17 891.2
日照	83 830	10 524	73 306	63	5	47 612.0
郑州	217 574	21 038	196 536	392		59 406.4
开封	67 760	4 999	62 761	152		2 324.9
洛阳	296 817	24 231	272 586	374		55 692.8
平顶山	266 956	11 013	255 942	156		64 695.3
安阳	207 172	15 689	191 482	244		50 969.3
焦作	338 598	33 334	305 264	161		53 579.0
武汉	480 952	119 642	361 310	348		223 002.0
宜昌	130 576	14 780	115 796	258		34 805.5
荆州	21 522	12 641	8 881	205		5 080.8
长沙	8 838	5 210	3 627	346		22 390.1
株洲	60 139	10 363	49 776	334		21 389.9
湘潭	66 919	11 173	55 747	204		49 273.1
岳阳	178 146	13 473	164 673	148		23 349.1
常德	19 795	9 610	10 184	167		20 226.7

重点城市汇总工业企业概况（三）（续表）

（2006）

城市名称	工业用水总量（万吨）	新鲜水量	重复用水量	污水排放口数（个）	直排海的污水排放口数	“三废”综合利用产品产值（万元）
张家界	501	465	36	45		1 541.4
广州	469 861	334 200	135 662	1 122		34 994.4
韶关	202 657	44 191	158 466	217		33 154.1
深圳	23 612	10 336	13 276	631	66	17 452.0
珠海	181 337	160 091	21 246	230	17	43 708.2
汕头	126 254	105 069	21 185	734	24	13 452.2
佛山	137 787	119 996	17 791	631	1	14 222.0
湛江	35 996	9 599	26 397	116	4	8 801.7
中山	20 580	16 097	4 483	462	3	24 264.9
南宁	74 659	21 082	53 577	246		28 273.7
柳州	201 746	49 394	152 353	189		51 054.3
桂林	53 874	6 884	46 990	135	1	10 774.1
北海	6 972	3 091	3 880	49	5	1 838.7
海口	3 804	782	3 021	39		1 285.0
三亚	323	313	10	1	1	500.0
重庆	623 615	265 117	358 499	1 750		133 994.4
成都	160 265	37 539	122 726	2 616		49 783.0
攀枝花	210 179	9 940	200 239	71		118 008.7
泸州	84 914	11 612	73 302	208		141 423.3
绵阳	88 822	18 590	70 233	210		18 783.1
宜宾	43 403	34 203	9 201	95		42 679.5
贵阳	90 868	21 185	69 683	289		31 927.9
遵义	128 449	5 679	122 770	205		23 732.0
昆明	179 974	18 030	161 944	215		64 122.2
曲靖	112 721	10 627	102 094	69		50 156.3
拉萨	799	788	11	2		73.0
西安	63 509	20 218	43 291	394		11 395.2
铜川	3 094	811	2 283	57		5 158.5
宝鸡	70 201	10 396	59 805	200		14 190.8
咸阳	106 979	8 836	98 143	155		11 583.7
延安	5 565	2 628	2 937	41		819.1
兰州	119 557	18 746	100 810	119		40 708.5
金昌	36 874	4 463	32 412	41		23 120.1
西宁	96 542	14 665	81 877	58		8 006.0
银川	69 365	8 682	60 683	101		8 429.3
石嘴山	174 093	8 663	165 429	52		17 554.9
乌鲁木齐	235 684	9 055	226 630	67		20 543.4
克拉玛依	59 460	4 639	54 821	36		1 286.3

重点城市工业污染治理项目建设情况（一）

（2006）

单位：个

城市名称	汇总工业企业数	本年施工项目数	治理废水	治理废气	治理固体废物	治理噪声	治理其他
总　计	5 331	7 349	2 983	3 047	427	199	693
北　京	111	181	42	109	2	12	16
天　津	122	164	63	62	4	3	32
石家庄	63	93	29	55	2	2	5
唐　山	38	75	17	54		3	1
秦皇岛	10	14	3	8	1		2
邯　郸	80	146	16	114	1		15
保　定	22	22	8	13	1		
太　原	59	159	30	65	27		37
大　同	38	58	13	35	2		8
阳　泉	4	4		4			
长　治	56	81	25	47	3	2	4
临　汾	23	39	6	31		1	1
呼和浩特	25	34	15	12		1	6
包　头	20	41	6	25	1		9
赤　峰	5	5	1	4			
沈　阳	53	52	26	13	4	3	6
大　连	47	52	27	18	3		4
鞍　山	4	15	3	6		2	4
抚　顺	24	39	7	26	2		4
本　溪	5	11	4	7			
锦　州	12	21	8	7	1	2	3
长　春	18	21	9	12			
吉　林	48	58	27	17	1		13
哈尔滨	24	18	6	11			1
齐齐哈尔	8	8	4	4			
大　庆	20	40	22	12	2		4
牡丹江	6	9	6	3			
上　海	134	190	82	71	6	14	17
南　京	77	117	54	50	4	5	4
无　锡	49	60	34	19	1	2	4
徐　州	48	64	30	28	1	4	1
常　州	10	10	10				
苏　州	72	94	44	41	5	4	
南　通	96	126	70	41	1	2	12
连云港	9	11	7	3			1
扬　州	32	20	12	3		1	4
杭　州	126	155	101	30		4	20

重点城市工业污染治理项目建设情况（一）（续表）

（2006）

单位：个

城市名称	汇总工业企业数	本年施工项目数	治理废水	治理废气	治理固体废物	治理噪声	治理其他
宁　波	129	176	81	44	4		47
温　州	36	37	30	6		1	
嘉　兴	56	74	52	14	5	3	
湖　州	51	64	33	13	1		17
绍　兴	83	69	40	24	3	1	1
台　州	86	123	64	39	4		16
合　肥	29	39	23	14			2
芜　湖	5	5	2	2			1
马鞍山	17	30	9	17	1	1	2
福　州	62	87	50	26	2	2	7
厦　门	44	47	29	12	2		4
泉　州	211	256	103	68	66	5	14
南　昌	13	16	8	6			2
九　江	18	22	10	10			2
济　南	61	105	39	52	4	4	6
青　岛	68	73	29	31	4	4	5
淄　博	121	144	68	72	1	2	1
枣　庄	59	65	37	21	2		5
烟　台	118	140	23	27	79	1	10
潍　坊	103	120	72	13		1	34
济　宁	70	110	73	19	1	9	8
泰　安	53	68	48	12	1	3	4
威　海	21	24	15	6	1		2
日　照	10	7	5	1			1
郑　州	229	247	28	206	2	1	10
开　封	5	7	7				
洛　阳	44	54	29	18	6		1
平顶山	42	69	23	28	6	4	8
安　阳	62	80	30	46		3	1
焦　作	50	73	31	31	6	2	3
武　汉	39	54	18	30	3		3
宜　昌	70	119	43	46	13	3	14
荆　州	20	27	16	8			3
长　沙	11	8	2	3	1	1	1
株　洲	40	62	22	35	3	2	
湘　潭	28	38	22	13	1	1	1
岳　阳	18	26	11	13	2		
常　德	37	57	23	28	4	2	

重点城市工业污染治理项目建设情况（一）（续表）

（2006）　　单位：个

城市名称	汇总工业企业数	本年施工项目数	治理废水	治理废气	治理固体废物	治理噪声	治理其他
张家界	7	11	2	6	3		
广州	39	47	29	15	1	2	
韶关	56	108	52	38	8	1	9
深圳	32	46	34	7	1	2	2
珠海	97	129	33	14	25	3	54
汕头	29	31	26	5			
佛山	120	139	24	102	1	3	9
湛江	69	126	42	37	6	4	37
中山	97	66	17	18	11	10	10
南宁	79	125	59	58	4	1	3
柳州	20	42	23	12	5	1	1
桂林	18	21	4	16			1
北海							
海口	8	7	7				
三亚							
重庆	129	294	183	72	8	13	18
成都	145	189	82	68	6	12	21
攀枝花	33	88	13	55	8	3	9
泸州	24	38	15	11	1	4	7
绵阳	45	92	13	70	4	1	4
宜宾	31	40	20	14	2	3	1
贵阳	39	43	12	23	4		4
遵义	17	19	5	13			1
昆明	102	163	41	104	5	4	9
曲靖	16	16	5	11			
拉萨	1	1	1				
西安	44	54	29	17	2	4	2
铜川	3	7		7			
宝鸡	19	18	10	3	1	2	2
咸阳	31	26	16	8	1		1
延安	10	17	9	1	1	1	5
兰州	31	34	7	24	1		2
金昌	17	41	12	24	3	2	
西宁	4	7	1	6			
银川	24	37	16	15	4		2
石嘴山	52	50	6	43	1		
乌鲁木齐	15	20	4	11	2		3
克拉玛依	11	28	16	5	5		2

重点城市工业污染治理项目建设情况（二）

（2006）

单位：万元

城市名称	污染治理项目本年完成投资合计	治理废水	治理废气	治理固体废物	治理噪声	治理其他
总　计	3 430 654.5	879 634.6	1 709 173.1	138 693.3	19 309.0	683 844.5
北　京	100 475.7	7 667.6	89 300.8	1 039.5	346.4	2 121.4
天　津	151 334.2	28 337.3	68 425.8	148.0	260.0	54 163.1
石家庄	27 726.9	7 528.5	16 870.0	70.0	89.0	3 169.4
唐　山	39 900.7	6 506.6	29 841.1		3 015.0	538.0
秦皇岛	4 072.8	657.8	3 229.0	141.0		45.0
邯　郸	81 581.3	8 037.6	72 059.3	40.0		1 444.4
保　定	1 923.9	1 366.2	507.7	50.0		
太　原	89 635.2	16 007.5	50 460.5	15 216.9		7 950.3
大　同	10 450.2	7 729.7	2 247.0	291.0		182.5
阳　泉	30 000.0		30 000.0			
长　治	56 819.9	28 825.8	26 141.4	753.2	150.0	949.5
临　汾	41 130.1	2 859.3	34 787.8		3.0	3 480.0
呼和浩特	46 077.9	10 605.1	32 817.1		20.0	2 635.7
包　头	105 295.8	3 349.0	99 382.5	59.0		2 505.3
赤　峰	422.0	200.0	222.0			
沈　阳	9 273.9	6 359.3	2021.1	503.0	25.0	365.5
大　连	193 923.6	4 298.1	9 173.0	146.0		180 306.5
鞍　山	189 760.0	1 895.0	26 765.0		105.0	160 995.0
抚　顺	34 092.4	3 646.0	14 497.4	1 330.0		14 619.0
本　溪	22 645.1	11 147.0	11 498.1			
锦　州	10 118.7	8 180.7	773.0	300.0	505.0	360.0
长　春	4 150.2	3 467.4	682.8			
吉　林	23 858.9	21 837.5	1 239.9	250.0		531.5
哈尔滨	4 661.6	3 875.0	766.8			19.8
齐齐哈尔	1 436.6	1 383.0	53.6			
大　庆	30 915.2	24 998.8	2 097.2	735.4		3 083.8
牡丹江	1 971.5	1 884.5	87.0			
上　海	59 269.0	7 011.0	16 856.3	31 375.5	729.6	3 296.6
南　京	52 711.6	24 121.8	26 765.9	1 105.8	260.3	457.8
无　锡	8 000.7	5 456.5	1 882.2	129.0	23.5	509.5
徐　州	33 770.4	8 078.5	25 096.5	51.0	194.4	350.0
常　州	899.1	899.1				
苏　州	95 201.1	16 204.2	78 217.9	475.0	304.0	
南　通	44 087.6	11 465.4	25 067.8	18.0	85.0	7 451.4
连云港	8 266.5	8 128.5	113.0			25.0
扬　州	1 542.7	976.6	444.8		0.2	121.1
杭　州	31 752.3	10 977.4	10 054.0		14.4	10 706.5

重点城市工业污染治理项目建设情况（二）（续表）

（2006）

单位：万元

城市名称	污染治理项目本年完成投资合计	治理废水	治理废气	治理固体废物	治理噪声	治理其他
宁　波	99 627.9	8 172.4	73 385.5	920.0		17 150.0
温　州	25 507.9	7 246.0	18 260.9		1.0	
嘉　兴	16 005.2	10 708.4	4 973.8	148.0	175.0	
湖　州	5 845.2	3 716.8	310.4	100.0		1 718.0
绍　兴	16 151.9	7 282.9	5 990.0	290.0	79.0	2 510.0
台　州	23 516.2	8 793.9	7 546.0	157.0		7 019.3
合　肥	3 137.7	2 563.1	556.2			18.4
芜　湖	3 215.4	1 665.4	650.0			900.0
马鞍山	6 555.3	1 761.9	3 273.4	1 000.0	10.0	510.0
福　州	41 419.1	12 847.3	8 196.0	1 300.0	495.5	18 580.3
厦　门	35 061.8	8 743.7	25 877.9	303.0	87.2	50.0
泉　州	86 695.2	44 281.0	20 984.0	11 092.7	6 453.0	3 884.5
南　昌	4 430.6	1 787.0	2 481.6			162.0
九　江	25 908.3	1 967.3	19 731.0			4 210.0
济　南	48 469.5	26 490.2	7 093.2	370.1	431.0	14 085.0
青　岛	18 073.6	4 386.0	10 979.6	1 640.4	213.0	854.6
淄　博	32 897.0	21 454.7	11 167.5	50.0	222.8	2.0
枣　庄	19 869.5	12 740.0	6 684.5	35.0		410.0
烟　台	55 643.4	4 850.8	23 315.3	11 287.3	3.0	16 187.0
潍　坊	81 753.5	28 145.8	10 666.9		58.0	42 882.8
济　宁	91 248.8	33 222.0	55 766.5	5.0	153.8	2 101.5
泰　安	42 739.4	18 555.5	23 128.0	200.0	174.7	681.2
威　海	11 242.0	2 623.0	6 099.0	8.0		2 512.0
日　照	7 144.2	6 239.2	850.0			55.0
郑　州	69 130.8	3 925.4	53 936.4	9 740.0	40.0	1 489.0
开　封	9 357.0	9 357.0				
洛　阳	9 913.7	5 274.8	1 000.2	3 637.5		1.2
平顶山	12 764.8	4 941.6	3 442.5	720.0	123.7	3 537.0
安　阳	25 145.0	6 005.0	19 074.0		56.0	10.0
焦　作	29 994.0	9 254.8	18 728.2	1 398.0	133.0	480.0
武　汉	20 580.6	8 003.2	10 236.4	2 188.9		152.1
宜　昌	42 519.8	18 400.1	14 618.4	3 946.5	16.1	5 538.7
荆　州	5 798.0	5 425.0	230.0			143.0
长　沙	1 405.3	329.7	687.6	350.0	8.0	30.0
株　洲	40 976.8	4 142.1	31 090.9	5 730.0	13.8	…
湘　潭	57 436.3	3 934.8	53 468.0		10.0	23.5
岳　阳	8 254.1	7 481.0	727.6	45.5		
常　德	26 630.0	13 181.8	11 820.8	491.7	1 135.7	

重点城市工业污染治理项目建设情况（二）（续表）

（2006）

单位：万元

城市名称	污染治理项目本年完成投资合计	治理废水	治理废气	治理固体废物	治理噪声	治理其他
张家界	2 280.2	1 460.2	781.9	38.1		
广州	7 589.2	5 452.2	1 844.0	3.0	290.0	
韶关	42 475.4	9 318.5	21 814.7	4 930.5	75.0	6 336.7
深圳	10 797.3	2 057.3	8 457.0	35.0	75.0	173.0
珠海	5 721.0	2 830.2	475.0	1 379.5	18.8	1 017.5
汕头	3 347.8	1 606.8	1 741.0			
佛山	59 141.2	6 482.0	20 798.5	704.0	364.0	30 792.7
湛江	13 144.4	5 966.3	2 019.0	2 216.0	277.0	2 666.1
中山	23 751.9	13 696.3	9 088.9	143.0	152.0	671.7
南宁	22 124.6	14 205.1	4 626.5	280.0	2.0	3 011.0
柳州	14 637.0	6 919.0	7 397.4	208.6	2.0	110.0
桂林	6 973.1	59.3	6 813.8			100.0
北海						
海口	329.3	329.3				
三亚						
重庆	38 658.1	20 130.8	15 585.3	838.0	643.0	1 461.0
成都	19 914.9	12 141.0	6 134.6	154.0	254.1	1 231.2
攀枝花	82 338.9	8 480.0	70 745.4	248.0	6.5	2 859.0
泸州	5 789.3	2 514.6	1 131.5	10.0	48.0	2 085.2
绵阳	16 211.2	1 767.0	14 049.7	77.5	2.0	315.0
宜宾	1 660.7	880.8	677.2	2.0	50.0	50.7
贵阳	27 333.4	4 146.0	17 847.4	3 562.0		1 778.0
遵义	13 053.1	262.0	12 791.1			
昆明	20 723.5	5 468.0	14 364.9	436.0	37.7	416.9
曲靖	1 693.3	362.6	1 312.7		18.0	
拉萨	128.9	128.9				
西安	8 300.3	6 192.2	1 672.9	294.5	96.8	43.9
铜川	1 537.0					1 537.0
宝鸡	3 507.4	2 711.7	479.5	30.0	2.7	283.5
咸阳	9 048.6	6 510.5	2 533.6	2.5		2.0
延安	25 063.0	2 375.0	4 000.0	868.0	600.0	17 220.0
兰州	33 863.7	4 781.0	28 243.7	800.0		39.0
金昌	40 325.2	2 705.8	34 853.4	2 730.0	36.0	
西宁	5 399.0	144.0	5 255.0			
银川	28 839.1	17 107.4	5 304.0	6 035.0		392.7
石嘴山	6 023.9	1 507.0	4 329.4	184.2	3.3	
乌鲁木齐	6 165.3	2 636.7	2 993.6	12.0	32.0	491.0
克拉玛依	11 544.2	10 429.2		1 090.0		25.0

重点城市工业污染治理项目建设情况（三）

（2006）

单位：万元

城市名称	施工项目本年投资来源合计	排污费补助	政府其他补助	企业自筹	
					银行贷款
总　计	3 430 654.5	102 896.8	97 060.8	3 216 058.0	219 590.5
北　京	100 475.7	2 960.0	20 357.9	64 518.4	12 400.0
天　津	151 334.2	1 697.8	4 785.4	144 851.0	16 931.0
石家庄	27 726.9	610.0	544.0	26 572.9	520.0
唐　山	39 900.7	919.0		38 981.7	
秦皇岛	4 072.8	510.0		3 562.8	
邯　郸	81 581.3	4 370.0	1 690.0	75 521.3	6 844.2
保　定	1 923.9	265.0		1 658.9	
太　原	89 635.2	14 714.1	2 152.5	72 768.6	9 288.0
大　同	10 450.2	279.7	3 260.6	6 909.9	415.0
阳　泉	30 000.0	2 600.0		25 900.0	1 500.0
长　治	56 819.9	2 175.0	840.0	53 804.9	2 315.0
临　汾	41 130.1	2 339.3	220.0	38 570.8	260.0
呼和浩特	46 077.9	500.0	25.0	45 552.9	3 602.0
包　头	105 295.8	810.0	60.0	104 425.8	
赤　峰	422.0		140.0	282.0	
沈　阳	9 273.9	359.5	608.0	8 306.4	
大　连	193 923.6	240.0		193 683.6	180.0
鞍　山	189 760.0	300.0	198.0	189 262.0	
抚　顺	34 092.4	1 230.0	65.0	32 797.4	
本　溪	22 645.1	1 755.0	5 700.0	15 190.1	2 700.0
锦　州	10 118.7	15.0	115.0	9 988.7	3 460.0
长　春	4 150.2	36.0	160.0	3 954.2	440.0
吉　林	23 858.9		104.0	23 754.9	1 496.4
哈尔滨	4 661.6	23.1	166.8	4 471.7	
齐齐哈尔	1 436.6	400.0		1 036.6	
大　庆	30 915.2		60.0	30 855.2	
牡丹江	1 971.5	5.6	2.0	1 963.9	30.0
上　海	59 269.0	5.0	131.8	59 132.2	167.3
南　京	52 711.6	2 352.0	282.0	50 077.6	
无　锡	8 000.7	145.0	60.0	7 795.7	580.0
徐　州	33 770.4	2 259.4	1 075.0	30 436.0	17 398.0
常　州	899.1	2.0	100.0	797.1	200.0
苏　州	95 201.1			95 201.1	145.0
南　通	44 087.6	4 421.0	458.0	39 208.6	72.0
连云港	8 266.5	5.0		8 261.5	
扬　州	1 542.7	86.0		1 456.7	638.0
杭　州	31 752.3	48.0	53.3	31 651.0	278.0

重点城市工业污染治理项目建设情况（三）（续表）

（2006）

单位：万元

城市名称	施工项目本年投资来源合计	排污费补助	政府其他补助	企业自筹	银行贷款
宁波	99 627.9	135.0	140.4	99 352.5	170.0
温州	25 507.9	3 642.8	116.0	21 749.1	280.0
嘉兴	16 005.2		2.0	16 003.2	5 430.0
湖州	5 845.2	10.0	5.0	5 830.2	
绍兴	16 151.9	5.0	420.0	15 726.9	60.0
台州	23 516.2	1 236.0	73.8	22 206.4	100.0
合肥	3 137.7	46.8	6.8	3 084.1	
芜湖	3 215.4	600.0		2 615.4	
马鞍山	6 555.3	774.3	10.0	5 771.0	60.0
福州	41 419.1	23.0	35.5	41 360.6	
厦门	35 061.8		96.0	34 965.8	
泉州	86 695.2	1 044.0	845.0	84 806.2	
南昌	4 430.6	868.0	112.0	3 450.6	
九江	25 908.3	1 510.0	20.0	24 378.3	
济南	48 469.5	138.0	150.0	48 181.5	100.0
青岛	18 073.6	951.0	45.0	17 077.6	
淄博	32 897.0	630.0	50.0	31 717.0	1 170.0
枣庄	19 869.5	65.0	110.0	19 694.5	3 410.0
烟台	55 643.4		2 013.0	53 630.4	86.5
潍坊	81 753.5	200.0	425.0	81 128.4	780.0
济宁	91 248.8	1 500.0	4 690.0	85 058.8	19 699.0
泰安	42 739.4	1 590.0	100.0	41 049.4	16 304.0
威海	11 242.0			11 242.0	
日照	7 144.2			7 144.2	600.0
郑州	69 130.8	104.0	812.6	68 214.2	460.0
开封	9 357.0	100.0	1 850.0	7 407.0	
洛阳	9 913.7	132.0	551.0	9 230.7	75.0
平顶山	12 764.8	380.0	867.4	11 517.4	1.0
安阳	25 145.0	1 150.0	361.8	23 633.2	7 426.0
焦作	29 994.0	808.0	3 560.0	25 626.0	615.0
武汉	20 580.6	1 484.1	55.5	19 041.0	6 000.0
宜昌	42 519.8	518.0	6 703.0	35 298.8	2 260.0
荆州	5 798.0		80.0	5 718.0	
长沙	1 405.3	160.0		1 245.3	10.0
株洲	40 976.8	1 110.0	400.0	39 466.8	30.0
湘潭	57 436.3	6 054.0	10 013.0	41 369.3	24 100.0
岳阳	8 254.1	200.0		8 054.1	
常德	26 630.0	34.0	42.0	26 554.0	10.0

重点城市工业污染治理项目建设情况（三）（续表）

（2006）

单位：万元

城市名称	施工项目本年投资来源合计	排污费补助	政府其他补助	企业自筹	银行贷款
张家界	2 280.2			2 280.2	
广州	7 589.2	1 226.0	25.0	6 338.2	
韶关	42 475.4		20.0	42 455.4	9 472.0
深圳	10 797.3			10 797.3	
珠海	5 721.0		400.0	5 321.0	
汕头	3 347.8	179.0	20.0	3 148.8	
佛山	59 141.2	52.5	9 869.6	49 219.1	
湛江	13 144.4	100.0	88.0	12 956.4	520.0
中山	23 751.9			23 751.9	
南宁	22 124.6	616.9	130.0	21 377.7	1 518.0
柳州	14 637.0	1 336.0	38.0	13 263.0	
桂林	6 973.1	947.1	6.0	6 020.0	2 700.0
北海					
海口	329.3	8.0		321.3	
三亚					
重庆	38 658.1	1 480.0	3 740.0	33 438.3	835.0
成都	19 914.9	203.4	482.5	19 229.0	3 275.7
攀枝花	82 338.9	4 069.0	100.0	78 169.9	300.0
泸州	5 789.3	37.0	800.0	4 952.3	
绵阳	16 211.2	1 030.0	110.0	15 071.2	5 630.0
宜宾	1 660.7	5.0		1 656.2	
贵阳	27 333.4	6 540.0	300.0	20 493.4	11 449.1
遵义	13 053.1	5 806.0		7 247.1	5 000.0
昆明	20 723.5	841.9	306.0	19 575.6	5 911.3
曲靖	1 693.3	50.0		1 643.3	
拉萨	128.9		116.0	12.8	
西安	8 300.3	1 120.0	53.0	7 127.3	15.0
铜川	1 537.0			1 537.0	
宝鸡	3 507.4	25.0	500.0	2 982.4	300.0
咸阳	9 048.6		50.0	8 998.6	115.0
延安	25 063.0			25 063.0	
兰州	33 863.7			33 863.7	60.0
金昌	40 325.2	1 343.5	311.0	38 670.7	
西宁	5 399.0	10.0	1 315.0	4 074.0	
银川	28 839.1	140.0	74.6	28 624.5	1 273.0
石嘴山	6 023.9	90.0	30.0	5 903.9	120.0
乌鲁木齐	6 165.3			6 165.3	
克拉玛依	11 544.2			11 544.2	

重点城市工业污染治理项目建设情况（四）

（2006）

城市名称	本年竣工项目数（个）						本年竣工项目新增设计处理能力		
		治理废水	治理废气	治理固废	治理噪声	治理其他	治理废水（吨/日）	治理废气（标态）（米^3/时）	治理固废（吨/日）
总　计	6 661	2 645	2 801	388	184	643	7 144 309	228 428 723	678 294
北　京	168	39	103	2	10	14	35 760	22 263 238	7
天　津	151	57	55	4	3	32	19 522	501 909	
石家庄	78	27	42	2	2	5	33 673	1 343 351	
唐　山	57	14	40		2	1	49 000	6 155 650	
秦皇岛	13	3	7	1		2	2 030	662 347	
邯　郸	139	12	111	1		15	11 200	919 450	
保　定	22	8	13	1			23 420	112 631	
太　原	143	26	53	23		41	429 542	2 139 010	5 079
大　同	47	8	30	1		8	56 387	567 833	20
阳　泉	1		1						
长　治	68	21	41	2		4	68 438	2 037 124	75 000
临　汾	34	3	29		1	1	1 750	1 665 969	
呼和浩特	32	15	11		1	5	19 873	1 270 939	
包　头	38	5	23	1		9	66 460	856 533	
赤　峰	5	1	4			…	4 150	13 300	
沈　阳	48	24	11	4	3	6	13 647	116 137	
大　连	51	25	18	3		5	34 062	29 352	
鞍　山	14	2	6		2	4	1 744	2 300 000	
抚　顺	33	4	25	1		3	2 500	58 600	45
本　溪	7	1	6				1 200	150 741	
锦　州	13	3	6	1	2	1	6 720	211 530	20 000
长　春	21	9	12				9 930	292 600	
吉　林	49	21	16			12	53 993	231 134	
哈尔滨	16	5	11				13 496	1 017 377	
齐齐哈尔	7	3	4				200 000	86 000	
大　庆	29	15	10			4	134 600	5 470	2
牡丹江	8	5	3				254 719	151 700	
上　海	186	80	71	6	12	17	12 047	1 640 000	3 865
南　京	109	50	46	4	5	4	156 977	128 210	270 000
无　锡	52	29	17		2	4	50 142	5 921 024	10
徐　州	49	17	26	1	4	1	88 548	6 702 000	
常　州	10	10					884		
苏　州	79	36	34	5	4		76 150	3 981 961	585
南　通	119	68	38	1	2	10	53 300	1 740 488	10
连云港	10	7	3				17 820	24 000	
扬　州	19	12	3		1	3	230		
杭　州	140	88	29		4	19	117 541	6 544 087	

重点城市工业污染治理项目建设情况（四）（续表）

（2006）

城市名称	本年竣工项目数（个）	治理废水	治理废气	治理固废	治理噪声	治理其他	本年竣工项目新增设计处理能力		
							治理废水（吨/日）	治理废气（标态）（米^3/时）	治理固废（吨/日）
宁　波	153	74	40	3		36	24 002	227 063	15 010
温　州	33	27	5		1		14 991	2 355 703	
嘉　兴	67	46	13	5	3		126 480	62 000	50
湖　州	55	30	11	1		13	17 570	920	4
绍　兴	62	33	24	3	1	1	61 802	1 163 300	464
台　州	108	56	34	4		14	8 373	931 700	
合　肥	36	21	13			2	15 295	115 656	
芜　湖	3	2	1					740 000	
马鞍山	26	8	15		1	2	8 480	100 000	
福　州	85	49	26	2	2	6	14 580	1 307 400	
厦　门	43	26	11	2	1	3	19 430	365 010	40
泉　州	190	64	46	61	5	14	121 902	2 795 905	8 568
南　昌	11	4	5			2	5 440	308 016	
九　江	16	8	7			1	13 010	4 006 507	
济　南	103	37	53	4	3	6	56 081	1 941 645	102
青　岛	69	28	28	4	4	5	26 130	1 597 886	726
淄　博	131	61	67	1	1	1	330 118	738 308	100
枣　庄	55	28	20	2		5	1 246 710	2 837 703	
烟　台	135	22	24	79	1	9	66 381	731 555	7 008
潍　坊	109	66	10			33	223 798	19 928 500	
济　宁	84	51	18	1	8	6	346 001	3 623 819	
泰　安	64	44	11	1	4	4	74 023	449 403	
威　海	24	15	6	1		2	4 856	176 099	
日　照	3	2				1	41 000	680 000	
郑　州	232	28	190	3	1	10	4 105	4 460 896	2 080
开　封	4	4					39 130		
洛　阳	47	25	17	4		1	16 000	123 600	5 000
平顶山	60	18	27	6	3	6	158 448	1 582 541	15
安　阳	79	31	44		3	1	56 574	427 526	
焦　作	65	30	26	5	1	3	39 730	1 260 222	701
武　汉	42	11	26	2		3	177 968	4 483 164	602
宜　昌	95	37	38	9	2	9	60 711	1 948 785	9 989
荆　州	25	14	8			3	41 994	510	
长　沙	7	2	3	1	1		3 600	120	
株　洲	58	20	35	1	2		9 756	123 112	
湘　潭	32	19	9	1	1	2	5 805	429 332	
岳　阳	23	10	11	2			2 430	38 600	5
常　德	54	23	25	4	2		66 856	2 083 000	10 153

重点城市工业污染治理项目建设情况（四）（续表）

（2006）

城市名称	本年竣工项目数（个）						本年竣工项目新增设计处理能力		
		治理废水	治理废气	治理固废	治理噪声	治理其他	治理废水（吨/日）	治理废气（标态）（米^3/时）	治理固废（吨/日）
张家界	10	2	6	2			4 000		
广　州	47	29	15	1	2		50 551	329 000	
韶　关	103	51	37	5	1	9	27 625	1 578 052	3 600
深　圳	42	31	6	1	2	2	3 251	95 660	1
珠　海	128	33	14	25	3	53	5 616	181 405	1 035
汕　头	31	26	5				11 010	19 387	
佛　山	139	24	102	1	3	9	37 944	4 652 406	
湛　江	125	41	37	6	4	37	14 800	267 500	570
中　山	66	17	18	11	10	10	164 029	437 509	3
南　宁	120	58	54	4	1	3	127 271	565 488	
柳　州	38	20	11	5	1	1	233 690	845 200	102
桂　林	16	3	13				6 830	2 269 158	
北　海									
海　口	6	6					4 090		
三　亚									
重　庆	287	179	72	6	13	17	137 833	1 674 320	350
成　都	173	76	61	6	10	20	119 078	700 218	4 900
攀枝花	67	9	45	5	2	6	87 140	70 563 802	100
泸　州	35	13	10	1	4	7	57 184	184 378	
绵　阳	88	10	69	4	1	4	26 624	1 605 607	68 000
宜　宾	33	15	12	2	3	1	17 268	3 020	1
贵　阳	36	9	21	3		3	10 365	428 134	850
遵　义	19	5	14				1 003	179 400	
昆　明	163	41	104	5	4	9	78 841	1 742 104	1 008
曲　靖	17	5	12				72 330	97 517	
拉　萨	1	1							
西　安	51	28	15	2	4	2	30 740	725 180	
铜　川	7		7					97 000	
宝　鸡	15	9	2	1	1	2	14 530	62 157	
咸　阳	22	13	7	1		1	14 072	3 010	
延　安	15	8	1	1	1	4	10 388	18	36 000
兰　州	33	7	23	1		2		310 445	
金　昌	40	11	24	3	2		14 501	18 426	126 300
西　宁	7	1	6				500	2 497 500	
银　川	32	13	14	3		2	34 180	103 514	234
石嘴山	49	6	42	1			840	115 007	
乌鲁木齐	23	5	12	2	1	3	15 170	90 000	
克拉玛依	24	13	5	4		2	40 000		

重点城市工业企业“三废”治理效率

（2006）

单位：%

城市名称	工业废水排放达标率	工业用水重复用水率	二氧化硫排放达标率	烟尘排放达标率	工业粉尘排放达标率	工业固体废物	
						综合利用率	处置率
总　计	92.9	79.6	89.1	93.7	91.0	65.2	28.9
北　京	99.3	96.1	100.0	99.9	100.0	74.6	37.7
天　津	99.8	95.2	99.3	100.0	100.0	98.4	1.6
石家庄	99.0	92.4	79.0	99.6	97.0	95.8	0.5
唐　山	96.3	93.7	98.3	98.6	98.0	61.6	28.1
秦皇岛	96.1	77.9	97.3	98.7	100.0	91.9	0.3
邯　郸	98.7	95.0	91.0	94.5	76.7	77.2	5.5
保　定	92.8	89.6	89.6	82.6	78.7	84.6	7.3
太　原	94.1	95.4	86.4	98.2	98.9	50.6	43.4
大　同	80.0	88.8	77.0	84.8	43.3	39.9	48.7
阳　泉	77.2	94.3	38.0	95.7	66.3	12.7	69.1
长　治	94.9	92.7	94.6	95.9	97.3	58.1	24.0
临　汾	95.6	91.7	98.1	99.3	99.1	73.9	5.5
呼和浩特	86.6	98.5	98.8	93.7	97.3	44.2	0.1
包　头	87.3	93.9	93.3	92.9	89.7	28.3	49.6
赤　峰	86.5	94.8	83.0	88.6	86.6	25.9	32.3
沈　阳	90.4	84.5	62.2	91.2	97.9	91.9	2.5
大　连	97.9	60.3	96.1	98.7	86.4	78.7	17.4
鞍　山	95.1	92.4	97.3	95.6	97.3	15.3	75.5
抚　顺	93.4	95.4	94.6	97.3	87.9	65.4	1.8
本　溪	98.3	93.3	87.5	92.1	92.4	39.7	57.5
锦　州	83.2	93.8	96.3	99.4	91.2	47.6	52.5
长　春	97.2	89.9	97.4	99.4	98.6	99.0	0.3
吉　林	87.0	77.1	74.6	89.8	99.6	59.8	2.9
哈尔滨	76.3	95.2	97.8	98.6	64.5	63.9	0.1
齐齐哈尔	87.0	58.8	96.5	78.9	91.1	72.0	8.7
大　庆	90.2	90.3	99.3	96.8	100.0	79.0	12.1
牡丹江	98.0	71.9	99.7	99.9	99.5	63.1	0.2
上　海	97.5	61.7	95.6	95.7	99.7	94.7	5.0
南　京	93.0	80.9	93.4	93.7	91.3	88.5	1.1
无　锡	95.9	72.4	99.0	99.0	97.1	97.4	2.6
徐　州	98.4	93.3	98.6	97.2	95.5	92.3	7.5
常　州	92.8	63.4	99.7	98.2	100.0	98.2	1.7
苏　州	99.0	66.2	100.0	99.9	100.0	98.1	1.8
南　通	94.7	76.0	100.0	100.0	100.0	98.2	1.7
连云港	98.1	94.8	98.7	98.8	98.2	91.3	0.3
扬　州	92.4	87.6	98.4	96.2	100.0	83.2	9.7
杭　州	72.9	65.8	95.2	97.5	97.3	94.3	5.8

重点城市工业企业“三废”治理效率（续表）

（2006）

单位：%

城市名称	工业废水排放达标率	工业用水重复用水率	二氧化硫排放达标率	烟尘排放达标率	工业粉尘排放达标率	工业固体废物	
						综合利用率	处置率
宁　波	91.7	38.6	94.4	84.2	99.6	91.2	8.4
温　州	89.2	8.5	94.3	97.5	96.9	87.6	10.9
嘉　兴	96.5	73.1	99.7	83.4	100.0	98.3	1.7
湖　州	95.6	76.3	98.2	98.4	98.9	97.8	0.9
绍　兴	98.1	68.1	88.2	94.5	100.0	73.3	7.3
台　州	90.4	75.5	96.5	96.7	97.8	95.5	4.6
合　肥	97.9	93.6	97.9	98.1	93.3	99.9	0.1
芜　湖	99.2	76.7	98.8	97.8	100.0	97.2	0.1
马鞍山	94.3	94.2	99.3	97.6	95.4	64.4	28.5
福　州	96.2	87.6	99.7	95.3	100.0	95.9	1.4
厦　门	97.1	91.3	99.7	99.7	96.9	93.4	2.8
泉　州	99.8	41.8	99.9	99.6	100.0	96.9	0.8
南　昌	94.4	59.1	91.6	94.0	99.3	90.5	0.9
九　江	95.2	43.4	86.7	99.0	93.0	45.7	47.8
济　南	99.5	96.8	91.9	96.1	91.7	93.7	0.7
青　岛	98.7	86.9	99.6	99.9	100.0	97.0	3.2
淄　博	95.6	92.0	78.9	99.5	99.3	82.3	4.4
枣　庄	95.1	84.4	75.0	87.0	95.4	96.4	0.5
烟　台	97.6	86.8	99.6	99.9	98.0	88.2	7.2
潍　坊	98.8	88.7	98.3	98.7	97.0	91.2	…
济　宁	99.7	94.4	99.1	99.4	87.4	91.6	2.5
泰　安	98.5	94.9	99.2	97.6	96.3	93.6	0.1
威　海	99.0	94.6	100.0	100.0	100.0	90.3	0.1
日　照	100.0	87.4	100.0	100.0	100.0	98.2	1.8
郑　州	97.2	90.3	98.5	98.6	99.2	66.4	32.4
开　封	95.2	92.6	92.2	82.6	97.0	100.0	0.1
洛　阳	91.6	91.8	93.7	93.4	93.0	49.2	44.1
平顶山	95.6	95.9	99.9	97.5	97.3	67.8	25.2
安　阳	89.8	92.4	81.0	91.4	95.3	73.4	21.6
焦　作	98.1	90.2	98.9	99.4	95.0	65.4	32.6
武　汉	98.9	75.1	98.6	82.7	93.3	88.1	2.4
宜　昌	93.6	88.7	95.7	97.7	95.4	69.2	29.1
荆　州	65.6	41.3	92.3	95.9	47.9	86.5	0.4
长　沙	85.5	41.0	67.2	66.8	67.4	90.3	1.6
株　洲	91.6	82.8	87.6	90.0	87.4	67.6	26.6
湘　潭	95.8	83.3	93.2	96.4	95.5	92.2	4.9
岳　阳	91.1	92.4	92.6	94.3	87.7	90.3	2.5
常　德	92.8	51.4	75.0	89.3	86.2	87.7	4.5

重点城市工业企业“三废”治理效率（续表）

（2006）

单位：%

城市名称	工业废水排放达标率	工业用水重复用水率	二氧化硫排放达标率	烟尘排放达标率	工业粉尘排放达标率	工业固体废物	
						综合利用率	处置率
张家界	91.6	7.2	77.7	90.0	96.8	78.5	6.5
广州	96.0	28.9	82.5	78.4	99.6	91.1	6.8
韶关	74.3	78.2	70.0	74.5	80.0	72.0	19.1
深圳	96.2	56.2	99.6	98.6	99.5	81.8	16.2
珠海	96.1	11.7	99.2	99.0	99.8	85.7	4.9
汕头	96.0	16.8	59.9	97.5	100.0	99.1	0.9
佛山	97.9	12.9	90.7	94.8	96.6	99.0	0.8
湛江	73.2	73.3	74.3	78.5	69.5	90.6	8.6
中山	95.7	21.8	90.5	95.2	95.5	87.7	11.9
南宁	94.8	71.8	88.4	93.1	91.1	82.4	15.4
柳州	84.6	75.5	73.4	78.4	85.2	70.9	7.6
桂林	97.1	87.2	94.2	95.5	95.9	91.6	0.3
北海	89.7	55.7	90.4	89.2	89.9	42.4	57.2
海口	98.8	79.4	99.4	99.9	…	99.0	1.0
三亚	98.7	3.0	100.0	100.0	100.0	…	100.0
重庆	93.8	57.5	83.7	88.6	89.2	73.7	7.0
成都	84.2	76.6	59.8	94.8	93.9	97.6	1.1
攀枝花	98.5	95.3	98.5	97.7	98.9	30.0	62.1
泸州	85.3	86.3	95.8	94.5	95.1	89.9	7.6
绵阳	98.1	79.1	99.0	92.3	93.5	78.8	13.3
宜宾	85.6	21.2	20.0	97.7	97.9	72.9	0.2
贵阳	88.9	76.7	86.5	86.4	58.3	48.4	41.2
遵义	85.7	95.6	40.2	81.6	71.5	65.8	15.5
昆明	95.5	90.0	90.4	95.0	98.8	37.8	57.0
曲靖	95.4	90.6	94.6	93.1	88.8	44.0	33.0
拉萨	39.3	1.4	…	…	…	…	…
西安	85.4	68.2	83.6	96.7	86.1	88.6	3.5
铜川	73.9	73.8	96.5	98.4	97.8	44.1	45.7
宝鸡	97.4	85.2	94.5	96.1	97.5	41.0	58.0
咸阳	96.4	91.7	97.9	96.5	98.9	93.6	4.5
延安	83.9	52.8	84.3	94.0	100.0	83.0	9.9
兰州	89.6	84.3	100.0	87.8	42.3	70.3	13.5
金昌	89.3	87.9	74.0	80.1	92.6	17.3	95.4
西宁	80.1	84.8	87.9	61.0	24.8	46.2	…
银川	92.5	87.5	92.9	96.8	99.6	95.0	1.2
石嘴山	83.0	95.0	58.4	95.1	93.8	41.9	47.3
乌鲁木齐	79.4	96.2	91.6	73.7	87.8	66.2	9.1
克拉玛依	94.1	92.2	89.2	95.4	93.8	48.4	48.7

重点城市污水处理情况（一）

（2006）

城市名称	城市污水处理厂数（座）	污水处理能力（吨/日）	污水处理量（万吨）	处理生活污水量	污水再用量（万吨）	本年运行费用（万元）
总　计	684	51 049 525	1 311 769	1 089 638	59 977	847 377.4
北　京	26	3 199 500	88 395	84 802	13 069	68 262.2
天　津	15	1 797 000	37 226	28 912	682	22 284.8
石家庄	11	810 000	16 625	5 675	400	8 513.0
唐　山	7	653 000	14 691	8 636	1 881	12 812.7
秦皇岛	4	300 000	7 675	7 171	240	4 664.9
邯　郸	4	245 000	5 925	5 016	394	3 236.8
保　定	4	210 000	5 587	3 574	51	2 877.9
太　原	7	319 400	9 527	8 682	478	5 637.4
大　同	3	110 000	3 349	3 211	2 809	1 206.0
阳　泉	1	80 000	2 045	1 808	560	682.3
长　治	2	120 000	3 207	3 090	356	716.0
临　汾	2	80 000	2 638	1 566		851.9
呼和浩特	1	100 000	3 876	3 246	247	2 094.0
包　头	4	165 000	3 575	3 273	529	1 571.4
赤　峰	3	152 100	2 421	1 932		1 289.9
沈　阳	9	1 294 400	30 491	25 274	5 000	13 214.1
大　连	8	580 000	16 389	15 099	1 197	6 147.9
鞍　山	2	130 000	1 789	1 789		1 506.0
抚　顺	1	250 000	4 225	4 136		1 047.0
本　溪	2	245 000	7 796	4 297	3 324	2 445.0
锦　州	1	100 000	3 217	2 193		1 250.0
长　春	3	565 000	10 209	7 582		2 386.0
吉　林	2	254 000	5 528	1 282		9 013.0
哈尔滨	2	650 000	12 272	11 789	405	8 636.4
齐齐哈尔	1	100 000	5 126	4 169		2 614.0
大　庆	4	170 000	2 743	2 693	200	2 258.6
牡丹江						
上　海	43	4 704 105	155 726	145 989	424	57 573.2
南　京	7	1 134 600	31 099	29 843	61	9 891.1
无　锡	21	738 300	21 157	9 860	223	19 477.1
徐　州	10	438 000	14 127	13 121	240	10 765.4
常　州	11	470 000	15 574	7 601	98	15 241.4
苏　州	66	1 617 800	38 277	26 350	861	36 812.7
南　通	10	335 000	9 054	6 034	5	4 943.6
连云港	3	140 000	3 914	3 296		2 950.3
扬　州	5	240 000	4 380	3 698		2 786.6
杭　州	9	1 860 000	52 625	32 636	1 016	27 140.9

重点城市污水处理情况（一）（续表）

（2006）

城市名称	城市污水处理厂数（座）	污水处理能力（吨/日）	污水处理量（万吨）	处理生活污水量	污水再用量（万吨）	本年运行费用（万元）
宁 波	11	645 000	13 980	10 943	1 220	12 518.0
温 州	3	280 000	5 508	4 938		4 143.5
嘉 兴	6	495 000	14 476	5 504	11	19 088.5
湖 州	11	275 000	6 491	4 178		8 777.0
绍 兴	4	815 000	27 398	3 592	15	39 176.0
台 州	6	338 000	7 082	6 071	611	8 088.2
合 肥	4	437 000	11 152	10 899	1 630	9 852.6
芜 湖	1	100 000	660	132		144.0
马鞍山	3	130 000	3 183	3 035	1	2 047.2
福 州	7	425 000	12 897	12 302	57	5 479.3
厦 门	8	821 000	15 328	11 634	27	13 568.8
泉 州	5	177 400	11 033	4 325	22	10 036.2
南 昌	2	410 000	9 790	9 687		5 977.0
九 江	1	65 000	1 625	1 566		248.8
济 南	5	505 000	14 126	13 699	125	5 149.6
青 岛	14	761 000	21 346	19 757	741	12 190.3
淄 博	8	535 000	15 329	8 858	781	12 147.0
枣 庄	2	150 000	4 596	3 127		3 546.5
烟 台	10	500 000	13 755	12 935	493	6 989.4
潍 坊	12	665 000	15 572	9 417		10 795.6
济 宁	9	510 000	9 544	8 190	346	12 466.2
泰 安	7	350 000	5 638	5 225	837	2 436.0
威 海	9	241 000	5 868	4 531	16	5 312.6
日 照	2	140 000	3 224	2 581	5	2 998.5
郑 州	9	665 000	15 638	15 044	1 461	5 584.9
开 封	1	80 000	1 132	1 076		1 342.6
洛 阳	2	220 000	6 120	5 045		3 789.8
平顶山	3	300 000	6 499	4 149	1 825	3 920.3
安 阳	2	118 000	2 301	1 881	1	1 293.0
焦 作	1	100 000	3 033	3 033	34	966.0
武 汉	8	1 190 000	31 293	29 787	23	10 456.4
宜 昌	7	303 000	6 401	6 335		672.1
荆 州	3	90 000	1 125	1 125		1 099.0
长 沙	4	440 000	11 123	10 457	58	4 688.7
株 洲	3	172 000	4 793			1 239.7
湘 潭	2	105 000	2 346	2 345	270	764.0
岳 阳	2	160 000	3 140	3 092		980.0
常 德	1	150 000	3 487	3 146		1 800.0

重点城市污水处理情况（一）（续表）

（2006）

城市名称	城市污水处理厂数（座）	污水处理能力（吨/日）	污水处理量（万吨）	处理生活污水量	污水再用量（万吨）	本年运行费用（万元）
张家界	3	27 000	531	444	230	457.4
广州	12	1 877 000	55 466	54 521	171	37 817.4
韶关	4	62 500	481	330		213.9
深圳	15	2 261 000	55 828	54 620	362	43 366.5
珠海	4	286 000	7 434	6 535		8 287.9
汕头	1	140 000	4 951	4 742	35	1 982.0
佛山	17	753 400	18 201	16 651	65	12 725.3
湛江	1	100 000	1 655	1 655		364.0
中山	2	250 000	4 407	4 049		6 428.0
南宁	1	100 000	3 696	3 696	3	2 432.6
柳州	1	100 000	2 147	1 306	2	1 527.0
桂林	5	188 500	5 172	4 869	100	3 782.6
北海	1	200 000	1 354	1 354		504.6
海口	1	300 000	8 033	7 711		2 327.9
三亚	2	85 000	1 887	1 596	26	1 113.5
重庆	37	1 667 520	27 952	27 581	126	22 477.2
成都	14	1 265 000	35 178	30 784	1 661	29 322.2
攀枝花	2	50 000	1 245	1 245		855.0
泸州	1	50 000	1 013	1 013	15	434.0
绵阳	3	210 000	5 461	4 408	54	5 677.0
宜宾						
贵阳	4	185 000	5 505	5 239	112	2 639.4
遵义	2	80 000	1 600	1 519		554.0
昆明	9	595 000	17 597	17 433	8 681	4 552.3
曲靖	2	110 000	2 087	2 087	18	1 110.0
拉萨						
西安	2	310 000	9 113	7 764	365	3 541.3
铜川	1	35 000	320	320		380.0
宝鸡	1	90 000	2 417	1 831	562	1 202.0
咸阳	3	119 800	1 021	634		401.0
延安	1	50 000	775	708		488.0
兰州	5	285 200	6 539	5 139	377	11 867.2
金昌	2	86 000	1 726	559	118	106.5
西宁	1	85 000	2 600	2 600		1 500.0
银川	3	200 000	5 582	4 945	78	5 045.2
石嘴山	2	100 000	2 081	2 063	100	820.0
乌鲁木齐	5	395 000	8 552	8 364	840	2 427.0
克拉玛依	2	130 000	1 650	1 566	516	2 072.7

重点城市污水处理情况（二）

（2006）　　单位：吨

城市名称	化学需氧量去除量	氨氮去除量	总磷去除量	污泥产生量	污泥排放量
总　计	4 203 936	240 242	41 483	15 137 739	241 988
北　京	355 040	33 870	3 788	1 377 955	
天　津	161 727	9 202	2 063	219 168	8 367
石家庄	95 274	3 180	370	650 612	
唐　山	67 687	2 704	814	188 606	
秦皇岛	28 589	1 746	274	94 114	
邯　郸	18 386	1 237	150	51 482	
保　定	18 426	845	289	19 164	
太　原	69 663	1 771	631	164 138	
大　同	12 574	408	30	17 678	8 839
阳　泉	6 708	718		28 030	
长　治	6 537	550	43	27 952	13 656
临　汾	5 247	454		24 720	
呼和浩特	26 011	720	104	46 600	
包　头	16 979	591	167	24 422	
赤　峰	7 811	357	49	9 132	
沈　阳	84 334	4 964	379	267 678	20
大　连	50 939	2 124	530	121 944	30 000
鞍　山	2 499	104	16	400	
抚　顺	11 053	524	97	46 520	
本　溪	7 222	545	56	37 888	
锦　州	4 912	869	68	26 144	
长　春	18 239	1 047	160	24 392	
吉　林	23 972	1 209	3	77 594	8
哈尔滨	35 807	3 232	182	251 622	
齐齐哈尔	10 047	713		4 270	2 135
大　庆	7 199	413	101	92 230	
牡丹江					
上　海	303 254	10 976	2 676	2 187 650	
南　京	42 910	4 821	442	158 750	
无　锡	92 059	4 910	1 086	474 142	7 500
徐　州	26 437	3 184	361	132 240	
常　州	69 563	3 343	673	173 340	
苏　州	147 691	7 723	3 092	1 255 700	20
南　通	30 453	1 104	153	60 072	
连云港	8 727	1 097	72	29 498	
扬　州	5 736	896	125	14 486	200
杭　州	270 916	13 186	2 873	421 634	

重点城市污水处理情况（二）（续表）

（2006）

单位：吨

城市名称	化学需氧量去除量	氨氮去除量	总磷去除量	污泥产生量	污泥排放量
宁波	36 295	1 895	392	104 262	
温州	10 791	961	156	34 616	
嘉兴	104 445	1 781	822	105 224	
湖州	27 625	1 330	77	139 092	
绍兴	315 095	7 490	1 083	292 310	66 150
台州	26 622	1 737	399	131 964	15 000
合肥	19 959	2 075	443	163 272	
芜湖	1 861	132	21	600	
马鞍山	7 361	710	62	6 786	221
福州	28 781	2 048	318	104 450	
厦门	37 782	2 822	473	172 698	
泉州	75 403	1 096	108	52 038	1 405
南昌	7 385	701	122	41 004	
九江	497	104	3		
济南	32 521	1 825	738	129 642	
青岛	128 525	6 749	1 269	218 304	
淄博	86 914	2 726	163	193 516	19 172
枣庄	11 490	1 217	240	6 054	
烟台	44 821	3 146	467	185 230	24 298
潍坊	57 462	2 865	523	235 642	
济宁	27 278	1 160	246	96 950	39 256
泰安	16 085	2 022	200	17 756	
威海	20 020	1 645	53	65 982	117
日照	8 324	591	53	8 520	
郑州	51 513	1 584	214	255 866	
开封	2 581	385		1 600	
洛阳	20 113	1 337	379	16 386	
平顶山	10 743	1 813	120	38 840	
安阳	11 005	321	89	117 688	2 000
焦作	7 161	340	88	9 156	
武汉	21 975	1 487	546	132 384	
宜昌	10 367	569	66	22 042	
荆州	1 371	82	2	1 048	524
长沙	45 275	1 033	155	63 852	
株洲	3 922	553	96	20 394	2
湘潭	2 118	248	17	600	
岳阳	8 809	960	92	4 384	
常德	2 099			986	

重点城市污水处理情况（二）（续表）

（2006）

单位：吨

城市名称	化学需氧量去除量	氨氮去除量	总磷去除量	污泥产生量	污泥排放量
张家界	452	82	15	30	
广州	91 315	11 677	1 338	481 784	
韶关	399	40	2	1 792	14
深圳	137 453	11 542	2 071	465 186	
珠海	16 894	1 179	232	29 618	
汕头	5 100	1 074	40	34 600	
佛山	20 664	2 274	425	159 106	1
湛江	2 383	265	36	16 790	
中山	5 827	482	70	37 182	
南宁	6 871	573	52	17 576	
柳州	1 928	339	28	16 142	
桂林	9 726	698	212	14 640	
北海	2 146	114		1 042	
海口	17 954	450	265	24 286	
三亚	1 338	47	3	1 510	
重庆	68 594	4 329	856	228 266	
成都	110 874	7 126	1 192	287 296	
攀枝花	4 572	257	33	1 310	
泸州	1 632	309		94 900	
绵阳	16 667	1 109	79	38 372	
宜宾					
贵阳	5 670	555	50	33 342	
遵义	3 608	71	15	18 464	
昆明	43 411	3 224	824	217 754	
曲靖	1 965	111	42	14 120	92
拉萨					
西安	35 914	2 389	632	101 690	
铜川	706	65	8	1 800	60
宝鸡	5 559	604	53	47 450	
咸阳	4 707	283	32	2 322	
延安	2 609	237	17	1 460	
兰州	17 056	1 177	53	96 674	
金昌	550	9			
西宁	7 826			5 634	2 817
银川	20 579	1 034	312	12 858	
石嘴山	4 785	165	29	32 366	
乌鲁木齐	35 934	1 228	213	597 266	2
克拉玛依	7 256	255	52	10 006	112

重点城市生活及其他污染情况

（2006）

城市名称	城镇生活污水排放量（万吨）	城镇生活污水中化学需氧量排放量（吨）	城镇生活污水中氨氮排放量（吨）	生活及其他二氧化硫排放量（吨）	生活及其他烟尘排放量（吨）	生活及其他氮氧化物排放量（吨）	城镇生活污水处理率（%）
总计	1 856 607	4 368 179	501 892	1 553 987	988 732	5 755 792	57.9
北京	94 824	100 609	12 426	81 789	34 946	139 699	89.3
天津	35 909	106 125	10 966	22 470	12 593	8 237	73.9
石家庄	21 194	58 800	5 515	20 030	22 880	13 208	62.9
唐山	10 436	19 592	2 554	15 677	35 160	37 802	76.6
秦皇岛	8 383	12 472	1 418	11 819	6 698	20 131	85.5
邯郸	11 452	35 030	4 438	14 874	11 371	17 957	61.2
保定	10 070	42 591	5 122	20 334	5 749	16 494	36.9
太原	13 359	24 192	6 160	33 808	17 398	3 649	62.8
大同	7 917	22 741	3 259	32 609	32 756	22 393	55.5
阳泉	3 758	9 923	1 316	14 498	10 590	14 224	58.1
长治	5 792	16 419	2 594	23 317	9 258	5 519	46.4
临汾	6 363	27 571	2 925	28 751	32 478	20 688	41.5
呼和浩特	5 116	21 667	3 513	8 943	5 565	15 976	63.6
包头	6 255	23 148	5 239	25 044	33 508		52.3
赤峰	4 792	15 211	3 463	21 877	11 842	23 481	40.3
沈阳	43 454	70 664	9 508	60 495	31 357	12 924	68.2
大连	14 734	44 897	9 120	31 105	34 108	66 400	71.4
鞍山	9 010	42 553	3 114	6 814	5 112	11 131	19.9
抚顺	8 141	26 968	4 909	13 152	12 600	2 420	51.0
本溪	4 241	26 121	3 696	3 840	3 000	479	76.2
锦州	4 346	21 162	3 912	13 281	14 352	6 666	51.0
长春	23 438	62 927	7 590	24 414	50 649	7 268	32.3
吉林	7 760	39 497	4 688	2 879	4 494	2 912	16.5
哈尔滨	19 711	64 948	8 212	20 952	29 293	13 708	63.6
齐齐哈尔	7 118	33 454	4 212	5 473	7 059	11 445	60.3
大庆	4 765	22 643	3 078	6 747	7 750	24 045	57.6
牡丹江	5 369	32 215	3 758	2 655	2 492	2 195	…
上海	175 419	266 703	31 513	133 673	65 653	153 790	77.0
南京	41 282	111 407	7 033	1 943	1 272	41 291	72.3
无锡	18 002	44 135	4 327	5 988	3 636	41 797	54.8
徐州	19 190	44 471	5 250	6 923	870	23 280	63.6
常州	13 577	33 816	3 309	3 688	11 650	4 328	56.3
苏州	40 405	68 760	5 912	634	417	43 822	64.2
南通	19 552	74 026	6 786	1 503	864	10 506	30.8
连云港	9 848	31 026	3 502	4 997	579	21 462	33.5
扬州	9 197	41 127	3 126	6 282	3 235	17 605	42.0
杭州	37 183	32 443	3 915	5 445	3 584	20 745	87.8

重点城市生活及其他污染情况（续表）

（2006）

城市名称	城镇生活污水排放量（万吨）	城镇生活污水中化学需氧量排放量（吨）	城镇生活污水中氨氮排放量（吨）	生活及其他二氧化硫排放量（吨）	生活及其他烟尘排放量（吨）	生活及其他氮氧化物排放量（吨）	城镇生活污水处理率（%）
宁波	16 747	38 488	3 223	2 882	642	16 063	62.3
温州	22 141	91 411	6 375	920	217	34 694	22.5
嘉兴	7 515	19 752	2 506	5 898	313	66 360	65.1
湖州	7 017	14 574	1 633	2 471	543	29 804	59.6
绍兴	6 219	22 163	2 898	5 983	1 281	15 622	60.0
台州	8 902	24 448	1 712	1 035	699	6 932	62.7
合肥	17 011	28 376	4 170	2 511	581	15 541	64.1
芜湖	5 317	30 582	4 350	1 277	1 288	2 545	2.5
马鞍山	4 095	15 562	1 555	298	137	2 597	74.1
福州	22 711	46 554	6 230	2 004	282	26 481	54.2
厦门	16 306	48 210	10 933	1 031	148	22 350	71.4
泉州	14 876	57 548	6 796	8 030	2 650	28 242	29.5
南昌	14 025	45 239	2 866	3 000	255	29 478	69.4
九江	7 333	40 846	3 124	2 709	2 792	5 013	7.1
济南	18 684	50 121	6 616	17 026	8 489	27 268	73.4
青岛	21 808	43 855	6 735	28 559	12 205	50 957	75.6
淄博	9 779	17 216	3 416	18 206	5 199	22 252	87.2
枣庄	6 693	25 800	2 767	17 544	4 870	19 384	46.9
烟台	12 649	34 986	4 007	10 010	1 962	22 879	70.4
潍坊	14 700	20 572	5 132	26 465	9 659	46 264	64.1
济宁	11 062	31 571	4 958	18 158	8 767	7 546	74.0
泰安	9 325	24 556	2 608	15 483	10 236	10 374	58.0
威海	5 267	12 549	1 750	6 651	5 668	3 608	86.0
日照	3 866	10 515	1 510	15 495	43 297	3 550 201	66.8
郑州	24 973	48 883	6 818	10 317	11 754	1 776	51.6
开封	5 502	20 600	2 312	6 229	6 696	1 139	6.2
洛阳	12 297	31 229	3 405	17 631	3 646	2 135	39.1
平顶山	10 158	20 132	2 495	15 083	5 529	14 363	40.8
安阳	7 740	26 285	2 923	4 402	2 471	8 368	24.3
焦作	7 837	22 790	2 709	8 531	3 048	12 797	38.7
武汉	40 924	136 482	13 733	6 987	1 075	63 509	72.8
宜昌	11 555	23 811	2 999	18 672	5 905	5 413	54.8
荆州	10 324	30 395	5 477	10 958	1 099	5 823	10.9
长沙	23 465	60 786	6 954	8 779	471	20 864	44.9
株洲	10 177	50 145	3 899	11 270	7 042	9 126	44.7
湘潭	8 451	37 483	2 911	9 402	945	604	15.3
岳阳	12 428	62 491	4 494	4 150	2 360	11 147	24.9
常德	10 805	39 005	3 782	15 700	17 204	6 560	29.1

重点城市生活及其他污染情况（续表）

（2006）

城市名称	城镇生活污水排放量（万吨）	城镇生活污水中化学需氧量排放量（吨）	城镇生活污水中氨氮排放量（吨）	生活及其他二氧化硫排放量（吨）	生活及其他烟尘排放量（吨）	生活及其他氮氧化物排放量（吨）	城镇生活污水处理率（%）
张家界	3 195	14 697	998	7 038	1 410	5 478	13.9
广州	107 858	101 863	10 860	4 416	1 841	90 829	50.5
韶关	6 891	20 351	3 182	68	291	393	4.8
深圳	67 350	50 382	7 201	8	37	95 700	81.1
珠海	11 864	10 785	2 727	640	120	10 892	58.6
汕头	13 145	33 588	4 722	801	306	29 017	36.1
佛山	25 423	21 147	1 543	233	151	38 595	65.5
湛江	17 935	55 209	6 454	706	280	13 379	9.2
中山	15 799	8 765	4 121	400	70	6 100	27.8
南宁	20 624	64 046	4 943	5 440	744	10 666	17.9
柳州	15 724	48 799	3 795	9 024	1 781	3 370	13.7
桂林	10 849	34 060	2 708	5 041	3 144	16 624	45.0
北海	9 391	25 475	2 034	854	142	1 115	14.4
海口	9 174	12 219	1 208	177	296	1 764	87.6
三亚	3 814	7 242	620	30	14		49.5
重庆	64 117	147 394	15 553	147 973	81 945	66 216	46.7
成都	44 223	76 865	7 476	46 387	13 449	12 025	69.6
攀枝花	4 635	11 301	1 225	1 089	1 048	285	26.9
泸州	5 417	17 797	1 907	5 264	2 598	2 479	18.7
绵阳	10 010	26 393	2 283	12 254	9 697	4 307	44.1
宜宾	5 909	29 545	2 354	12 442	5 208	690	…
贵阳	11 144	48 422	3 684	40 000	8 001		25.0
遵义	7 110	37 112	2 835	68 500	4 753	6 316	22.5
昆明	21 470	27 325	1 790	5 807	6 775	8 206	81.2
曲靖	3 989	25 775	2 077	13 556	16 130	12 089	52.3
拉萨	900	5 251	525	192			…
西安	19 732	70 295	7 665	13 318	7 595	30 002	39.3
铜川	877	8 063	958	2 986	1 721	1 010	36.5
宝鸡	4 168	15 730	1 468	4 513	7 445	40 321	43.9
咸阳	3 700	18 498	2 384	3 125	3 381	3 331	18.8
延安	2 854	12 392	1 664	8 367	5 981	3 687	24.8
兰州	12 625	48 066	4 395	10 243	6 390	11 798	41.2
金昌	1 116	5 291	569	2 637	779	2 650	47.8
西宁	7 570	19 937	3 239	1 663	6 384	5 970	34.3
银川	7 601	10 672	1 467	5 986	1 097	66 093	65.1
石嘴山	2 792	6 487	1 049	2 305	2 210	688	73.9
乌鲁木齐	11 801	11 296	3 675	9 872	17 080	25 038	70.9
克拉玛依	1 762	1 583	377	152	194	2 913	88.9

重点城市主要工业污染物单位工业总产值排放强度

（2006）

单位：吨/万元

城市名称	废水	化学需氧量	氨氮	二氧化硫	氮氧化物	烟尘	粉尘	固体废物
总计	12.931 7	0.002 2	0.000 2	0.010 9	0.005 9	0.003 8	0.003 4	0.005 6
北京	3.012 7	0.000 3	…	0.002 8	0.002 3	0.000 4	0.000 9	…
天津	3.539 0	0.000 6	0.000 1	0.003 6	0.002 3	0.001 0	0.000 2	
石家庄	25.407 9	0.009 1	0.000 6	0.022 0	0.016 3	0.009 1	0.014 7	0.000 2
唐山	14.158 5	0.003 7	0.000 2	0.014 5	0.010 4	0.007 1	0.011 3	0.012 6
秦皇岛	12.478 8	0.002 3	0.000 1	0.012 0	0.005 7	0.003 6	0.014 1	
邯郸	12.011 9	0.001 8	0.000 1	0.019 2	0.007 9	0.007 3	0.006 1	0.002 0
保定	25.625 9	0.004 5	0.000 7	0.011 2	0.006 2	0.003 8	0.005 2	…
太原	3.992 8	0.000 8	0.000 1	0.014 5	0.007 5	0.005 6	0.004 2	0.055 2
大同	10.394 1	0.006 4	0.000 8	0.028 6	0.020 7	0.023 1	0.013 4	0.062 3
阳泉	13.343 4	0.001 1	0.000 1	0.088 3	0.024 2	0.043 4	0.015 3	0.364 4
长治	6.027 5	0.001 6	0.000 2	0.021 0	0.011 9	0.015 3	0.018 8	0.080 9
临汾	9.166 6	0.002 2	0.000 3	0.014 9	0.004 3	0.025 4	0.025 2	0.305 8
呼和浩特	3.432 9	0.002 4	…	0.022 5	0.022 1	0.007 1	0.003 3	0.000 1
包头	7.319 0	0.001 3	0.000 2	0.025 3	0.012 8	0.008 5	0.008 5	0.000 8
赤峰	16.534 8	0.003 5	0.000 1	0.148 5	0.073 0	0.030 2	0.017 8	0.029 3
沈阳	5.616 3	0.000 6	0.000 1	0.005 1	0.002 2	0.004 5	0.000 5	0.010 7
大连	19.367 0	0.000 7	0.000 1	0.005 1	0.004 4	0.001 2	0.001 1	0.000 1
鞍山	6.140 7	0.001 1	0.000 1	0.012 1	0.008 7	0.004 8	0.008 6	
抚顺	7.224 2	0.000 7	0.000 1	0.010 1	0.006 9	0.003 5	0.002 0	0.000 9
本溪	46.858 8	0.008 8	0.001 2	0.062 3	0.042 5	0.020 7	0.040 0	0.001 4
锦州	11.055 1	0.009 5	0.000 1	0.014 4	0.013 8	0.010 3	0.002 7	0.000 2
长春	2.695 4	0.001 4	…	0.003 5	0.003 1	0.004 1	0.001 7	
吉林	24.550 8	0.004 3	0.000 3	0.007 8	0.014 5	0.011 9	0.002 5	
哈尔滨	4.647 5	0.001 9	0.000 3	0.007 1	0.004 3	0.007 6	0.004 3	
齐齐哈尔	25.804 9	0.005 6	0.000 2	0.020 4	0.018 7	0.023 1	0.002 9	…
大庆	3.895 6	0.000 8	0.000 1	0.002 8	0.002 5	0.001 9	0.000 1	
牡丹江	102.920 4	0.014 3	0.000 1	0.043 5	0.035 6	0.048 1	0.019 3	
上海	4.912 2	0.000 4	…	0.003 8	0.003 3	0.000 5	0.000 1	…
南京	13.397 7	0.000 9	0.000 1	0.004 5	0.002 9	0.001 3	0.001 6	…
无锡	15.040 2	0.001 3	0.000 1	0.004 9	0.005 8	0.001 8	0.001 4	
徐州	13.660 4	0.002 8	0.000 1	0.028 1	0.010 8	0.005 2	0.005 5	
常州	33.751 4	0.003 4	0.000 2	0.007 7	0.002 5	0.002 9	0.005 4	…
苏州	20.765 2	0.001 9	0.000 2	0.006 9	0.007 5	0.001 8	0.001 0	
南通	22.956 7	0.003 1	0.000 2	0.014 2	0.004 5	0.004 8	0.001 2	
连云港	16.889 5	0.002 3	0.000 2	0.017 2	0.009 2	0.006 6	0.001 6	
扬州	19.005 1	0.002 7	0.000 5	0.013 0	0.008 0	0.002 2	0.000 8	…
杭州	36.190 9	0.005 3	0.000 2	0.005 7	0.003 8	0.001 6	0.002 3	0.000 1

重点城市主要工业污染物单位工业总产值排放强度（续表）

（2006）

单位：吨/万元

城市名称	废水	化学需氧量	氨氮	二氧化硫	氮氧化物	烟尘	粉尘	固体废物
宁　波	5.4710	0.0006	0.0001	0.0073	0.0040	0.0009	0.0003	…
温　州	21.5559	0.0056	0.0011	0.0134	0.0073	0.0012	0.0001	0.0033
嘉　兴	21.6963	0.0022	0.0002	0.0146	0.0090	0.0039	0.0013	0.0001
湖　州	18.9037	0.0015	0.0003	0.0110	0.0094	0.0029	0.0088	0.0001
绍　兴	22.8699	0.0037	0.0002	0.0058	0.0049	0.0019	0.0007	0.0001
台　州	6.3970	0.0013	0.0001	0.0099	0.0037	0.0010	0.0001	…
合　肥	8.4600	0.0010	0.0002	0.0042	0.0015	0.0022	0.0005	
芜　湖	4.9506	0.0017	…	0.0047	0.0041	0.0008	0.0072	…
马鞍山	17.4846	0.0014	…	0.0101	0.0137	0.0020	0.0029	
福　州	5.3722	0.0006	…	0.0097	0.0025	0.0020	…	
厦　门	2.8225	0.0004	0.0001	0.0049	0.0012	0.0007	…	…
泉　州	35.0290	0.0036	0.0003	0.0066	0.0034	0.0038	0.0021	0.0005
南　昌	20.6779	0.0046	0.0005	0.0068	0.0046	0.0053	0.0016	0.0006
九　江	22.4575	0.0019	0.0001	0.0340	0.0058	0.0087	0.0027	0.0002
济　南	3.1915	0.0005	…	0.0050	0.0023	0.0014	0.0018	…
青　岛	4.6141	0.0006	…	0.0057	0.0020	0.0015	0.0002	…
淄　博	8.7922	0.0017	0.0002	0.0141	0.0065	0.0046	0.0018	0.0002
枣　庄	52.1974	0.0084	0.0008	0.0384	0.0133	0.0076	0.0333	
烟　台	5.6191	0.0014	0.0001	0.0079	0.0048	0.0012	0.0035	
潍　坊	10.7171	0.0025	0.0001	0.0092	0.0076	0.0018	0.0028	
济　宁	13.2864	0.0018	0.0003	0.0156	0.0053	0.0037	0.0040	
泰　安	8.7925	0.0013	0.0001	0.0189	0.0222	0.0057	0.0019	
威　海	5.0815	0.0009	…	0.0088	0.0060	0.0019	0.0010	
日　照	27.3345	0.0072	0.0002	0.0228	0.0092	0.0014	0.0035	
郑　州	17.8912	0.0018	0.0003	0.0210	0.0155	0.0161	0.0098	
开　封	60.9862	0.0165	0.0057	0.0383	0.0137	0.0302	0.0012	
洛　阳	14.4836	0.0016	0.0004	0.0362	0.0136	0.0135	0.0137	0.0027
平顶山	14.7942	0.0029	0.0004	0.0302	0.0209	0.0102	0.0057	
安　阳	18.1322	0.0073	0.0001	0.0188	0.0072	0.0124	0.0132	
焦　作	36.5152	0.0097	0.0012	0.0303	0.0203	0.0132	0.0101	0.0003
武　汉	16.0401	0.0016	0.0001	0.0087	0.0086	0.0029	0.0009	0.0002
宜　昌	22.3370	0.0021	0.0007	0.0092	0.0056	0.0064	0.0056	
荆　州	35.7310	0.0176	0.0002	0.0213	0.0077	0.0115	0.0069	0.0071
长　沙	7.1547	0.0008	…	0.0085	0.0012	0.0057	0.0182	0.0079
株　洲	23.9856	0.0048	0.0020	0.0236	0.0038	0.0121	0.0115	0.0143
湘　潭	31.0113	0.0091	0.0019	0.0271	0.0087	0.0174	0.0171	0.0034
岳　阳	25.3481	0.0085	0.0015	0.0159	0.0068	0.0041	0.0022	…
常　德	27.0457	0.0175	0.0003	0.0196	0.0079	0.0095	0.0192	

重点城市主要工业污染物单位工业总产值排放强度（续表）

（2006）

单位：吨/万元

城市名称	废水	化学需氧量	氨氮	二氧化硫	氮氧化物	烟尘	粉尘	固体废物
张家界	59.792 3	0.014 5	0.000 5	0.082 6	0.021 5	0.051 5	0.101 7	0.047 9
广州	8.147 0	0.000 5	…	0.005 0	0.006 3	0.000 6	0.000 1	0.000 1
韶关	36.767 0	0.002 2	0.000 2	0.017 9	0.006 8	0.005 1	0.002 6	0.007 9
深圳	4.379 3	0.000 3	…	0.002 9	0.002 5	0.000 3	…	…
珠海	3.486 3	0.000 3	…	0.003 0	0.001 3	0.000 5	…	0.000 2
汕头	19.028 7	0.001 4	…	0.009 0	0.004 0	0.001 9	…	0.000 2
佛山	20.865 5	0.001 2	0.000 1	0.013 7	0.008 7	0.002 2	0.000 6	0.000 4
湛江	21.907 2	0.003 7	0.000 2	0.016 3	0.006 4	0.004 1	0.003 6	0.004 2
中山	24.573 6	0.001 9	0.000 1	0.006 7	0.002 4	0.001 9	…	0.000 3
南宁	72.578 2	0.032 6	0.001 8	0.028 8	0.009 0	0.022 2	0.013 3	0.020 3
柳州	23.025 9	0.008 5	0.000 5	0.012 4	0.002 6	0.004 5	0.003 0	0.006 6
桂林	29.865 5	0.003 9	0.000 1	0.035 3	0.009 8	0.010 5	0.011 6	0.005 2
北海	46.669 0	0.036 7	0.001 4	0.074 3	0.037 5	0.019 8	0.029 5	0.003 0
海口	3.472 5	0.000 2	…	0.000 1	0.000 1	0.000 2	…	
三亚	9.114 6	0.000 2	…	0.001 2	0.000 6	0.000 5	0.001 4	
重庆	44.565 6	0.006 0	0.000 7	0.036 7	0.008 1	0.006 8	0.010 4	0.063 0
成都	27.156 8	0.007 9	0.001 0	0.010 8	0.003 3	0.005 0	0.002 3	
攀枝花	4.877 4	0.001 5	…	0.035 4	0.003 1	0.003 7	0.004 1	0.003 6
泸州	37.375 7	0.012 8	0.000 8	0.022 5	0.009 6	0.006 7	0.006 0	0.015 5
绵阳	19.857 8	0.002 3	0.000 1	0.022 6	0.005 3	0.004 4	0.001 6	0.000 2
宜宾	28.968 6	0.011 8	0.000 1	0.050 2	0.008 3	0.007 5	0.003 3	0.011 9
贵阳	9.631 3	0.000 9	0.000 1	0.040 6	0.004 2	0.006 3	0.004 8	0.001 7
遵义	5.587 3	0.001 3	0.000 1	0.046 2	0.007 2	0.004 2	0.003 1	0.013 8
昆明	4.800 6	0.000 4	…	0.009 7	0.002 5	0.001 3	0.000 8	0.033 0
曲靖	7.343 7	0.001 3	0.000 4	0.019 8	0.016 3	0.019 5	0.004 4	
拉萨	67.467 9	0.008 7	0.000 1	0.005 2	…	0.010 7	0.007 8	0.517 7
西安	21.799 7	0.007 1	0.000 1	0.013 8	0.004 3	0.005 3	0.002 7	0.000 2
铜川	4.825 5	0.001 0	…	0.018 1	0.030 0	0.002 4	0.103 5	0.010 8
宝鸡	19.549 6	0.008 4	0.000 1	0.022 6	0.008 8	0.003 8	0.017 8	0.004 2
咸阳	16.693 6	0.007 6	0.000 1	0.034 2	0.004 3	0.008 8	0.007 1	0.007 4
延安	1.522 0	0.000 8	…	0.002 9	0.001 7	0.001 3	0.000 2	0.000 4
兰州	6.673 7	0.000 5	0.000 5	0.011 6	0.005 4	0.002 5	0.005 7	
金昌	5.141 5	0.002 3	0.002 3	0.033 9	0.005 4	0.008 9	0.002 8	0.001 0
西宁	17.218 9	0.004 7	0.000 4	0.030 0	0.013 4	0.009 4	0.013 2	0.000 7
银川	23.497 8	0.007 1	0.000 9	0.006 8	0.002 5	0.001 9	0.000 9	0.004 2
石嘴山	12.306 8	0.004 1	0.001 5	0.085 0	0.029 3	0.027 4	0.020 3	0.002 8
乌鲁木齐	14.040 4	0.001 9	0.000 3	0.031 6	0.015 0	0.012 6	0.002 6	0.003 8
克拉玛依	2.273 0	0.000 3	…	0.004 1	0.002 6	0.000 8	0.000 1	

4

各工业行业环境统计

GEGONGYE HANGYE HUANJING TONGJI

按行业分重点调查工业废水排放及处理情况（一）

（2006）

行业名称	汇总工业企业数（个）	工业废水排放量（万吨）	直接排入海的	工业废水排放达标量（万吨）	废水治理设施数（套）	废水治理设施处理能力（万吨/日）	本年运行费用（万元）
行业总计	**76 185**	**2 080 440**	**131 736**	**1 917 782**	**75 830**	**19 554**	**3 885 001.7**
煤炭开采和洗选业	3 108	54 023	1 243	48 015	2 961	1 430	128 650.8
石油和天然气开采业	205	11 177	426	10 700	642	447	177 364.3
黑色金属矿采选业	747	15 431	61	14 236	2 694	367	121 533.7
有色金属矿采选业	1 317	42 296	481	37 584	1 759	315	64 713.8
非金属矿采选业	556	9 842	40	9 064	502	72	7 403.9
其他采矿业	84	851	2	710	52	3	993.1
农副食品加工业	3 998	94 414	2 454	81 110	3 591	725	108 689.0
食品制造业	2 500	43 113	333	38 799	1 781	154	78 227.2
饮料制造业	2 087	56 049	694	48 059	1 676	242	69 794.7
烟草制品业	159	2 844		2 518	129	9	2 541.4
纺织业	6 155	197 934	3 719	183 053	5 727	902	293 085.5
纺织服装、鞋、帽制造业	1 015	13 685	353	13 166	781	63	27 142.7
皮革毛皮羽毛（绒）及其制品业	900	20 340	202	18 805	2 955	99	71 907.9
木材加工及木竹藤棕草制品业	790	5 223	30	4 818	579	19	5 895.5
家具制造业	255	931	40	884	93	3	1 166.3
造纸及纸制品业	4 035	374 407	6 580	336 213	4 903	2 002	315 860.0
印刷业和记录媒介的复制	415	1 199	35	1 112	123	3	2 711.7
文教体育用品制造业	193	883	23	828	91	2	740.2
石油加工、炼焦及核燃料加工业	1 008	70 281	24 430	68 377	1 414	249	333 941.4
化学原料及化学制品制造业	7 651	335 956	13 614	308 474	11 042	3 291	509 640.3
医药制造业	2 314	42 988	139	40 752	2 043	290	104 758.6
化学纤维制造业	247	49 543	11 152	47 362	324	131	91 899.7
橡胶制品业	605	5 976	154	5 867	318	39	6 189.6
塑料制品业	814	3 374	41	3 022	271	18	4 430.5
非金属矿物制品业	12 432	43 070	273	39 870	6 611	348	73 951.5
黑色金属冶炼及压延加工业	2 585	156 727	402	152 166	3 967	5 847	440 375.0
有色金属冶炼及压延加工业	1 785	32 751	209	29 029	1 869	291	100 037.0
金属制品业	4 439	22 448	640	21 113	4 611	115	220 614.8
通用设备制造业	2 347	12 530	60	11 815	1 141	31	14 434.6
专用设备制造业	1 036	11 506	35	11 094	861	63	10 934.6
交通运输设备制造业	1 712	25 708	1 457	24 794	2 142	78	51 055.8
电气机械及器材制造业	1 046	8 239	68	7 893	793	28	14 232.6
通信计算机及其他电子设备制造业	1 185	23 905	714	22 731	1 434	109	72 272.0
仪器仪表及文化办公用机械制造业	499	7 845	56	7 686	546	32	23 277.0
工艺品及其他制造业	418	2 340	13	2 282	544	9	4 303.8
废弃资源和废旧材料回收加工业	124	430	…	424	94	2	481.7
电力、热力的生产和供应业	2 648	217 145	59 811	210 066	2 960	1 389	243 695.9
燃气生产和供应业	69	3 278	18	2 965	72	12	4 549.2
水的生产和供应业	149	19 747	50	19 222	101	63	19 266.3
其他行业	2 553	40 010	1 682	31 107	1 633	263	62 238.1

按行业分重点调查工业废水排放及处理情况（二）

（2006）

单位：吨

行业名称	工业废水中污染物排放量					
	汞	镉	六价铬	铅	砷	挥发酚
行业总计	**2.640**	**49.352**	**96.447**	**339.122**	**245.212**	**3 453.132**
煤炭开采和洗选业		0.050	0.129	0.318	0.563	317.917
石油和天然气开采业	0.003		0.071		0.053	9.898
黑色金属矿采选业	0.043	0.233	0.445	5.216	0.550	0.232
有色金属矿采选业	0.155	13.095	3.018	182.372	26.567	3.808
非金属矿采选业			0.002	0.103	0.401	0.007
其他采矿业			0.001	0.752	0.045	
农副食品加工业	0.016	0.015	0.166	0.071	0.031	12.421
食品制造业			0.026		0.081	1.074
饮料制造业			0.006	0.004	0.005	5.163
烟草制品业						0.055
纺织业			5.172		0.054	13.728
纺织服装、鞋、帽制造业			0.036			0.013
皮革毛皮羽毛（绒）及其制品业		0.311	12.102	0.002		0.013
木材加工及木竹藤棕草制品业		0.002	0.522			4.493
家具制造业			0.004	0.050		0.001
造纸及纸制品业		0.017	0.018	0.366	0.264	439.248
印刷业和记录媒介的复制	0.006	0.023	0.028	0.091		0.012
文教体育用品制造业			0.090	0.004		0.003
石油加工、炼焦及核燃料加工业	0.018	0.217	1.602	1.558	2.273	1 328.012
化学原料及化学制品制造业	1.580	2.235	5.766	26.507	83.956	239.742
医药制造业	0.001		0.060		0.108	50.967
化学纤维制造业					5.566	9.066
橡胶制品业		0.001	0.092	0.003		0.065
塑料制品业			0.143	0.004	0.012	0.055
非金属矿物制品业		0.065	0.349	0.149	0.447	6.141
黑色金属冶炼及压延加工业	0.014	0.833	9.474	37.419	2.316	171.362
有色金属冶炼及压延加工业	0.627	30.630	9.090	72.960	120.558	11.810
金属制品业		0.900	33.463	2.575	0.037	0.362
通用设备制造业		0.063	3.376	0.390	0.213	1.900
专用设备制造业	0.005	0.269	2.505	1.501	0.008	1.771
交通运输设备制造业	0.012	0.059	1.854	0.345	0.662	0.327
电气机械及器材制造业	0.086	0.043	0.876	2.609	0.047	3.038
通信计算机及其他电子设备制造业	0.007	0.153	3.714	3.215	0.098	0.854
仪器仪表及文化办公用机械制造业		0.114	1.667	0.352	0.001	0.361
工艺品及其他制造业		0.006	0.235	0.030	0.001	0.106
废弃资源和废旧材料回收加工业			0.054			
电力、热力的生产和供应业			0.004	0.007	0.170	5.938
燃气生产和供应业						777.209
水的生产和供应业			0.027			1.968
其他行业	0.068	0.019	0.259	0.153	0.127	33.992

按行业分重点调查工业废水排放及处理情况（三）

（2006）

单位：吨

行业名称	工业废水中污染物排放量			
	氰化物	化学需氧量	石油类	氨氮
行业总计	**456.842**	**4 625 633.629**	**19 152.763**	**375 875.286**
煤炭开采和洗选业	2.156	66 750.529	262.222	3 540.113
石油和天然气开采业	0.106	17 589.375	1 635.545	1 798.748
黑色金属矿采选业	1.918	13 868.711	6.311	289.750
有色金属矿采选业	30.299	51 534.147	51.177	927.868
非金属矿采选业	0.033	10 117.595	11.394	262.682
其他采矿业	0.050	504.027	0.100	18.092
农副食品加工业	16.024	591 654.940	178.687	27 329.332
食品制造业	0.022	124 247.859	1 736.424	13 955.653
饮料制造业	0.887	222 953.770	97.490	6 596.176
烟草制品业		4 176.072	9.462	134.580
纺织业	3.126	315 451.605	220.432	16 666.458
纺织服装、鞋、帽制造业		17 482.653	9.587	1 201.654
皮革毛皮羽毛（绒）及其制品业	0.022	71 894.250	15.560	8 647.512
木材加工及木竹藤棕草制品业	0.012	21 600.425	5.571	587.679
家具制造业		1 146.803	1.814	48.962
造纸及纸制品业	0.223	1 553 223.146	259.541	36 441.353
印刷业和记录媒介的复制	0.015	1 623.088	15.338	100.021
文教体育用品制造业	0.090	1 163.362	1.764	55.821
石油加工、炼焦及核燃料加工业	36.722	74 665.905	2 850.243	11 551.727
化学原料及化学制品制造业	205.686	542 863.749	3 822.162	166 793.953
医药制造业	2.399	113 529.799	363.833	7 852.255
化学纤维制造业	4.054	114 721.176	166.331	4 454.752
橡胶制品业	0.015	6 154.495	85.591	731.115
塑料制品业	0.001	7 196.617	15.706	728.658
非金属矿物制品业	0.690	59 270.648	243.246	3 036.992
黑色金属冶炼及压延加工业	82.201	144 114.374	3 524.476	14 094.569
有色金属冶炼及压延加工业	13.879	49 369.349	485.242	5 899.662
金属制品业	27.631	17 571.025	251.578	722.666
通用设备制造业	0.585	23 598.427	357.016	862.010
专用设备制造业	0.296	12 417.734	255.988	1 727.059
交通运输设备制造业	2.546	39 050.663	790.778	3 259.677
电气机械及器材制造业	4.790	10 298.768	132.044	484.443
通信计算机及其他电子设备制造业	1.585	21 579.408	159.410	1 448.246
仪器仪表及文化办公用机械制造业	0.458	10 125.128	47.773	488.838
工艺品及其他制造业	0.167	3 450.241	9.407	377.360
废弃资源和废旧材料回收加工业		793.617	7.281	18.878
电力、热力的生产和供应业	0.851	77 935.035	764.790	5 105.513
燃气生产和供应业	10.913	14 687.787	20.904	3 570.946
水的生产和供应业	3.457	20 645.800	40.028	2 645.573
其他行业	2.933	174 611.530	240.517	21 417.940

按行业分重点调查工业废水排放及处理情况（四）

（2006）

单位：吨

行业名称	工业废水中污染物去除量				
	挥发酚	氰化物	化学需氧量	石油类	氨氮
行业总计	**137 743.5**	**16 059.2**	**10 992 650.7**	**302 381.9**	**552 647.2**
煤炭开采和洗选业	165.4	17.8	332 755.2	362.5	672.4
石油和天然气开采业	154.7	1.6	60 557.6	46 072.5	2 355.1
黑色金属矿采选业	…	15.0	8 067.3	1.3	120.0
有色金属矿采选业	3.6	624.8	100 764.9	23.5	1 320.3
非金属矿采选业			4 738.5	9.9	156.9
其他采矿业			264.4		4.3
农副食品加工业	22.2	5.4	980 775.3	225.3	11 681.5
食品制造业	…	3.4	538 874.9	161.9	26 364.7
饮料制造业	2.7	1.6	993 739.1	112.6	10 348.6
烟草制品业	…		4 792.8	6.7	175.6
纺织业	14.8	230.4	933 088.8	125.5	14 223.5
纺织服装、鞋、帽制造业	0.1	11.1	48 001.4	1.0	1 283.9
皮革毛皮羽毛（绒）及其制品业		1.5	236 106.3	49.7	5 311.0
木材加工及木竹藤棕草制品业	1.6	0.1	22 484.2	7.0	293.5
家具制造业	…		2 359.6	2.3	40.3
造纸及纸制品业	69.8	0.3	3 801 145.0	113.3	19 558.2
印刷业和记录媒介的复制	0.1	0.2	7 201.0	237.3	366.9
文教体育用品制造业	…	8.1	727.7	3.1	17.6
石油加工、炼焦及核燃料加工业	78 825.0	2 932.3	291 253.7	143 774.5	83 627.9
化学原料及化学制品制造业	9 457.6	3 618.3	1 020 622.8	25 206.2	238 197.0
医药制造业	2 364.0	309.8	481 098.8	373.9	10 450.3
化学纤维制造业	99.8	197.8	259 325.9	903.5	4 997.1
橡胶制品业	0.1		5 768.8	93.8	157.6
塑料制品业	…		4 217.9	12.5	254.0
非金属矿物制品业	59.0	1.1	49 377.8	628.7	1 237.2
黑色金属冶炼及压延加工业	41 919.8	5 785.6	262 153.3	74 687.1	83 571.2
有色金属冶炼及压延加工业	705.1	132.5	65 696.2	1 379.9	12 534.9
金属制品业	170.8	1 789.3	32 341.7	324.5	1 930.2
通用设备制造业	1.2	3.2	21 102.8	887.5	185.3
专用设备制造业	0.1	2.8	20 915.5	148.9	1 194.0
交通运输设备制造业	5.1	37.6	53 486.7	2 898.2	2 039.8
电气机械及器材制造业	68.2	9.1	21 149.9	82.8	3 401.7
通信计算机及其他电子设备制造业	9.3	79.8	43 181.7	281.3	1 481.2
仪器仪表及文化办公用机械制造业	…	54.3	11 162.0	224.9	308.6
工艺品及其他制造业	0.2	21.8	3 774.4	37.2	89.2
废弃资源和废旧材料回收加工业			283.8	5.8	22.6
电力、热力的生产和供应业	440.7	…	94 958.8	867.4	7 333.5
燃气生产和供应业	1 447.7	66.6	41 549.8	160.7	786.9
水的生产和供应业	430.0	7.2	45 947.2	1 148.5	3 094.2
其他行业	1 304.7	88.8	86 837.1	739.2	1 458.3

按行业分重点调查工业废气排放及处理情况（一）

（2006）

行业名称	工业废气排放总量（标态）（亿米³）	燃料燃烧废气排放量	生产工艺废气排放量	燃料煤消费量（万吨）	原料煤消费量（万吨）	燃料油消费量（万吨）
行业总计	**330 990**	**181 637**	**149 354**	**151 709**	**63 383**	**2 666**
煤炭开采和洗选业	2 276	1 903	374	1 913	6 554	1
石油和天然气开采业	1 000	846	154	150		125
黑色金属矿采选业	1 098	423	675	124	134	1
有色金属矿采选业	553	299	255	249	79	10
非金属矿采选业	1 440	929	511	703	175	1
其他采矿业	16	14	3	14	1	…
农副食品加工业	2 367	2 097	270	1 195	88	22
食品制造业	1 009	986	24	692	3	13
饮料制造业	2 250	2 224	26	930	12	10
烟草制品业	406	201	204	107		6
纺织业	3 843	3 784	59	2 397	13	50
纺织服装、鞋、帽制造业	211	205	5	152	…	7
皮革毛皮羽毛（绒）及其制品业	245	165	80	109	…	6
木材加工及木竹藤棕草制品业	881	484	397	250	14	1
家具制造业	287	53	234	20	5	1
造纸及纸制品业	5 395	4 878	516	3 923	69	18
印刷业和记录媒介的复制	48	20	28	18	…	7
文教体育用品制造业	27	8	19	5		1
石油加工炼焦及核燃料加工业	10 234	4 897	5 337	1 813	19 493	278
化学原料及化学制品制造业	19 258	10 759	8 499	7 681	6 153	202
医药制造业	885	785	100	632	7	7
化学纤维制造业	3 313	1 507	1 806	884	4	112
橡胶制品业	676	470	207	358	…	13
塑料制品业	564	235	329	154	13	13
非金属矿物制品业	65 132	13 972	51 161	5 865	11 500	537
黑色金属冶炼及压延加工业	73 691	17 339	56 352	6 104	16 944	88
有色金属冶炼及压延加工业	16 744	2 728	14 016	2 270	511	68
金属制品业	1 450	722	729	271	126	15
通用设备制造业	1 160	588	572	355	39	10
专用设备制造业	633	369	264	275	81	25
交通运输设备制造业	2 888	620	2 268	456	5	18
电气机械及器材制造业	551	136	416	88	3	5
通信计算机及其他电子设备制造业	2 072	207	1 865	234	30	16
仪器仪表及文化办公用机械制造业	494	136	358	124	…	3
工艺品及其他制造业	230	29	200	25	35	6
废弃资源和废旧材料回收加工业	682	677	5	11	2	…
电力、热力的生产和供应业	101 566	101 340	225	107 288	254	585
燃气生产和供应业	736	582	155	172	818	3
水的生产和供应业	32	32		26		9
其他行业	4 645	3 988	657	3 673	217	370

按行业分重点调查工业废气排放及处理情况（二）

（2006）

单位：吨

行业名称	二氧化硫去除量	燃料燃烧过程中去除的	生产工艺过程中去除的	二氧化硫排放量	燃料燃烧过程中排放的	生产工艺过程中排放的
行业总计	**14 511 053**	**6 656 895**	**7 854 007**	**20 417 904**	**17 279 316**	**3 132 108**
煤炭开采和洗选业	89 001	84 764	4 237	144 890	127 945	16 946
石油和天然气开采业	69 578	5 756	63 822	30 058	26 977	3 081
黑色金属矿采选业	11 268	8 115	3 153	52 929	27 355	25 574
有色金属矿采选业	78 606	19 070	59 536	97 760	32 626	65 135
非金属矿采选业	9 374	8 739	635	55 593	44 957	10 636
其他采矿业	350	40	310	2 908	1 955	953
农副食品加工业	62 605	59 201	3 404	167 719	165 426	2 293
食品制造业	38 311	30 901	7 410	105 324	104 576	620
饮料制造业	45 874	45 305	569	115 829	115 110	719
烟草制品业	12 042	11 957	85	14 727	14 719	8
纺织业	93 073	92 739	334	302 728	301 499	1 209
纺织服装、鞋、帽制造业	7 767	7 765	2	21 256	21 190	66
皮革毛皮羽毛（绒）及其制品业	3 470	3 470	…	18 166	17 796	370
木材加工及木竹藤棕草制品业	7 076	5 730	1 346	47 087	44 318	2 769
家具制造业	269	268	1	2 864	2 864	
造纸及纸制品业	202 015	200 825	1 189	427 746	424 196	3 550
印刷业和记录媒介的复制	412	412		2 371	2 291	81
文教体育用品制造业	544	539	5	777	772	4
石油加工炼焦及核燃料加工业	1 364 020	98 732	1 265 289	660 828	223 298	437 531
化学原料及化学制品制造业	803 086	449 222	353 717	1 114 840	865 664	248 034
医药制造业	27 366	26 716	650	72 886	71 999	867
化学纤维制造业	58 327	48 289	10 039	131 915	131 184	732
橡胶制品业	31 952	31 714	238	46 095	45 648	447
塑料制品业	3 093	2 969	124	20 038	20 008	31
非金属矿物制品业	477 351	134 762	342 589	1 867 273	941 004	925 837
黑色金属冶炼及压延加工业	412 423	155 196	257 223	1 493 680	578 461	910 480
有色金属冶炼及压延加工业	5 600 320	182 897	5 417 423	694 552	273 822	420 730
金属制品业	14 254	9 242	5 012	39 768	30 729	9 038
通用设备制造业	40 690	12 777	27 913	53 581	49 860	3 721
专用设备制造业	15 469	14 833	636	22 906	21 221	1 685
交通运输设备制造业	19 422	19 297	125	38 902	38 321	582
电气机械及器材制造业	1 470	1 404	66	10 069	9 368	701
通信计算机及其他电子设备制造业	11 233	10 217	1 016	17 787	14 000	3 786
仪器仪表及文化办公用机械制造业	906	900	6	15 908	15 836	72
工艺品及其他制造业	523	400	123	3 614	3 322	291
废弃资源和废旧材料回收加工业	225	201	24	1 038	797	241
电力、热力的生产和供应业	4 275 424	4 253 546	21 878	12 041 162	12 037 270	3 892
燃气生产和供应业	8 284	4 598	3 686	21 418	15 625	5 793
水的生产和供应业	1 289	1 269	20	4 800	4 800	
其他行业	612 291	612 117	174	434 111	410 509	23 602

按行业分重点调查工业废气排放及处理情况（三）

（2006） 单位：吨

行业名称	氮氧化物去除量	氮氧化物排放量	烟尘去除量	烟尘排放量	粉尘去除量	粉尘排放量
行业总计	**941 567**	**10 435 061**	**235 645 615**	**7 748 621**	**72 799 462**	**7 221 719**
煤炭开采和洗选业	1 755	87 093	922 506	121 758	78 911	176 485
石油和天然气开采业	449	29 543	98 936	9 761	3 865	3 003
黑色金属矿采选业	91	8 754	244 205	16 707	193 210	36 574
有色金属矿采选业	1 699	16 995	84 358	21 880	369 861	19 991
非金属矿采选业	109	42 702	207 161	52 217	155 128	80 616
其他采矿业	46	1 449	2 556	3 358	2 183	1 595
农副食品加工业	5 939	101 716	865 387	160 656	14 198	7 093
食品制造业	1 677	43 533	471 236	49 836	39 558	2 115
饮料制造业	3 643	59 489	504 172	88 429	6 259	2 112
烟草制品业	225	5 735	24 756	7 055	21 284	2 116
纺织业	11 656	152 386	1 314 528	123 542	10 637	6 104
纺织服装、鞋、帽制造业	405	10 768	117 910	10 999	101	600
皮革毛皮羽毛（绒）及其制品业	226	8 355	30 448	9 957	928	1 513
木材加工及木竹藤棕草制品业	279	16 428	128 898	37 494	135 133	15 466
家具制造业	16	1 439	4 487	3 633	18 454	1 459
造纸及纸制品业	20 688	232 243	2 552 284	209 027	18 590	12 074
印刷业和记录媒介的复制	20	1 118	6 326	1 848	249	35
文教体育用品制造业	11	374	1 323	579	150 636	3 733
石油加工炼焦及核燃料加工业	30 713	218 832	2 440 410	368 434	364 218	181 766
化学原料及化学制品制造业	85 571	565 243	6 036 958	511 250	841 582	174 880
医药制造业	697	42 024	424 047	45 201	4 317	1 856
化学纤维制造业	23 542	91 162	1 044 722	45 882	19 621	1 874
橡胶制品业	2 113	23 858	462 585	17 530	3 864	768
塑料制品业	376	9 974	32 542	6 697	236	255
非金属矿物制品业	50 044	835 986	5 552 371	1 224 395	42 681 505	5 067 474
黑色金属冶炼及压延加工业	10 311	742 800	12 334 706	726 875	22 923 602	1 137 227
有色金属冶炼及压延加工业	16 095	137 341	2 684 697	149 926	3 323 547	141 322
金属制品业	1 167	16 605	119 478	22 211	68 226	12 368
通用设备制造业	3 214	25 666	106 228	28 145	106 886	36 753
专用设备制造业	4 411	14 077	106 700	18 038	37 813	2 185
交通运输设备制造业	6 349	54 145	400 665	34 785	110 418	25 375
电气机械及器材制造业	64	6 829	54 361	6 929	11 188	1 119
通信计算机及其他电子设备制造业	231	11 661	55 922	6 426	55 726	6 784
仪器仪表及文化办公用机械制造业	35	12 069	65 319	5 922	3 530	204
工艺品及其他制造业	88	1 032	5 122	2 411	4 509	2 707
废弃资源和废旧材料回收加工业	57	452	3 232	1 277	1 108	1 635
电力、热力的生产和供应业	638 731	6 622 661	190 477 201	3 466 518	26 161	13 776
燃气生产和供应业	633	6 588	319 956	15 348	2 149	1 544
水的生产和供应业	19	1 194	6 132	943		
其他行业	18 171	174 741	5 330 783	114 744	990 067	37 163

按行业分重点调查工业废气排放及处理情况（四）

（2006）

行业名称	废气治理设施数（套）	脱硫设施数	废气治理设施处理能力（标态）（万米^3/时）	脱硫设施脱硫能力（吨/时）	废气治理设施运行费用（万元）	脱硫设施运行费用
行业总计	**154 557**	**24 530**	**801 084.5**	**16 115.8**	**4 643 681.2**	**1 323 719.7**
煤炭开采和洗选业	5 238	1 059	4 601.1	1 792.8	30 108.9	12 134.9
石油和天然气开采业	526	145	503.4	13.5	13 755.2	2 687.8
黑色金属矿采选业	632	130	1 597.2	2.8	13 160.1	1 220.1
有色金属矿采选业	772	135	923.4	30.6	15 032.9	7 134.7
非金属矿采选业	494	96	596.7	3.9	4 218.2	1 314.7
其他采矿业	69	12	46.3	1.5	101.7	8.7
农副食品加工业	3 687	778	6 735.0	147.3	34 028.3	4 266.6
食品制造业	2 223	486	2 371.6	128.7	11 097.8	3 109.7
饮料制造业	2 221	741	2 457.8	198.3	25 459.6	6 048.2
烟草制品业	776	105	880.2	7.2	9 425.1	990.4
纺织业	7 507	1 772	56 819.0	201.8	330 196.2	81 374.5
纺织服装、鞋、帽制造业	643	135	625.2	23.3	11 382.2	997.8
皮革毛皮羽毛（绒）及其制品业	1 265	174	510.7	54.6	4 608.1	481.1
木材加工及木竹藤棕草制品业	1 439	132	1 556.1	46.6	13 430.0	626.3
家具制造业	879	19	1 313.8	2.7	2 625.9	307.9
造纸及纸制品业	4 910	1 136	8 214.8	483.9	66 205.9	15 641.6
印刷业和记录媒介的复制	222	36	125.1	1.2	988.8	133.9
文教体育用品制造业	171	19	115.8	0.3	765.3	143.7
石油加工炼焦及核燃料加工业	1 890	472	7 711.6	1 012.1	183 018.5	82 795.7
化学原料及化学制品制造业	13 422	3 045	29 994.5	1 187.1	275 351.2	73 510.7
医药制造业	2 744	614	2 964.5	314.5	17 481.6	3 172.9
化学纤维制造业	609	176	1 859.9	7.3	38 882.9	8 119.5
橡胶制品业	1 293	287	1 198.4	51.1	10 074.9	3 460.8
塑料制品业	770	123	1 039.7	24.0	7 752.5	439.2
非金属矿物制品业	46 399	2 452	235 860.4	617.6	574 864.9	24 627.8
黑色金属冶炼及压延加工业	12 041	1 086	125 096.5	2 478.8	995 092.1	62 675.0
有色金属冶炼及压延加工业	5 448	1 119	19 343.9	931.0	462 911.4	137 640.8
金属制品业	3 253	332	2 255.2	93.7	16 268.9	950.1
通用设备制造业	3 288	565	9 707.9	259.2	13 688.2	1 982.7
专用设备制造业	1 762	332	2 321.7	117.1	7 826.8	1 148.3
交通运输设备制造业	6 496	707	8 759.1	263.5	29 433.5	2 972.2
电气机械及器材制造业	2 433	141	1 259.5	79.7	7 890.5	504.2
通信计算机及其他电子设备制造业	2 856	129	4 538.9	4.4	24 447.7	952.4
仪器仪表及文化办公用机械制造业	707	54	709.9	12.7	6 970.1	358.1
工艺品及其他制造业	332	57	286.7	0.9	808.3	84.3
废弃资源和废旧材料回收加工业	112	35	82.0	9.4	443.4	21.0
电力、热力的生产和供应业	11 137	4 737	248 172.8	4 942.8	1 340 589.4	764 545.6
燃气生产和供应业	321	64	480.1	9.8	3 826.2	929.7
水的生产和供应业	83	43	53.7	4.6	307.9	145.7
其他行业	3 487	850	7 394.3	553.7	39 160.1	14 060.4

按行业分重点调查工业固体废物产生及处置利用情况（一）

（2006）

单位：万吨

行业名称	工业固体废物产生量	危险废物	冶炼废渣	粉煤灰	炉渣	煤矸石	尾矿	放射性废物	脱硫石膏	其他废物
行业总计	**142 053**	**1 084.73**	**20 894**	**26 599**	**15 602**	**17 692**	**42 739**	**10**	**873**	**16 559**
煤炭开采和洗选业	19 352	18.29	15	272	434	16 324	1 726		…	562
石油和天然气开采业	119	10.09	…	10	17	…	…	…	…	82
黑色金属矿采选业	13 680	2.01	149	6	66	184	12 856		…	417
有色金属矿采选业	18 339	155.51	209	26	41	10	16 893	8	…	997
非金属矿采选业	1 170	75.21	42	31	100	15	784			123
其他采矿业	107	…		…	2	30	69			6
农副食品加工业	1 450	0.01	…	112	254	…	…		…	1 084
食品制造业	362	0.31	…	47	128	2	…		1	184
饮料制造业	811	0.01	…	45	206	…	…		1	560
烟草制品业	40	0.03		3	24	…			…	13
纺织业	679	9.70	1	105	459	2	1		…	102
纺织服装、鞋、帽制造业	64	1.80	…	8	32	…			…	22
皮革毛皮羽毛（绒）及其制品业	59	3.88	…	1	26	…	2	…	…	26
木材加工及木竹藤棕草制品业	134	0.02		11	55	…	1			66
家具制造业	33	0.05		4	9					20
造纸及纸制品业	1 596	8.27	6	398	637	10	1		6	529
印刷业和记录媒介的复制	8	0.45	…	…	5					3
文教体育用品制造业	4	0.27	…	…	1					2
石油加工炼焦及核燃料加工业	1 779	90.53	39	305	153	519	137	…	3	533
化学原料及化学制品制造业	10 152	350.10	529	911	2 264	22	696	…	140	5 242
医药制造业	258	24.20	…	32	139	…	…	…	…	63
化学纤维制造业	376	26.13		185	120		5		2	39
橡胶制品业	96	0.38		19	65	…	…		1	11
塑料制品业	47	0.80		2	38	…			…	6
非金属矿物制品业	4 224	2.67	197	798	1 270	130	221		27	1 571
黑色金属冶炼及压延加工业	29 149	45.75	17 665	452	1 450	83	6 750	1	2	2 700
有色金属冶炼及压延加工业	5 544	89.83	1 586	375	299	30	2 583	1	10	570
金属制品业	227	13.45	104	8	55	…			…	47
通用设备制造业	205	5.61	37	8	78	…	…	…	5	72
专用设备制造业	138	2.14	12	21	62	…		…	…	41
交通运输设备制造业	572	8.28	7	39	89	…			…	428
电气机械及器材制造业	43	5.99	1	4	18	…				15
通信计算机及其他电子设备制造业	115	34.08	…	3	18		6	…	…	55
仪器仪表及文化办公用机械制造业	46	8.44	…	1	25					12
工艺品及其他制造业	9	0.45	…	…	6	…			…	2
废弃资源和废旧材料回收加工业	40	0.15	13	…	2					25
电力、热力的生产和供应业	29 135	21.23	12	21 619	6 469	300	2		665	48
燃气生产和供应业	112	0.20		32	56	22				2
水的生产和供应业	14	0.05		1	7					7
其他行业	1 763	68.34	270	707	425	9	6	…	11	272

按行业分重点调查工业固体废物产生及处置利用情况（二）

（2006）　　　　单位：万吨

行业名称	工业固体废物综合利用量	危险废物	冶炼废渣	粉煤灰	炉渣	煤矸石	尾矿	脱硫石膏	其他废物
行业总计	**86 304**	**565.57**	**18 589**	**20 256**	**14 075**	**12 159**	**8 415**	**594**	**11 640**
煤炭开采和洗选业	12 337	0.86	15	140	367	10 679	861		269
石油和天然气开采业	60	2.92	…	10	14	…	…	…	34
黑色金属矿采选业	2 313	…	140	6	44	179	1 727	7	211
有色金属矿采选业	4 829	15.92	160	18	27	…	4 334	…	274
非金属矿采选业	653	0.01	40	25	95	39	407		48
其他采矿业	60			…	2	25	30		3
农副食品加工业	1 403	0.01	…	114	241	…		…	1 048
食品制造业	328	0.21	1	46	124	2	…	1	155
饮料制造业	778	…	…	42	199	…	…	…	537
烟草制品业	34	…		2	22	…			9
纺织业	634	5.99	1	103	453	1		…	69
纺织服装、鞋、帽制造业	61	0.72	…	8	31	…		…	20
皮革毛皮羽毛（绒）及其制品业	42	0.98		1	26	…		…	14
木材加工及木竹藤棕草制品业	128	0.01		11	54	…	1		62
家具制造业	32	…		4	8				20
造纸及纸制品业	1 355	8.01	6	377	626	10		6	322
印刷业和记录媒介的复制	7	0.01	…	…	4				2
文教体育用品制造业	3	…	…	…	1				2
石油加工炼焦及核燃料加工业	1 529	66.63	23	246	131	443	113	2	503
化学原料及化学制品制造业	6 676	216.99	331	816	2 124	22	293	28	2 845
医药制造业	240	20.76	…	31	136	…		…	52
化学纤维制造业	363	26.31		178	119		5	2	34
橡胶制品业	94	0.05		19	64	…	…	1	10
塑料制品业	45	0.19		2	38			…	4
非金属矿物制品业	4 283	1.02	201	884	1 245	335	159	25	1 433
黑色金属冶炼及压延加工业	20 829	37.79	16 214	394	1 375	77	206	1	2 523
有色金属冶炼及压延加工业	1 975	45.50	924	235	203	23	271	6	267
金属制品业	312	3.65	207	6	54	…		…	41
通用设备制造业	181	12.13	30	7	71	…	…	…	61
专用设备制造业	118	0.86	11	20	59	…		…	27
交通运输设备制造业	518	2.18	4	38	87	…		3	382
电气机械及器材制造业	37	3.08	1	4	17	…			12
通信计算机及其他电子设备制造业	84	16.37	…	3	17		6	…	43
仪器仪表及文化办公用机械制造业	41	5.94	…	1	25				10
工艺品及其他制造业	7	0.23	…	…	6	…			1
废弃资源和废旧材料回收加工业	37	0.11	13	…	2				22
电力、热力的生产和供应业	22 153	5.01	10	15 783	5 522	288	2	502	29
燃气生产和供应业	74	0.32	1	5	48	19			1
水的生产和供应业	12	…		1	6				5
其他行业	1 638	64.81	256	673	388	16	…	11	237

按行业分重点调查工业固体废物产生及处置利用情况（三）

（2006）

单位：万吨

行业名称	工业固体废物贮存量	危险废物贮存量	工业固体废物处置量	危险废物处置量	工业固体废物排放量	危险废物排放量
行业总计	**20 698**	**266.81**	**41 190**	**289.34**	**1 200**	**20.20**
煤炭开采和洗选业	1 886	17.42	5 700	0.01	374	
石油和天然气开采业	6	2.09	43	6.44	11	
黑色金属矿采选业	4 362	…	6 889	2.00	116	0.24
有色金属矿采选业	4 176	94.55	9 284	32.89	228	19.50
非金属矿采选业	274	75.20	234		23	
其他采矿业	14		32	…	1	
农副食品加工业	9		31	0.02	7	
食品制造业	21	0.01	12	0.14	2	
饮料制造业	…	…	27	0.11	7	
烟草制品业	…	…	6	0.03	…	
纺织业	…	0.05	42	4.28	3	
纺织服装、鞋、帽制造业	…	0.01	3	1.08	1	
皮革毛皮羽毛（绒）及其制品业	4	0.92	13	2.03	1	
木材加工及木竹藤棕草制品业	2		3	0.06	…	
家具制造业	…		…	0.04	…	
造纸及纸制品业	37	0.08	213	0.65	7	
印刷业和记录媒介的复制	…	…	1	0.44	…	
文教体育用品制造业	…	…	1	0.27	…	
石油加工炼焦及核燃料加工业	51	0.92	187	23.65	37	
化学原料及化学制品制造业	1 854	63.47	1 755	92.03	46	0.03
医药制造业	2	1.83	13	1.77	3	…
化学纤维制造业	8	0.04	7	1.52	2	
橡胶制品业	…	…	1	0.36	…	
塑料制品业	…	0.07	2	0.54	…	
非金属矿物制品业	63	0.06	165	2.22	85	…
黑色金属冶炼及压延加工业	1 524	0.36	6 745	8.25	121	0.38
有色金属冶炼及压延加工业	1 098	7.59	6 644	42.40	35	
金属制品业	2	1.04	18	8.89	1	
通用设备制造业	4	0.01	15	2.34	14	
专用设备制造业	1	…	15	1.25	3	0.05
交通运输设备制造业	9	0.09	41	6.59	5	
电气机械及器材制造业	…	0.01	6	2.94	…	…
通信计算机及其他电子设备制造业	3	0.06	26	17.99	3	
仪器仪表及文化办公用机械制造业	…	…	5	2.58	…	
工艺品及其他制造业	…	0.01	2	0.25	…	
废弃资源和废旧材料回收加工业	…	0.01	3	0.14	…	
电力、热力的生产和供应业	5 229	0.87	2 905	15.37	55	
燃气生产和供应业	27		11	0.07	…	
水的生产和供应业	…	0.01	2	0.04	…	
其他行业	33	0.01	88	7.65	9	

按行业分重点调查工业汇总情况（一）

（2006）

行业名称	工业用水总量（万吨）	新鲜水量	重复用水量	工业总产值（现价）（万元）	专职环保人员数（人）
行业总计	**32 511 694**	**6 326 617**	**26 185 092**	**1 426 003 300.0**	**268 477**
煤炭开采和洗选业	158 374	57 285	101 089	36 047 417.9	6 608
石油和天然气开采业	153 794	32 361	121 433	42 958 156.6	2 089
黑色金属矿采选业	138 085	30 206	107 879	8 418 887.9	2 545
有色金属矿采选业	143 884	53 412	90 471	10 062 241.4	10 054
非金属矿采选业	64 118	16 668	47 450	1 797 677.0	1 144
其他采矿业	1 635	684	951	235 710.8	209
农副食品加工业	246 627	114 218	132 409	43 133 585.6	8 858
食品制造业	170 927	57 124	113 802	21 547 637.4	8 592
饮料制造业	177 106	77 083	100 023	28 741 031.1	6 856
烟草制品业	14 719	4 730	9 989	30 658 240.9	327
纺织业	328 092	233 510	94 582	58 460 198.7	34 453
纺织服装、鞋、帽制造业	20 237	16 532	3 704	8 427 972.4	2 578
皮革毛皮羽毛（绒）及其制品业	28 095	23 892	4 203	10 278 514.6	3 027
木材加工及木竹藤棕草制品业	12 833	7 122	5 711	4 702 796.1	1 485
家具制造业	1 242	1 148	94	1 603 425.4	784
造纸及纸制品业	892 355	440 076	452 279	28 854 041.6	15 596
印刷业和记录媒介的复制	3 501	1 539	1 961	2 935 440.9	1 197
文教体育用品制造业	1 391	1 190	201	1 913 910.6	333
石油加工、炼焦及核燃料加工业	2 061 342	120 765	1 940 578	128 371 384.9	5 476
化学原料及化学制品制造业	4 090 966	493 044	3 597 938	116 305 742.9	37 577
医药制造业	245 491	64 128	181 363	25 309 022.1	7 045
化学纤维制造业	506 974	62 449	444 525	17 621 805.0	2 258
橡胶制品业	56 519	8 507	48 012	13 987 470.8	1 283
塑料制品业	13 983	4 745	9 238	7 363 282.9	1 315
非金属矿物制品业	254 624	81 429	173 195	48 816 522.6	29 352
黑色金属冶炼及压延加工业	5 035 708	386 088	4 649 620	178 340 216.2	12 113
有色金属冶炼及压延加工业	401 863	72 680	329 183	68 629 217.0	6 671
金属制品业	80 257	27 298	52 960	41 813 185.2	11 221
通用设备制造业	38 321	16 461	21 860	57 318 889.1	4 237
专用设备制造业	51 964	14 436	37 527	26 901 185.5	1 989
交通运输设备制造业	123 903	34 880	89 023	106 515 624.7	6 450
电气机械及器材制造业	24 980	10 870	14 111	35 259 490.2	2 157
通信计算机及其他电子设备制造业	119 812	30 977	88 835	74 191 632.9	4 053
仪器仪表及文化办公用机械制造业	36 698	9 989	26 709	34 362 822.5	1 465
工艺品及其他制造业	4 255	2 815	1 439	3 021 055.1	807
废弃资源和废旧材料回收加工业	819	538	282	6 573 045.7	303
电力、热力的生产和供应业	16 322 718	3 600 374	12 722 344	72 995 105.5	15 333
燃气生产和供应业	58 132	5 857	52 274	1 191 425.2	295
水的生产和供应业	46 621	43 570	3 050	774 002.0	763
其他行业	378 730	65 937	312 794	19 564 285.1	9 579

按行业分重点调查工业汇总情况（二）

（2006）

行业名称	三废综合利用产品产值（万元）	工业锅炉		锅炉烟尘排放达标的		工业炉窑数（座）	
		台数	蒸吨数	台数	蒸吨数		烟尘排放达标的
行业总计	**10 267 926.0**	**80 366**	**1 666 539.7**	**73 508**	**1 617 658.9**	**82 814**	**64 599**
煤炭开采和洗选业	291 524.3	4 320	30 937.1	3 753	29 439.3	413	204
石油和天然气开采业	98 109.9	2 218	17 040.5	2 146	16 840.0	2 776	2 769
黑色金属矿采选业	74 515.4	382	2 032.2	364	1 990.7	163	130
有色金属矿采选业	35 504.6	476	1 966.5	412	1 442.5	274	213
非金属矿采选业	29 264.4	222	2 706.0	204	2 664.5	566	277
其他采矿业	23 606.6	70	213.0	59	181.0	60	35
农副食品加工业	374 100.6	4 664	37 825.2	3 985	35 100.9	2 199	123
食品制造业	126 461.4	3 194	15 245.0	2 860	14 022.2	222	152
饮料制造业	163 328.8	2 664	17 814.1	2 294	16 648.9	683	601
烟草制品业	3 178.3	308	4 971.4	298	3 027.9	5	5
纺织业	88 445.9	8 740	47 002.6	8 294	42 308.9	491	452
纺织服装、鞋、帽制造业	17 360.3	954	5 772.2	916	5 629.8	40	35
皮革毛皮羽毛（绒）及其制品业	23 332.5	1 666	3 176.3	1 367	2 810.3	45	44
木材加工及木竹藤棕草制品业	49 599.8	2 567	6 099.4	2 261	5 408.4	259	84
家具制造业	8 893.9	172	559.0	159	546.0	19	19
造纸及纸制品业	864 692.5	5 490	45 605.6	5 050	42 829.3	192	157
印刷业和记录媒介的复制	16 101.8	280	1 356.1	251	786.1	21	20
文教体育用品制造业	6 963.4	104	247.1	99	241.6	60	60
石油加工炼焦及核燃料加工业	672 102.7	1 131	31 946.0	1 076	30 328.6	4 705	3 763
化学原料及化学制品制造业	1 089 273.0	8 841	85 794.4	8 162	81 621.3	6 429	5 392
医药制造业	88 632.3	2 604	13 182.8	2 423	12 289.1	108	98
化学纤维制造业	94 033.8	463	14 168.2	456	13 891.2	238	237
橡胶制品业	31 158.9	1 006	6 999.6	962	6 773.7	94	87
塑料制品业	36 770.4	780	4 843.5	749	4 772.8	57	55
非金属矿物制品业	2 799 413.9	2 745	14 834.6	2 356	13 102.1	31 866	21 901
黑色金属冶炼及压延加工业	1 476 290.0	1 957	56 767.6	1 863	55 885.8	9 743	8 825
有色金属冶炼及压延加工业	556 061.0	1 174	19 571.0	1 062	19 189.8	10 217	9 108
金属制品业	66 924.8	1 537	3 792.2	1 407	3 660.1	2 118	1 756
通用设备制造业	63 151.7	1 167	5 983.7	1 078	5 678.9	3 691	3 326
专用设备制造业	28 421.0	921	6 494.4	882	6 262.5	1 433	1 339
交通运输设备制造业	114 790.5	1 966	13 592.0	1 876	13 316.8	1 762	1 629
电气机械及器材制造业	40 724.8	573	2 647.8	551	2 570.9	344	330
通信计算机及其他电子设备制造业	124 601.8	625	4 918.9	600	4 876.0	454	438
仪器仪表及文化办公用机械制造业	16 928.8	276	1 224.1	265	1 181.6	67	65
工艺品及其他制造业	4 868.5	200	498.5	191	485.0	110	108
废弃资源和废旧材料回收加工业	116 555.1	32	93.7	30	73.7	67	67
电力、热力的生产和供应业	396 257.5	9 975	1 080 635.4	9 202	1 062 987.3	53	49
燃气生产和供应业	10 250.6	154	2 575.3	148	2 450.5	126	118
水的生产和供应业	316.2	245	1 907.4	237	1 743.4		
其他行业	145 414.3	3 503	53 499.3	3 160	52 599.5	644	528

按行业分重点调查工业“三废”治理效率

（2006）

单位：%

行业名称	工业废水排放达标率	工业用水重复用水率	二氧化硫排放达标率	氮氧化物排放达标率	烟尘排放达标率	工业粉尘排放达标率	工业固体废物	
							综合利用率	处置率
行业总计	**92.2**	**80.5**	**83.2**	**80.4**	**88.3**	**84.1**	**59.8**	**28.0**
煤炭开采和洗选业	88.9	63.8	77.2	59.6	76.0	80.4	62.2	28.8
石油和天然气开采业	95.7	79.0	83.9	85.9	73.6	90.7	50.6	35.6
黑色金属矿采选业	92.3	78.1	87.2	83.5	92.3	75.9	16.9	50.4
有色金属矿采选业	88.9	62.9	42.2	50.6	88.1	74.7	26.3	50.2
非金属矿采选业	92.1	74.0	86.4	84.8	85.8	68.5	55.2	20.0
其他采矿业	83.4	58.2	49.0	23.9	84.5	97.6	56.4	30.3
农副食品加工业	85.9	53.7	76.3	46.5	88.9	79.6	96.8	2.1
食品制造业	90.0	66.6	77.7	71.8	84.6	53.2	90.5	3.2
饮料制造业	85.7	56.5	63.3	68.0	67.4	54.1	95.9	3.3
烟草制品业	88.5	67.9	77.0	64.9	93.1	93.2	84.2	15.0
纺织业	92.5	28.8	80.3	74.0	92.4	59.1	93.4	6.2
纺织服装、鞋、帽制造业	96.2	18.3	83.6	89.8	94.8	98.2	93.9	4.6
皮革毛皮羽毛（绒）及其制品业	92.5	15.0	75.1	66.7	56.9	95.3	70.6	21.2
木材加工及木竹藤棕草制品业	92.2	44.5	83.2	61.1	88.5	71.5	95.6	2.4
家具制造业	94.9	7.6	89.3	44.5	99.4	98.5	98.9	0.9
造纸及纸制品业	89.8	50.7	87.4	77.6	89.2	84.4	84.2	13.3
印刷业和记录媒介的复制	92.7	56.0	86.3	84.3	56.9	100.0	89.7	7.9
文教体育用品制造业	93.8	14.5	74.3	71.7	95.9	99.9	85.1	14.0
石油加工、炼焦及核燃料加工业	97.3	94.1	81.4	81.7	90.5	86.5	84.7	10.5
化学原料及化学制品制造业	91.8	87.9	84.2	74.5	88.2	73.3	65.3	17.1
医药制造业	94.8	73.9	81.1	70.5	82.0	90.4	93.1	5.0
化学纤维制造业	95.6	87.7	98.9	93.5	98.7	57.7	95.5	2.0
橡胶制品业	98.2	84.9	91.5	81.6	91.9	84.2	98.1	1.4
塑料制品业	89.6	66.1	83.8	79.2	93.7	85.0	95.5	4.1
非金属矿物制品业	92.6	68.0	77.7	70.7	79.6	85.1	95.7	3.9
黑色金属冶炼及压延加工业	97.1	92.3	90.0	77.5	91.0	83.3	71.3	23.1
有色金属冶炼及压延加工业	88.6	81.9	70.7	77.8	92.1	79.7	35.4	68.4
金属制品业	94.1	66.0	85.2	64.8	80.9	97.0	93.8	7.8
通用设备制造业	94.3	57.0	88.1	79.6	88.2	90.8	84.8	7.3
专用设备制造业	96.4	72.2	87.4	69.3	65.4	77.8	85.8	11.2
交通运输设备制造业	96.4	71.8	89.4	61.2	80.3	97.5	90.4	7.2
电气机械及器材制造业	95.8	56.5	83.6	78.2	91.7	92.0	84.8	14.4
通信计算机及其他电子设备制造业	95.1	74.1	88.2	49.9	91.2	87.1	73.1	22.7
仪器仪表及文化办公用机械制造业	98.0	72.8	97.2	55.3	98.6	99.7	89.5	10.4
工艺品及其他制造业	97.5	33.8	75.0	68.6	54.2	73.5	81.4	16.8
废弃资源和废旧材料回收加工业	98.7	34.4	59.8	49.9	99.4	99.9	91.9	8.1
电力、热力的生产和供应业	96.7	77.9	84.1	84.4	91.6	79.6	73.4	9.9
燃气生产和供应业	90.5	89.9	58.3	56.0	96.2	85.1	66.4	9.6
水的生产和供应业	97.3	6.5	70.7	83.6	89.2		84.0	12.3
其他行业	77.7	82.6	88.8	63.9	85.7	85.9	92.7	5.0

各地区火电行业工业废气排放及处理情况（一）

（2006）

地区名称	汇总工业企业数（个）	燃料煤消费量（万吨）	燃料油消费量（万吨）	废气治理设施数（套）	脱硫设施数	废气治理设施运行费用（万元）	脱硫设施运行费用
全国	**1 571**	**102 795.8**	**553.9**	**6 192**	**2 297**	**1 908 187.1**	**654 488.6**
北京	6	408.9	13.9	33	8	6 235.0	4 471.0
天津	11	1 445.9	1.3	53	20	6 997.6	4 177.6
河北	72	6 702.7	2.1	285	122	44 803.9	25 776.3
山西	73	5 875.2	4.4	270	145	35 835.5	23 698.3
内蒙古	46	7 555.5	2.4	199	41	26 084.3	5 747.3
辽宁	63	5 261.3	3.8	272	72	22 084.9	3 513.0
吉林	87	3 013.0	1.1	575	236	14 793.9	1 692.6
黑龙江	85	3 567.9	2.6	650	41	14 565.6	350.4
上海	15	2 168.2	22.7	53	5	14 892.9	829.0
江苏	206	10 624.3	4.5	714	345	195 826.4	127 059.9
浙江	137	6 290.0	78.2	547	417	88 830.2	58 382.2
安徽	37	3 085.0	1.6	130	19	20 279.0	9 842.9
福建	25	2 314.2	5.4	91	28	21 062.1	12 613.5
江西	16	1 735.8	1.0	46	12	10 816.3	6 799.4
山东	168	6 596.7	3.7	623	332	921 950.5	83 018.1
河南	130	7 584.8	7.0	406	105	78 436.6	42 366.2
湖北	31	2 878.1	1.4	109	25	16 654.6	7 659.6
湖南	20	2 111.1	1.5	108	29	13 397.0	7 311.8
广东	105	5 928.7	373.4	207	88	178 470.3	131 305.2
广西	12	1 248.9	0.7	38	6	8 206.7	4 810.0
海南	4	252.5	0.2	10	1	2 085.0	1 634.0
重庆	30	1 042.3	1.9	76	52	46 534.4	34 420.2
四川	48	2 256.3	2.0	149	48	26 576.4	14 943.0
贵州	19	3 984.1	12.0	84	18	31 944.0	11 964.9
云南	14	1 975.3	1.2	53	15	27 139.2	16 363.8
陕西	51	2 440.6	1.6	169	31	17 597.0	9 485.4
甘肃	12	1 290.9	0.7	39	5	5 243.2	503.0
青海	3	386.5	0.4	9		75.0	
宁夏	11	1 529.3	0.8	48	11	7 153.0	3 735.0
新疆	34	1 241.8	0.4	146	20	3 616.6	15.0

各地区火电行业工业废气排放及处理情况（二）

（2006）

单位：吨

地　区 名　称	工业二氧化硫 排放量	工业二氧化硫 去除量	工业氮氧化物 排放量	工业氮氧化物 去除量	工业烟尘 排放量	工业烟尘 去除量
全　国	**11 551 209**	**4 065 422**	**6 306 947**	**629 418**	**3 227 110**	**185 498 743**
北　京	16 574	8 928	15 480	6 567	933	296 327
天　津	109 016	49 019	55 076	19 050	20 453	2 232 614
河　北	685 007	352 099	660 791	86 716	161 307	13 482 893
山　西	576 272	253 957	291 151	15 234	330 198	11 738 068
内蒙古	800 352	187 664	541 670	1 245	153 373	12 959 564
辽　宁	404 288	48 843	310 035	7 610	161 714	9 040 080
吉　林	216 383	4 432	193 225	7 415	197 794	5 107 813
黑龙江	290 949	5 140	223 930	1 108	269 237	7 389 701
上　海	240 647	1 966	228 154		25 428	3 480 267
江　苏	691 424	579 326	498 842	88 026	182 615	20 790 197
浙　江	517 925	373 190	324 714	11 861	92 456	7 649 366
安　徽	287 114	43 874	240 166	30 305	121 296	5 609 988
福　建	196 166	115 779	81 805	15 052	27 523	3 203 406
江　西	292 482	42 290	120 619	15 697	60 980	4 695 550
山　东	678 907	492 138	417 759	242 518	123 489	14 107 341
河　南	933 066	196 144	516 879	3 977	380 031	17 431 444
湖　北	321 758	104 574	244 107	2 772	99 554	5 997 160
湖　南	270 436	62 529	201 579	2 694	113 220	4 639 647
广　东	675 754	262 441	370 422	2 882	50 469	6 890 581
广　西	298 032	129 787	31 941	20 998	48 117	2 761 944
海　南	16 370	3 681	6 940		5 902	482 375
重　庆	311 183	268 156	92 028	113	57 044	2 001 803
四　川	490 069	153 945	96 065	9 415	200 181	4 912 256
贵　州	861 571	168 405	92 801	8 806	41 655	5 837 565
云　南	226 214	53 487	73 897	22 998	64 265	2 270 719
陕　西	532 207	34 730	122 948	415	104 530	5 323 995
甘　肃	163 163	61 338	86 679	5 313	32 852	2 734 750
青　海	51 981		29 304		11 599	623 897
宁　夏	262 963	5 839	60 382	204	42 772	900 216
新　疆	132 936	1 721	77 558	427	46 123	907 216

流域及入海陆源废水排放统计

LIUYU JI RUHAI LUYUAN FEISHUI PAIFANG TONGJI

流域接纳工业废水及处理情况（一）

（2006）

流域	地区名称	汇总工业企业数（个）	工业废水排放量（万吨）	工业废水排放达标量（万吨）	工业废水处理量（万吨）	废水治理设施数（套）	本年运行费用（万元）
总计		**58 678**	**1 760 666**	**1 609 448**	**3 631 155**	**53 778**	**2 770 749.0**
辽河	内蒙古	220	3 601	2 891	2 251	107	3 141.9
	辽宁	3 479	53 254	48 006	167 068	1 336	184 039.3
	吉林	164	1 285	632	2 851	111	1 391.2
	合计	3 863	58 140	51 529	172 170	1 554	188 572.4
海河	北京	722	10 136	10 064	76 118	529	46 875.3
	天津	1 720	22 679	22 626	87 227	855	56 144.0
	河北	2 697	117 736	110 591	337 324	3 526	125 040.8
	山西	1 083	11 781	10 010	59 777	2 177	99 022.3
	内蒙古	42	740	664	277	21	435.2
	山东	742	34 881	34 268	28 086	2 421	95 496.0
	河南	1 266	45 029	41 346	66 307	929	47 575.4
	合计	8 272	242 982	229 568	655 115	10 458	470 589.0
淮河	江苏	1 742	48 779	47 658	69 555	1 118	71 516.4
	安徽	611	28 407	27 932	69 710	607	79 088.4
	山东	1 221	37 984	37 206	67 380	1 091	72 047.4
	河南	1 300	43 103	40 996	108 673	1 089	37 993.3
	合计	4 874	158 273	153 792	315 318	3 905	260 645.5
松花江	内蒙古	92	3 986	1 290	1 733	60	2 629.1
	吉林	559	25 982	21 844	23 888	440	29 413.9
	黑龙江	1 164	40 758	35 995	86 964	846	184 392.3
	合计	1 815	70 727	59 129	112 585	1 346	216 435.3
珠江	江西	29	588	514	281	16	97.1
	湖南	123	1 336	1 101	2 359	172	1 563.3
	广东	5 163	133 846	123 348	98 265	5 095	290 223.9
	广西	1 402	116 641	108 465	208 955	1 880	97 061.9
	贵州	1 145	4 363	2 754	26 821	932	15 669.8
	云南	538	6 410	6 102	38 526	648	20 518.9
	合计	8 400	263 184	242 285	375 207	8 743	425 134.9

流域接纳工业废水及处理情况（一）（续表）

（2006）

流域	地区名称	汇总工业企业数（个）	工业废水排放量（万吨）	工业废水排放达标量（万吨）	工业废水处理量（万吨）	废水治理设施数（套）	本年运行费用（万元）
长江	上　海	227	1 616	1 523	1 446	170	5 695.7
	江　苏	4 517	238 886	233 242	415 682	3 932	327 066.0
	浙　江	1 624	46 241	43 118	93 296	1 515	78 611.0
	安　徽	1 277	43 276	41 726	120 425	977	51 184.9
	江　西	1 291	63 997	59 670	104 771	1 504	60 757.6
	河　南	339	16 567	15 579	15 353	460	17 454.7
	湖　北	2 112	81 907	74 402	215 211	1 902	95 536.2
	湖　南	2 736	100 024	91 618	249 964	2 916	72 974.7
	广　西	66	918	889	8 046	96	757.5
	重　庆	1 879	83 502	78 324	69 592	1 355	42 200.7
	四　川	3 083	47 641	40 278	83 771	2 476	43 372.8
	贵　州	2 256	11 342	8 951	27 195	1 889	33 103.5
	云　南	720	9 607	8 843	59 851	832	28 224.9
	陕　西	435	5 690	4 942	16 401	544	7 494.7
	甘　肃	207	997	490	3 235	151	4 023.5
	青　海	14	175	135	79	2	502.8
	合　计	22 783	752 386	703 730	1 484 318	20 721	868 961.2
黄河	山　西	2 436	30 716	18 441	104 874	1 615	75 912.2
	内蒙古	625	14 835	12 981	56 036	463	23 978.4
	山　东	1 648	43 207	42 232	165 509	1 433	114 057.3
	河　南	1 473	36 693	31 987	71 358	1 230	41 018.6
	陕　西	1 265	58 342	42 534	90 724	1 437	46 215.4
	甘　肃	667	7 975	6 180	7 639	461	20 863.2
	青　海	199	4 980	3 349	1 400	131	3 108.4
	宁　夏	358	18 226	11 711	18 903	281	15 257.5
	合　计	8 671	214 974	169 415	516 442	7 051	340 411.0

流域接纳工业废水及处理情况（二）

（2006）

单位：吨

流域	地区名称	工业废水中污染物排放量					
		汞	镉	六价铬	铅	砷	挥发酚
总计		**2.451**	**46.990**	**66.064**	**267.261**	**232.319**	**3 212.299**
辽河	内蒙古		0.001	0.165	0.148	0.484	0.587
	辽宁		0.109	1.109	2.399	1.489	61.267
	吉林			…			0.037
	合计		0.110	1.274	2.547	1.973	61.891
海河	北京		0.002	0.091	0.021		0.777
	天津			0.156	0.233	…	13.302
	河北	0.065	0.018	3.263	0.455	2.115	13.370
	山西	0.013	0.001	0.065	0.080	0.060	179.158
	内蒙古					0.001	0.765
	山东			0.199	0.012	0.045	9.165
	河南	0.054	0.021	1.729	0.086		7.922
	合计	0.132	0.043	5.503	0.886	2.220	224.460
淮河	江苏		0.012	1.551	0.234	1.174	11.918
	安徽			0.552	0.045	0.010	5.606
	山东	0.006		0.121		0.099	6.034
	河南		0.033	0.356	0.046	0.069	2.570
	合计	0.006	0.045	2.580	0.325	1.352	26.128
松花江	内蒙古		0.022	0.014	0.126	0.014	0.078
	吉林	…	0.014	0.931	1.261	0.318	8.237
	黑龙江		0.003	0.078	0.079	0.088	2 078.122
	合计	…	0.040	1.023	1.465	0.420	2 086.437
珠江	江西				0.002	0.016	0.003
	湖南		0.545	0.003	3.808	7.894	0.742
	广东	0.093	1.693	9.419	11.275	2.064	7.632
	广西	0.052	4.293	1.154	25.121	18.319	40.513
	贵州		0.060	0.060	1.440	0.390	0.120
	云南		0.070	0.017	0.406	2.073	1.448
	合计	0.145	6.661	10.653	42.052	30.755	50.459

流域接纳工业废水及处理情况（二）（续表）

（2006）

单位：吨

流域	地区名称	工业废水中污染物排放量					
		汞	镉	六价铬	铅	砷	挥发酚
长江	上 海			0.088			0.056
	江 苏	0.003	0.157	13.331	10.197	1.858	63.093
	浙 江			2.886	0.132		9.338
	安 徽	0.002	0.098	0.401	2.208	4.974	18.395
	江 西	0.024	3.236	1.711	9.335	8.747	24.124
	河 南	0.009	0.032	0.063	0.355	0.816	2.037
	湖 北	0.042	0.119	3.481	2.146	3.894	53.295
	湖 南	1.324	18.532	13.890	77.113	80.500	120.168
	广 西		0.025	0.003	0.751		
	重 庆	…	0.003	3.500	2.947	0.280	3.643
	四 川	0.420	0.111	1.789	0.718	1.230	12.162
	贵 州	0.010	0.640	0.100	2.530	0.480	1.300
	云 南	0.006	1.489	0.030	24.150	1.474	2.749
	陕 西	0.001	0.125	0.034	1.389	0.403	1.112
	甘 肃	0.033	0.163	0.498	16.327	0.154	0.225
	青 海		0.004		0.295		
	合 计	1.873	24.735	41.805	150.592	104.808	311.697
黄河	山 西		0.020	0.226	4.466	0.306	148.577
	内蒙古	0.006	0.010	0.140	2.726	0.695	197.415
	山 东			0.595	0.003	0.107	9.942
	河 南	0.018	0.211	0.292	3.880	1.564	1.532
	陕 西		0.109	0.851	0.773	0.248	12.662
	甘 肃	0.270	14.912	0.978	56.078	86.353	9.195
	青 海	0.001	0.086	0.098	1.461	0.007	0.225
	宁 夏		0.007	0.047	0.008	1.512	71.679
	合 计	0.295	15.356	3.226	69.394	90.791	451.227

流域接纳工业废水及处理情况（三）

（2006）　　单位：吨

流域	地区名称	工业废水中污染物排放量			
		氰化物	化学需氧量	石油类	氨氮
总计		**446.315**	**4 019 775.661**	**16 414.734**	**355 298.043**
辽河	内蒙古	1.820	10 112.819	24.304	493.780
	辽宁	100.442	209 751.407	2 440.199	9 402.376
	吉林	0.007	10 070.770	0.016	449.305
	合计	102.268	229 934.995	2 464.519	10 345.461
海河	北京	0.089	9 197.785	71.178	642.935
	天津	4.835	36 014.799	295.490	3 989.559
	河北	10.940	323 487.908	1 571.728	26 779.130
	山西	13.184	59 654.557	150.991	6 258.621
	内蒙古		2 662.884	2.167	260.755
	山东	2.694	110 130.791	74.075	7 822.956
	河南	12.172	128 800.664	354.754	10 295.732
	合计	43.914	669 949.388	2 520.383	56 049.687
淮河	江苏	5.361	65 424.832	780.013	6 914.595
	安徽	5.092	45 461.015	118.711	11 792.839
	山东	3.174	59 201.284	93.646	6 890.382
	河南	7.738	89 979.431	120.361	15 590.250
	合计	21.365	260 066.562	1 112.730	41 188.066
松花江	内蒙古	0.002	33 783.459	1.681	57.445
	吉林	2.298	91 294.168	423.215	5 038.527
	黑龙江	7.565	125 888.421	1 324.109	8 571.106
	合计	9.865	250 966.048	1 749.004	13 667.078
珠江	江西		1 956.745	0.800	228.340
	湖南	4.360	1 587.951	4.830	393.390
	广东	10.119	105 842.312	238.629	5 469.354
	广西	34.238	559 989.831	304.908	33 400.029
	贵州	0.520	5 765.980	3.880	631.130
	云南	7.933	11 009.124	75.276	2 526.078
	合计	57.171	686 151.942	628.322	42 648.321

流域接纳工业废水及处理情况（三）（续表）

（2006）

单位：吨

流域	地区名称	工业废水中污染物排放量			
		氰化物	化学需氧量	石油类	氨氮
长江	上 海	0.021	835.515	32.516	70.344
	江 苏	12.731	221 215.923	1 728.514	16 489.981
	浙 江	2.029	50 716.995	95.088	4 599.148
	安 徽	15.235	104 662.123	496.303	11 700.938
	江 西	25.487	115 671.429	318.471	7 941.605
	河 南	11.982	49 962.314	90.988	9 109.105
	湖 北	32.016	140 539.900	933.250	19 837.869
	湖 南	54.013	292 054.110	1 027.703	37 404.801
	广 西	0.201	770.229	2.200	173.154
	重 庆	3.177	114 993.189	154.422	12 132.596
	四 川	4.494	123 374.908	264.983	13 240.800
	贵 州	3.730	14 248.250	86.580	1 644.870
	云 南	3.570	18 615.845	102.420	2 646.752
	陕 西	0.959	9 660.215	36.208	1 456.920
	甘 肃	0.008	1 146.616	6.993	10.560
	青 海		118.961	4.780	15.860
	合 计	169.654	1 258 586.521	5 381.418	138 475.302
黄河	山 西	15.366	109 394.571	361.578	7 950.465
	内蒙古	10.847	70 652.570	128.849	4 511.324
	山 东	2.557	109 058.676	366.638	7 168.295
	河 南	11.318	82 344.323	358.962	11 643.556
	陕 西	1.393	138 177.636	953.612	2 469.215
	甘 肃	0.314	21 631.206	195.406	12 124.919
	青 海		25 108.383	52.979	1 064.643
	宁 夏	0.285	107 752.840	140.335	5 991.711
	合 计	42.078	664 120.205	2 558.358	52 924.128

流域接纳工业废水及处理情况（四）

（2006）

单位：吨

流域	地区名称	工业废水中污染物去除量				
		氰化物	化学需氧量	石油类	氨氮	挥发酚
总计		**13 827.2**	**7 865 129.1**	**235 943.0**	**441 550.0**	**128 764.2**
辽河	内蒙古		25 118.2	2.8	31.4	
	辽宁	452.8	239 456.4	7 036.1	8 903.6	4 577.2
	吉林	5.8	16 856.5	27.9	28.0	…
	合计	458.6	281 431.1	7 066.8	8 963.0	4 577.3
海河	北京	47.4	38 933.3	1 840.5	2 042.4	882.4
	天津	4.4	89 676.3	2 721.5	713.9	316.6
	河北	928.6	576 323.6	3 649.8	21 052.7	5 366.7
	山西	11.5	14 599.7	425.0	1 420.3	262.6
	内蒙古		90.9			0.3
	山东	21.0	433 263.6	645.7	13 312.3	5.2
	河南	34.8	405 737.3	979.7	5 902.9	833.9
	合计	1 047.7	1 558 624.8	10 262.1	44 444.5	7 667.7
淮河	江苏	200.9	213 975.5	873.4	9 411.7	285.8
	安徽	172.2	260 652.0	320.4	56 985.5	201.6
	山东	24.9	481 182.7	12 044.8	24 529.3	506.5
	河南	854.2	281 741.5	454.4	16 490.5	603.9
	合计	1 252.2	1 237 551.6	13 693.0	107 417.0	1 597.8
松花江	内蒙古		136 615.9	9.0	8.4	
	吉林	19.1	242 239.4	1 239.2	3 348.8	552.0
	黑龙江	44.6	214 708.7	23 664.7	3 244.4	789.5
	合计	63.7	593 564.1	24 913.0	6 601.6	1 341.5
珠江	江西		153.2		3.7	
	湖南	12.0	2 679.2	1.9	102.1	
	广东	731.9	383 973.1	2 396.0	8 433.2	344.0
	广西	23.1	564 305.0	478.4	2 294.0	389.4
	贵州	7.6	5 523.8	82.5	778.9	59.5
	云南	29.6	28 975.6	16 281.5	106.6	7 076.3
	合计	804.3	985 610.0	19 240.3	11 718.5	7 869.2

流域接纳工业废水及处理情况（四）（续表）

（2006）

单位：吨

流域	地区名称	工业废水中污染物去除量				
		氰化物	化学需氧量	石油类	氨氮	挥发酚
长江	上海	…	6 088.6	38.7	129.7	…
	江苏	382.6	604 046.9	53 113.8	35 881.6	3 828.6
	浙江	24.6	235 727.2	645.0	6 071.1	390.7
	安徽	4 634.1	138 002.2	20 221.3	11 649.8	20 364.3
	江西	314.6	79 188.5	5 518.0	10 539.4	1 390.3
	河南	79.2	179 135.7	3 828.3	6 821.5	18.1
	湖北	154.9	222 125.4	4 117.8	8 859.0	1 396.2
	湖南	213.3	319 589.6	3 649.7	19 765.6	739.6
	广西	0.1	1 916.1	1.0	40.8	…
	重庆	9.4	89 912.0	862.4	4 314.9	1 312.7
	四川	160.8	154 328.1	881.0	10 340.5	1 204.5
	贵州	246.4	62 556.4	166.1	1 277.2	262.7
	云南	22.7	25 569.7	721.9	21 771.6	442.9
	陕西	49.7	9 347.1	33.8	1 736.1	9.0
	甘肃		926.4	4.1	0.6	…
	青海		295.8		…	
	合计	6 292.5	2 128 755.7	93 802.9	139 199.4	31 359.6
黄河	山西	2 461.1	76 689.5	2 296.7	6 592.6	65 015.2
	内蒙古	1 185.2	79 060.8	1 436.0	10 690.5	3 418.5
	山东	63.7	427 711.4	30 815.6	70 489.0	4 724.4
	河南	101.4	177 991.5	18 618.6	10 099.9	403.4
	陕西	95.6	211 410.0	6 311.1	17 380.8	567.4
	甘肃	0.1	18 354.9	5 653.1	1 684.3	104.5
	青海		1 261.1	…	306.3	
	宁夏	1.0	87 112.6	1 833.7	5 962.6	117.8
	合计	3 908.2	1 079 591.8	66 964.8	123 206.0	74 351.2

流域工业污染治理情况

（2006）

流域	地区名称	工业废水治理施工项目数（个）	工业废水治理竣工项目数（个）	工业废水治理项目完成投资（万元）	废水治理竣工项目新增处理能力（万吨/日）
总计		**4 751**	**4 248**	**1 213 439.2**	**1 198.1**
辽河	内蒙古	6	6	8 134.8	1.8
	辽宁	78	64	43 389.3	3.2
	吉林	8	5	2 057.2	2.5
	合计	92	75	53 581.3	7.6
海河	北京	42	39	7 667.6	3.6
	天津	56	50	25 337.3	1.0
	河北	115	100	37 581.4	19.0
	山西	39	26	22 738.3	14.2
	内蒙古				
	山东	68	63	33 933.9	12.2
	河南	77	72	31 598.4	13.4
	合计	397	350	158 856.9	63.4
淮河	江苏	116	99	30 423.5	21.7
	安徽	71	59	25 713.1	23.3
	山东	254	212	84 511.3	245.6
	河南	99	81	42 687.8	39.4
	合计	540	451	183 335.7	330.0
松花江	内蒙古	2	2	225.0	0.9
	吉林	46	37	28 335.7	9.8
	黑龙江	55	43	42 737.6	111.7
	合计	103	82	71 298.3	122.4
珠江	江西	1	1	400.0	…
	湖南	14	14	1 622.6	12.1
	广东	386	327	69 878.4	50.4
	广西	167	150	42 071.1	48.3
	贵州	329	322	13 325.8	6.2
	云南	31	30	4 294.8	18.9
	合计	928	844	131 592.7	135.9

流域工业污染治理情况（续表）

（2006）

流域	地区名称	工业废水治理施工项目数（个）	工业废水治理竣工项目数（个）	工业废水治理项目完成投资（万元）	废水治理竣工项目新增处理能力（万吨/日）
长江	上海	5	5	680.6	…
	江苏	266	248	65 485.6	37.3
	浙江	142	131	18 805.4	20.5
	安徽	74	62	18 755.0	6.1
	江西	123	96	23 569.6	16.5
	河南	29	27	8 160.8	2.3
	湖北	192	160	57 769.9	54.2
	湖南	184	174	48 705.7	105.7
	广西				
	重庆	67	63	18 334.5	16.5
	四川	272	240	50 887.6	60.9
	贵州	476	465	20 437.6	8.3
	云南	68	65	6 578.5	15.1
	陕西	42	37	5 071.9	2.9
	甘肃	48	47	2 589.6	1.0
	青海				
	合计	1 988	1 820	345 832.3	347.3
黄河	山西	182	164	63 059.3	49.3
	内蒙古	37	33	17 237.6	45.4
	山东	237	206	110 314.3	48.8
	河南	95	85	22 642.2	19.0
	陕西	83	73	26 136.8	8.8
	甘肃	36	34	9 225.9	13.1
	青海	1	1	144.0	…
	宁夏	26	24	19 485.4	3.5
	合计	697	620	268 245.5	188.0

流域生活及其他污染情况

（2006）

流域	地区名称	污水处理厂数（座）	污水处理厂处理能力（万吨/日）	城镇生活污水排放量（万吨）	处理生活污水量（万吨）	城镇生活污水中化学需氧量排放量（吨）	城镇生活污水中氨氮排放量（吨）
总计		**723**	**4 533**	**2 254 804**	**862 496**	**7 016 616**	**756 314**
辽河	内蒙古	4	28	7 110	3 201	27 302	5 539
	辽宁	19	252	92 405	48 003	288 750	42 830
	吉林	3	16	5 822	558	38 434	4 502
	合计	26	296	105 338	51 762	354 486	52 871
海河	北京			87 191	54 589	142 166	14 834
	天津	15	180	33 151	24 308	99 508	10 245
	河北	38	268	88 298	44 820	308 191	33 655
	山西	7	32	22 588	9 484	76 091	10 053
	内蒙古			685		6 725	989
	山东	16	69	20 184	10 709	61 974	8 105
	河南	9	80	29 524	13 053	82 058	9 818
	合计	85	628	281 621	156 964	776 714	87 699
淮河	江苏	32	122	87 832	28 364	269 941	29 842
	安徽	10	83	39 227	13 759	120 699	15 717
	山东	22	120	39 180	20 100	135 295	16 999
	河南	20	112	65 374	20 995	184 198	24 803
	合计	84	436	231 613	83 219	710 133	87 361
松花江	内蒙古	2	9	3 747	1 202	15 217	4 234
	吉林	7	93	42 354	8 864	171 901	20 252
	黑龙江	8	98	59 119	19 887	285 164	34 398
	合计	17	199	105 220	29 953	472 282	58 884
珠江	江西			1 434		8 068	628
	湖南	1	8	3 860	1 432	19 869	1 633
	广东	77	651	325 010	106 789	423 698	51 978
	广西	8	40	100 739	10 902	331 867	26 455
	贵州	1	4	12 123	521	63 732	4 820
	云南	14	29	8 732	5 131	50 447	4 278
	合计	101	732	451 899	124 776	897 682	89 790

流域生活及其他污染情况（续表）

（2006）

流域	地区名称	污水处理厂数（座）	污水处理厂处理能力（万吨/日）	城镇生活污水排放量（万吨）	处理生活污水量（万吨）	城镇生活污水中化学需氧量排放量（吨）	城镇生活污水中氨氮排放量（吨）
长江	上 海	10	13	6 654	3 140	17 715	1 051
	江 苏	122	444	141 925	87 967	379 521	31 795
	浙 江	21	200	46 402	37 457	63 809	7 686
	安 徽	11	91	58 023	18 521	195 696	22 027
	江 西	4	52	70 088	11 442	356 472	27 167
	河 南	3	23	16 992	2 414	57 255	5 784
	湖 北	26	210	146 170	52 730	450 912	51 525
	湖 南	20	138	120 637	16 673	569 660	48 902
	广 西			2 476		9 993	777
	重 庆	34	161	60 844	29 273	133 370	14 161
	四 川	36	229	86 230	20 173	407 539	36 444
	贵 州	6	27	38 185	4 383	192 949	14 727
	云 南	15	77	28 657	20 763	72 581	5 523
	陕 西	1	10	7 923	860	38 436	3 942
	甘 肃	1	6	2 933		16 489	1 892
	青 海			891		3 563	416
	合 计	310	1 680	835 031	305 795	2 965 960	273 818
黄河	山 西	11	52	38 508	13 736	155 590	19 674
	内蒙古	10	40	15 076	8 522	72 280	12 776
	山 东	32	179	54 715	34 761	157 070	20 040
	河 南	17	122	50 936	21 908	122 412	15 732
	陕 西	9	66	36 674	13 205	161 085	17 648
	甘 肃	10	46	20 777	6 288	91 255	9 593
	青 海	1	9	10 612	2 600	32 974	4 760
	宁 夏	8	43	13 230	8 872	29 177	3 693
	合 计	98	558	240 528	109 891	821 842	103 915

湖泊接纳工业废水及处理情况（一）

（2006）

流域	地区名称	汇总工业企业数（个）	工业废水排放量（万吨）	工业废水排放达标量（万吨）	工业废水处理量（万吨）	废水治理设施数（套）	本年运行费用（万元）
总计		**4 603**	**226 775**	**220 105**	**401 296**	**4 384**	**308 559.0**
滇池	云南	205	1 579	1 522	9 387	246	8 021.1
巢湖	安徽	248	7 321	7 110	19 176	221	6 911.0
洞庭湖	湖南	140	15 033	13 983	12 873	229	15 481.0
鄱阳湖	江西	38	1 479	1 380	1 189	29	2 391.8
太湖	上海	130	807	767	613	90	4 654.0
	江苏	2 351	155 782	153 555	277 322	2 183	195 965.6
	浙江	1 491	44 774	41 788	80 734	1 386	75 134.5
	合计	3 972	201 363	196 109	358 670	3 659	275 754.1

湖泊接纳工业废水及处理情况（二）

（2006）

单位：吨

流域	地区名称	工业废水中污染物排放量					
		汞	镉	六价铬	铅	砷	挥发酚
总计			**0.114**	**5.649**	**2.542**	**0.857**	**69.982**
滇池	云南		0.091	0.028	0.650	0.662	0.019
巢湖	安徽			0.033	0.115	0.058	11.416
洞庭湖	湖南			0.011			35.566
鄱阳湖	江西		0.008	0.042	0.162	0.022	0.347
太湖	上海			0.023			0.004
	江苏		0.015	2.831	1.483	0.114	21.418
	浙江			2.681	0.132		1.212
	合计		0.015	5.535	1.615	0.114	22.633

湖泊接纳工业废水及处理情况（三）

（2006）

单位：吨

流域	地区名称	工业废水中污染物排放量			
		氰化物	化学需氧量	石油类	氨氮
总计		**18.4**	**296 441.7**	**938.2**	**22 306.4**
滇池	云南		1 645.3	4.1	100.8
巢湖	安徽	11.0	8 432.9	170.3	1 338.4
洞庭湖	湖南	0.8	92 922.4	114.6	5 395.4
鄱阳湖	江西		1 611.4	3.8	42.8
太湖	上海		514.9	1.2	33.1
	江苏	4.8	143 166.1	550.3	10 995.0
	浙江	1.8	48 148.8	94.0	4 400.8
	合计	6.5	191 829.8	645.5	15 429.0

湖泊接纳工业废水及处理情况（四）

（2006）

单位：吨

流域	地区名称	工业废水中污染物去除量				
		氰化物	化学需氧量	石油类	氨氮	挥发酚
总计		**185.4**	**786 028.7**	**4 688.8**	**34 121.5**	**1 804.8**
滇池	云南	1.8	3 187.8	301.8	94.5	113.1
巢湖	安徽	24.1	17 213.1	270.2	4 256.4	704.9
洞庭湖	湖南		82 362.6	1 929.6	1 476.2	282.1
鄱阳湖	江西		11 519.9	249.6	19.2	2.0
太湖	上海		5 521.6	31.4	114.5	
	江苏	134.9	442 336.8	1261.1	24 985.0	397.0
	浙江	24.6	223 886.8	645.0	3 175.6	305.7
	合计	159.5	671 745.2	1 937.5	28 275.2	702.7

湖泊工业污染治理投资情况

（2006）

单位：个

流域	地区名称	工业废水治理施工项目数（个）	工业废水治理竣工项目数（个）	工业废水治理项目完成投资（万元）	废水治理竣工项目新增处理能力（万吨/日）
总计		**288**	**262**	**55 852.0**	**34.8**
滇池	云南	22	22	1 683.3	…
巢湖	安徽	25	23	2 899.1	1.4
洞庭湖	湖南	11	9	9 341.0	…
鄱阳湖	江西				
太湖	上海	2	2	330.6	
	江苏	98	86	23 218.1	12.9
	浙江	130	120	18 379.9	20.2
	合计	230	208	41 928.6	33.1

湖泊生活及其他污染情况

（2006）

流域	地区名称	污水处理厂数（座）	污水处理厂处理能力（万吨/日）	城镇生活污水排放量（万吨）	处理生活污水量（万吨）	城镇生活污水中化学需氧量排放量（吨）	城镇生活污水中氨氮排放量（吨）
总计		**144**	**617**	**182 920**	**120 492**	**367 756**	**35 118**
滇池	云南	8	59	19 947	17 313	19 033	1 051
巢湖	安徽	5	50	24 738	12 369	54 089	6 950
洞庭湖	湖南	1	10	12 067	2 535	57 802	4 348
鄱阳湖	江西			2 750		13 705	1 074
太湖	上海	10	13	4 829	3 140	11 848	594
	江苏	99	285	73 696	48 189	152 959	13 994
	浙江	21	200	44 893	36 947	58 320	7 107
	合计	130	498	123 418	88 276	223 127	21 696

三峡地区接纳工业废水及处理情况（一）

（2006）

地 区		汇总企业数（个）	工业废水排放量（万吨）	工业废水处理量（万吨）	工业废水排放达标量（万吨）	工业废水排放达标率（%）
总 计		**9 361**	**216 102**	**317 860**	**192 116**	**88.9**
库 区	湖 北	25	2 196	1 436	2 157	98.2
	重 庆	1 095	54 991	46 061	51 861	94.3
	合 计	1 120	57 188	47 497	54 018	94.5
影响区	湖 北	86	3 489	8 744	2 676	76.7
	重 庆	627	27 524	22 743	25 570	92.9
	四 川	604	24 565	18 373	20 389	83.0
	贵 州	92	587	649	439	74.7
	合 计	1 409	56 165	50 509	49 074	87.4
上游区	重 庆	60	416	264	359	86.4
	四 川	4 724	88 641	158 078	77 098	87
	贵 州	1 611	7 698	15 860	6 238	81
	云 南	437	5 994	45 652	5 329	88.9
	合 计	6 832	102 749	219 854	89 024	86.6

三峡地区接纳工业废水及处理情况（二）

（2006）

地 区		工业废水中污染物排放量					
		汞	镉	六价铬	铅	砷	挥发酚
总 计		**0.484**	**2.033**	**7.43**	**31.117**	**6.113**	**27.852**
库 区	湖 北						
	重 庆			1.839	1.494	0.28	2.978
	合 计			1.839	1.494	0.28	2.978
影响区	湖 北		0.006	0.002	0.089	0.509	0.038
	重 庆		0.003	1.596	1.452	0	0.665
	四 川		0.002	0.259	0.031	0.087	3.284
	贵 州						
	合 计		0.011	1.857	1.572	0.596	3.987
上游区	重 庆			0.061			
	四 川	0.468	0.574	3.622	4.291	4.482	16.94
	贵 州	0.01	0.05	0.05	0.26	0.06	1.23
	云 南	0.006	1.398	0.001	23.5	0.695	2.717
	合 计	0.484	2.022	3.734	28.051	5.237	20.887

三峡地区接纳工业废水及处理情况（三）

（2006）

地区		工业废水中污染物排放量			
		氰化物	化学需氧量	石油类	氨氮
总　计		**18.6**	**441 988.4**	**710.3**	**35 743.4**
库　区	湖　北		514.7		1.0
	重　庆	1.8	78 583.0	79.9	5 513.8
	合　计	1.8	79 097.8	79.9	5 514.8
影响区	湖　北		3 292.7	1.7	899.8
	重　庆	1.3	35 435.5	66.1	6 588.3
	四　川	3.9	73 917.3	78.0	3 168.1
	贵　州		3 220.7		74.2
	合　计	5.2	115 866.2	145.8	10 730.4
上游区	重　庆		449.4		10.9
	四　川	6.84	225 230.0	352.0	17 023.8
	贵　州	3.4	8 051.7	66.2	1 321.8
	云　南	1.4	13 293.3	66.4	1 141.7
	合　计	11.6	247 024.4	484.6	19 498.2

三峡地区工业废水治理投资情况

（2006）

地区		工业废水治理施工项目数（个）	工业废水治理竣工项目数（个）	工业废水治理项目完成投资（万元）	废水治理竣工项目新增处理能力（万吨/日）
总　计		**608**	**556**	**98 396.6**	**95.3**
库　区	湖　北	10	9	4 414.8	0.3
	重　庆	36	33	9 145.2	4.1
	合　计	46	42	13 560.0	4.5
影响区	湖　北	12	6	9 718.7	2.6
	重　庆	31	30	9 189.3	12.4
	四　川	32	27	4 125.0	6.3
	贵　州	3	3	238.0	0.1
	合　计	78	66	23 271.0	21.4
上游区	重　庆				
	四　川	249	222	47 982.1	55.5
	贵　州	195	189	10 161.5	4.7
	云　南	40	37	3 422.0	9.2
	合　计	484	448	61 565.6	69.4

三峡地区接纳生活污水及其他污染情况

（2006）

地 区		污　水处理厂数（座）	污水处理厂处理能力（万吨/日）	城镇生活污水排放量（万吨）	处理生活污水量（万吨）	城镇生活污水中化学需氧量排放量（吨）	城镇生活污水中氨氮排放量（吨）
总　计		**80**	**395**	**238 481**	**91 489**	**823 331**	**74 939**
库 区	湖 北	3	5	1 625	1 116	2 265	292
	重 庆	26	149	44 231	27 202	81 079	8 315
	合 计	29	154	45 856	28 317	83 344	8 607
影响区	湖 北	3	23	7 269	4 832	14 686	1 873
	重 庆	8	13	14 395	2 071	42 376	4 866
	四 川	4	17	17 493	4 107	83 021	8 280
	贵 州			1 345		7 355	554
	合 计	15	53	40 502	11 010	147 438	15 573
上游区	重 庆			936		3 912	379
	四 川	28	154	117 544	46 684	414 387	36 687
	贵 州	5	24	26 637	3 552	131 258	10 061
	云 南	3	10	7 006	1 926	42 992	3 632
	合 计	36	188	152 123	52 162	592 549	50 759

“南水北调”东线工程沿线接纳工业废水及处理情况（一）

（2006）

地 区名 称	汇总企业数（个）	工业废水排放量（万吨）	工业废水处理量（万吨）	工业废水排放达标量（万吨）	工业废水排放达标率（%）
总　计	**6 582**	**180 519**	**418 236**	**171 403**	**95.0**
天 津	1 661	21 266	83 559	21 213	99.8
河 北	436	12 378	5 379	9 870	79.7
江 苏	922	27 742	48 830	25 713	92.7
安 徽	309	17 736	28 369	17 337	97.8
山 东	2 241	60 346	193 792	58 790	97.4
河 南	1 013	41 051	58 307	38 481	93.7

“南水北调”东线工程沿线接纳工业废水及处理情况（二）

（2006）　　单位：吨

地区名称	工业废水中污染物排放量					
	汞	镉	六价铬	铅	砷	挥发酚
总计	**0.083**	**0.046**	**4.599**	**0.546**	**2.302**	**49.933**
天津			0.155	0.233	0.000	13.302
河北	0.020		0.094	0.018	1.794	2.108
江苏		0.003	1.347	0.164	0.391	9.756
安徽			0.541	0.025		3.156
山东	0.006		0.748		0.112	13.055
河南	0.057	0.043	1.716	0.107	0.004	8.557

“南水北调”东线工程沿线接纳工业废水及处理情况（三）

（2006）　　单位：吨

地区名称	工业废水中污染物排放量			
	氰化物	化学需氧量	石油类	氨氮
总计	**34.1**	**377 904.1**	**1 677.8**	**47 807.9**
天津	4.8	33 212.0	294.8	3 783.4
河北	0.6	48 646.3	331.6	8 440.9
江苏	2.7	40 121.4	215.0	4 599.2
安徽	2.6	22 434.9	103.3	6 219.4
山东	4.8	104 303.3	320.2	11 793.2
河南	18.6	129 186.2	412.9	12 971.8

“南水北调”东线工程沿线工业废水治理投资情况

（2006）

地区名称	工业废水治理施工项目数（个）	工业废水治理竣工项目数（个）	工业废水治理项目完成投资（万元）	废水治理竣工项目新增处理能力（万吨/日）
总计	**553**	**486**	**182 588.4**	**297.3**
天津	52	47	21 892.3	0.7
河北	16	15	2 482.8	0.4
江苏	14	14	1 299.6	2.0
安徽	33	30	11 970.6	4.8
山东	372	317	130 527.2	279.1
河南	66	63	14 415.9	10.3

“南水北调”东线工程沿线生活及其他污染情况

（2006）

地区名称	污水处理厂数（座）	污水处理厂处理能力（万吨/日）	城镇生活污水排放量（万吨）	处理生活污水量（万吨）	城镇生活污水中化学需氧量排放量（吨）	城镇生活污水中氨氮排放量（吨）
总计	**82**	**652**	**219 045**	**116 044**	**667 074**	**79 191**
天津	14	179	32 434	24 278	94 147	9 703
河北	2	20	7 401	747	40 874	4 031
江苏	16	70	45 732	19 877	138 477	14 909
安徽	4	46	18 984	8 992	50 729	7 905
山东	37	261	78 392	50 656	230 418	30 339
河南	9	76	36 102	11 494	112 429	12 304

入海陆源工业废水排放及处理情况（一）

（2006）

海域	地区名称	汇总工业企业数（个）	工业废水排放量（万吨）		工业废水排放达标量（万吨）	工业废水处理量（万吨）	废水治理设施数（套）	本年运行费用（万元）
				直接排入海的				
总计		**13 980**	**430 577**	**127 943**	**404 174**	**429 043**	**14 380**	**872 689.7**
渤海	天津	153	9 515	678	9 500	7 371	100	16 345.6
	河北	223	19 603	222	19 099	16 817	297	8 509.5
	辽宁	822	9 200	1 558	8 074	13 547	343	56 353.9
	山东	526	18 456	1 513	18 252	31 045	567	49 018.8
	合计	1 724	56 774	3 970	54 926	68 780	1 307	130 227.8
黄海	辽宁	357	33 864	30 912	33 258	3 995	235	11 121.7
	江苏	769	17 773	640	17 631	16 599	591	18 726.8
	山东	1 060	18 530	7 093	18 309	21 694	788	54 155.6
	合计	2 186	70 167	38 644	69 199	42 288	1 614	84 004.1
东海	上海	826	31 823	13 378	30 853	93 150	996	105 912.9
	浙江	2 900	80 455	9 130	67 618	71 594	3 635	264 464.5
	福建	1 682	89 339	56 526	88 568	83 337	2 298	55 774.6
	合计	5 408	201 617	79 034	187 039	248 080	6 929	426 152.0
南海	广东	4 250	90 799	3 350	82 580	61 160	4 162	224 001.8
	广西	178	5 844	739	5 266	5 475	139	2 360.2
	海南	234	5 376	2 206	5 165	3 259	229	5 943.8
	合计	4 662	102 019	6 295	93 010	69 894	4 530	232 305.8

入海陆源工业废水排放及处理情况（二）

（2006）

单位：吨

海域	地区名称	工业废水中污染物排放量									
		汞	镉	六价铬	铅	砷	挥发酚	氰化物	COD	石油类	氨氮
总计		**0.060**	**1.046**	**25.619**	**4.063**	**1.005**	**48.8**	**30.9**	**614 654.0**	**1 723.7**	**41 859.1**
渤海	天津						2.4	1.2	10 779.9	37.5	2 576.1
	河北			0.050		0.015	1.5	0.2	60 409.7	324.0	2 033.2
	辽宁			0.005			0.1		76 946.3	132.2	1 964.0
	山东			0.031		0.003	5.0	0.2	50 941.5	234.1	3 788.1
	合计			0.086		0.017	8.9	1.5	199 077.5	727.9	10 361.4
黄海	辽宁		0.002	0.010			16.2	2.1	14 186.0	296.5	3 678.4
	江苏		0.012	0.416			4.3	0.7	22 057.6	33.4	1 433.2
	山东		0.014	0.751	0.087	0.142	1.2	0.5	35 069.3	35.2	1 616.3
	合计		0.028	1.178	0.087	0.142	21.6	3.2	71 312.9	365.0	6 727.9
东海	上海	0.007		3.736	0.057	0.630	13.7	6.0	23 911.3	360.9	1 998.8
	浙江	0.004	0.004	13.201	0.247	0.012	1.2	13.2	140 466.4	57.0	13 533.5
	福建	0.038		0.881	0.166	0.036	0.1	0.3	40 163.6	29.7	3 444.0
	合计	0.050	0.004	17.818	0.470	0.678	14.9	19.5	204 541.3	447.5	18 976.3
南海	广东	0.011	1.013	6.218	3.463	0.167	1.9	6.3	86 286.1	169.6	4 128.1
	广西			0.318			1.4	0.3	44 287.1	7.7	1 468.6
	海南				0.044		0.0		9 149.2	5.9	196.8
	合计	0.011	1.014	6.536	3.507	0.167	3.3	6.6	139 722.4	183.3	5 793.6

入海陆源工业废水排放及处理情况（三）

（2006）

单位：吨

海域	地区名称	工业废水中污染物去除量				
		挥发酚	氰化物	化学需氧量	石油类	氨氮
总计		**2 266.0**	**1 737.1**	**2 000 239.3**	**85 243.3**	**78 773.0**
渤海	天津	266.8		22 880.6	2 500.6	222.3
	河北	0.8		68 433.7	78.7	196.4
	辽宁	275.4	56.8	115 154.6	4 165.6	3 950.5
	山东	186.7	229.9	224 267.0	15 875.4	3 242.2
	合计	729.7	286.7	430 735.8	22 620.3	7 611.4
黄海	辽宁	73.6	2.0	21 655.3	434.1	2 160.3
	江苏	9.0	11.9	98 665.8	115.3	4 020.1
	山东	50.2	3.2	187 505.2	365.8	1 228.0
	合计	132.8	17.1	307 826.3	915.2	7 408.4
东海	上海	905.8	66.7	192 358.8	34 856.1	3 595.6
	浙江	192.9	718.2	548 407.0	19 089.2	42 928.6
	福建	50.6	14.2	210 727.1	1 815.2	4 237.8
	合计	1 149.3	799.1	951 493.0	55 760.5	50 762.1
南海	广东	229.5	634.1	267 418.4	5 911.4	10 615.3
	广西	24.8	0.1	28 323.0	34.2	2 176.3
	海南			14 442.8	1.6	199.5
	合计	254.3	634.2	310 184.2	5 947.3	12 991.1

入海陆源环境污染治理投资情况

（2006）

流域	地区名称	工业废水治理施工项目数（个）	工业废水治理竣工项目数（个）	工业废水治理项目完成投资（万元）	废水治理竣工项目新增处理能力（万吨/日）
	总　计	**1 052**	**911**	**264 665.9**	**116.5**
渤海	天　津	21	19	16 031.4	0.1
	河　北	13	12	5 842.5	4.3
	辽　宁	24	21	12 797.4	0.4
	山　东	48	43	32 457.0	22.5
	合　计	106	95	67 128.3	27.4
黄海	辽　宁	17	17	3 548.9	3.0
	江　苏	72	71	19 624.4	9.0
	山　东	47	44	8 838.0	3.8
	合　计	136	132	32 011.3	15.8
东海	上　海	55	53	4 763.9	0.9
	浙　江	205	186	40 917.2	15.7
	福　建	159	115	64 102.9	12.0
	合　计	419	354	109 784.0	28.7
南海	广　东	355	296	50 769.6	33.5
	广　西	9	9	1 393.7	9.8
	海　南	27	25	3 579.0	1.4
	合　计	391	330	55 742.3	44.6

入海陆源生活及其他污染情况

（2006）

流域	地区名称	污水处理厂数（座）	污水处理厂处理能力（万吨/日）	城镇生活污水排放量（万吨）	处理生活污水量（万吨）	城镇生活污水中化学需氧量排放量（吨）	城镇生活污水中氨氮排放量（吨）
总计		**166**	**1 638.6**	**573 270**	**238 031**	**1 345 638**	**152 681**
渤海	天津	2	8.0	3 451	2 197	14 426	1 422
	河北	4	30.0	9 937	7 167	20 800	2 218
	辽宁	4	28.0	10 698	4 580	43 508	7 060
	山东	11	41.0	12 127	6 874	35 699	4 776
	合计	21	107.0	36 212	20 818	114 434	15 476
黄海	辽宁	7	50.0	11 984	8 415	34 549	7 401
	江苏	10	26.8	29 782	6 507	102 076	11 250
	山东	24	134.6	34 294	26 332	77 961	11 059
	合计	41	211.4	76 060	41 254	214 585	29 710
东海	上海	14	374.5	41 497	23 636	163 931	7 713
	浙江	26	221.8	53 444	27 288	161 687	13 364
	福建	17	116.3	43 785	18 377	158 509	23 852
	合计	57	712.6	138 726	69 302	484 127	44 929
南海	广东	42	548.5	280 243	95 220	402 239	52 225
	广西	1	20.0	14 024	1 354	43 729	3 454
	海南	4	39.1	28 006	10 084	86 523	6 887
	合计	47	607.6	322 272	106 658	532 492	62 566

6

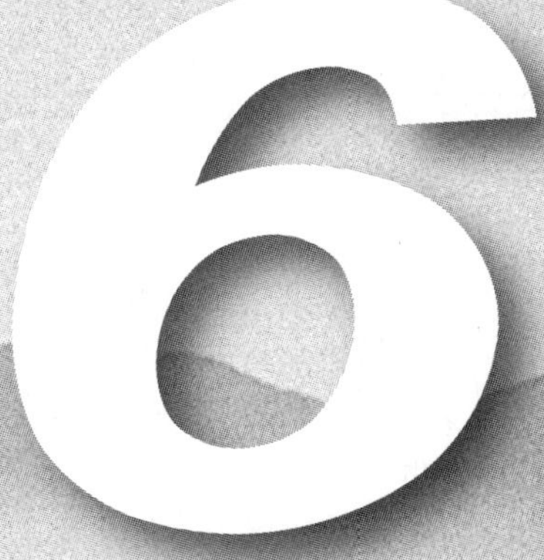

“两控区”废气排放统计

LIANGKONGQU FEIQI PAIFANG TONGJI

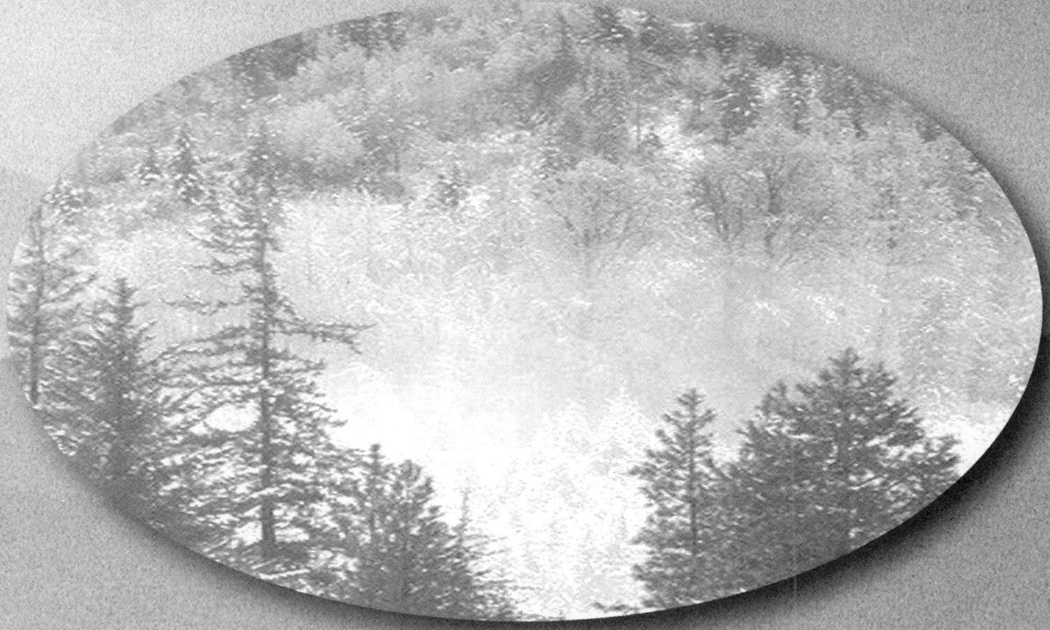

“两控区”工业废气排放及处理情况（一）

（2006）

单位：吨

区域名称	地区名称	工业二氧化硫排放量	燃料燃烧过程中排放的	生产工艺过程中排放的	工业二氧化硫去除量	燃料燃烧过程中去除的	生产工艺过程中去除的
	总　计	**12 189 506**	**10 282 723**	**1 906 783**	**11 060 079**	**4 676 678**	**6 383 402**
酸雨控制区	上　海	366 252	353 661	12 591	94 494	43 953	50 540
	江　苏	915 730	846 957	68 774	850 272	503 282	346 990
	浙　江	727 665	688 993	38 671	714 695	406 056	308 638
	安　徽	180 382	105 314	75 068	848 365	7 330	841 035
	福　建	373 958	305 209	68 750	134 391	128 601	5 790
	江　西	340 439	270 334	70 104	806 772	54 140	752 632
	湖　北	424 603	301 291	123 312	549 480	76 204	473 275
	湖　南	702 853	509 789	193 064	538 614	123 813	414 801
	广　东	792 543	714 366	78 177	449 329	347 027	102 301
	广　西	455 430	305 534	149 897	240 900	102 963	137 937
	重　庆	512 983	435 529	77 454	365 235	295 254	69 981
	四　川	311 216	249 479	61 736	37 561	32 443	5 118
	贵　州	613 465	595 035	18 430	254 235	226 570	27 665
	云　南	360 195	306 677	53 518	839 183	67 652	771 531
	合　计	7 077 713	5 988 167	1 089 546	6 723 525	2 415 288	4 308 237
二氧化硫控制区	北　京	87 645	86 250	1 395	64 536	37 235	27 300
	天　津	187 837	181 459	6 378	173 561	119 525	54 036
	河　北	744 721	627 455	117 267	433 478	350 645	82 832
	山　西	694 465	582 171	112 295	424 274	310 769	113 504
	内蒙古	497 548	423 523	74 025	349 153	195 099	154 054
	辽　宁	608 609	457 744	150 865	594 507	101 420	493 087
	吉　林	99 902	80 375	19 527	27 466	9 250	18 216
	江　苏	24 806	23 086	1 720	24 550	24 535	15
	山　东	967 455	878 810	88 645	1 020 251	882 930	137 321
	河　南	454 154	417 266	36 888	306 058	126 931	179 127
	陕　西	216 068	189 899	26 169	27 518	18 774	8 744
	甘　肃	271 930	106 491	165 438	866 222	67 331	798 891
	宁　夏	138 679	135 496	3 183	20 255	12 235	8 021
	新　疆	117 974	104 532	13 442	4 725	4 710	16
	合　计	5 111 793	4 294 556	817 237	4 336 554	2 261 390	2 075 165

“两控区”工业废气排放及处理情况（二）

（2006）

区域名称	地 区 名 称	汇总工业企业数（个）	燃料煤消费量（万吨）	原料煤消费量（万吨）	燃料油消费量（万吨）	废气治理设施数（套）	脱硫设施数	本年运行费用（万元）
	总 计	**45 623**	**93 674**	**36 608**	**2 278**	**92 974**	**15 317**	**3 163 038.0**
酸雨控制区	上 海	1 771	3 040	1 626	173	3 317	366	187 880.1
	江 苏	5 003	11 249	1 945	160	7 448	509	312 346.8
	浙 江	5 573	7 825	796	185	11 671	1 595	375 924.9
	安 徽	771	1 087	1 463	20	1 605	94	45 035.2
	福 建	2 574	2 870	749	55	4 865	193	66 378.7
	江 西	905	1 597	723	169	1 853	166	51 407.2
	湖 北	1 125	2 457	1 882	28	2 508	133	96 476.9
	湖 南	2 257	3 252	1 431	27	3 961	622	84 565.2
	广 东	6 221	7 753	1 209	990	8 319	764	335 035.7
	广 西	1 178	1 304	1 039	14	3 643	398	36 848.2
	重 庆	1 377	1 491	417	2	1 960	254	92 705.7
	四 川	2 924	931	471	8	2 080	137	28 206.7
	贵 州	1 135	1 971	441	24	1 533	449	33 745.1
	云 南	921	2 862	1 642	24	2 877	257	101 179.5
	合 计	33 735	49 688	15 834	1 879	57 640	5 937	1 847 735.9
二氧化硫控制区	北 京	544	1 401	606	78	1 895	586	46 211.5
	天 津	1 423	2 247	360	31	2 615	1 202	58 632.1
	河 北	770	6 701	2 975	4	4 587	1 084	183 266.0
	山 西	1 552	6 940	6 793	6	5 705	1 973	194 532.9
	内蒙古	457	3 589	2 754	2	1 747	213	48 289.1
	辽 宁	2 043	5 045	2 465	114	5 632	1 669	312 162.4
	吉 林	277	1 411	269	29	686	152	20 021.6
	江 苏	88	455	182	1	237	27	3 443.7
	山 东	2 789	8 839	2 868	95	6 571	1 330	319 724.8
	河 南	1 011	3 572	331	22	2 665	430	72 981.1
	陕 西	463	1 053	699	2	1 304	224	12 081.7
	甘 肃	218	931	52	15	685	104	28 034.0
	宁 夏	144	992	196	…	549	204	9 988.3
	新 疆	109	808	223	…	456	182	5 932.9
	合 计	11 888	43 986	20 774	399	35 334	9 380	1 315 302.1

“两控区”工业污染治理项目建设情况

（2006）

区域名称	地区名称	工业污染治理企业数（个）	废气治理项目施工数（个）	废气治理项目竣工数（个）	废气治理项目本年完成投资额（万元）	本年竣工废气治理项目新增设计处理能力（标态）（万米^3/时）
	总　计	**5 888**	**3 265**	**2 954**	**1 652 463**	**83 080.6**
酸雨控制区	上　海	153	81	71	18 705.8	170.7
	江　苏	414	173	156	140 991.9	11 271.9
	浙　江	679	188	172	105 933.6	1 019.0
	安　徽	75	49	36	5 171.9	116.3
	福　建	503	230	194	64 446.9	873.6
	江　西	119	62	56	28 006.0	442.8
	湖　北	177	96	79	48 043.6	50 860.0
	湖　南	272	175	163	110 518.2	689.7
	广　东	988	373	347	88 651.9	1 168.5
	广　西	175	123	110	21 348.9	487.9
	重　庆	80	42	38	11 866.7	27.4
	四　川	420	309	279	127 087.1	7 517.3
	贵　州	81	55	53	26 355.8	159.0
	云　南	258	248	229	43 443.0	366.1
	合　计	4 394	2 204	1 983	840 571.3	75 170.3
二氧化硫控制区	北　京	89	99	95	87 031.8	2 226.3
	天　津	97	49	42	25 863.8	48.2
	河　北	107	142	126	94 722.2	539.8
	山　西	144	153	130	114 412.5	472.2
	内蒙古	73	74	70	112 931.2	257.3
	辽　宁	127	75	70	66 263.8	353.1
	吉　林	44	13	12	1 458.0	14.0
	江　苏	6	4	4	216.0	0.0
	山　东	496	217	201	183 561.3	3 438.3
	河　南	199	152	140	44 366.0	448.5
	陕　西	48	27	26	4 114.4	20.2
	甘　肃	23	26	25	67 519.8	71.3
	宁　夏	26	19	18	6 437.4	11.9
	新　疆	15	11	12	2 993.6	9.2
	合　计	1 494	1 061	971	811 891.8	7 910.3

“两控区”生活及其他二氧化硫和烟尘排放情况

（2006）

区域名称	地区名称	人口数（万人）	生活及其他煤炭消费量（万吨）	生活及其他二氧化硫排放量（吨）	生活及其他烟尘排放量（吨）
	总 计	**61 899**	**8 706**	**1 571 893**	**913 723**
酸雨控制区	上 海	1 815	652	133 673	65 653
	江 苏	4 071	186	27 865	23 143
	浙 江	3 942	157	26 891	8 862
	安 徽	1 313	93	12 737	17 950
	福 建	2 633	109	17 882	11 154
	江 西	2 938	195	45 714	15 654
	湖 北	2 793	226	52 074	20 831
	湖 南	5 205	453	118 464	48 838
	广 东	7 648	87	17 880	8 292
	广 西	3 145	119	26 630	7 161
	重 庆	1 737	190	76 782	43 905
	四 川	6 139	510	118 528	119 621
	贵 州	1 543	409	176 930	21 762
	云 南	1 944	468	58 759	43 196
	合 计	46 866	3 854	910 809	456 022
二氧化硫控制区	北 京	1 224	385	57 052	24 394
	天 津	856	171	19 758	10 829
	河 北	1 663	400	58 355	60 969
	山 西	1 757	1 526	172 205	119 945
	内蒙古	504	360	47 110	38 171
	辽 宁	1 819	593	98 018	94 085
	吉 林	674	143	15 942	12 362
	江 苏	401	26	5 153	400
	山 东	3 511	567	111 808	44 751
	河 南	1 265	248	32 345	13 338
	陕 西	718	229	18 745	14 740
	甘 肃	322	83	11 328	6 969
	宁 夏	126	72	5 180	2 405
	新 疆	193	51	8 085	14 343
	合 计	15 033	4 852	661 084	457 701

7

核安全与辐射环境管理

HEANQUAN YU FUSHE HUANJING GUANLI

秦山核电厂 2006 年三废排放统计

废物类别		单位	国家批准 年 限 值	年度排放 管理目标值	年度实际 排放值或产生量
气 态 流出物	气溶胶	贝可	2.90 E+10	2.90 E+08	最小可探测活度
	惰性气体		3.60 E+14	3.60 E+12	6.75 E+09
	卤素		1.10 E+10	1.10 E+08	最小可探测活度
液 态 流出物	氚		2.10 E+13	1.05 E+13	3.09 E+12
	其余核素		1.10 E+11	1.10 E+10	2.18 E+08
固体废物	可压缩废物	米^3	/	无	19.0
	不可压缩废物				13.8
	水泥固化物				10.4
	打包后总体积				40.2

秦山第二核电厂 2006 年三废排放统计

废物类别		单位	国家批准 年 限 值	年度排放 管理目标值	年度实际排放值 或产生量
气 态 流出物	气溶胶	贝可	5.42 E+10	6.80 E+09	3.61 E+06
	惰性气体		6.78 E+14	8.50 E+13	1.22 E+06
	卤素		2.03 E+10	2.55 E+09	1.01 E+06
液 态 流出物	氚		4.30 E+13	3.00 E+13	2.68 E+13
	其余核素		2.03 E+11	2.55 E+10	3.09 E+09
固体废物	可压缩废物	米^3	无	无	49.72
	不可压缩废物				21.12
	其他				101.84
	打包后总体积			260	172.68

秦山第三核电厂 2006 年三废排放统计

废物类别		单位	国家批准 年 限 值	年度排放 管理目标值	年度实际排放值 或产生量
气 态 流出物	气溶胶	贝可	5.71 E+10	6.09 E+09	1.65 E+06
	惰性气体		7.14 E+14	1.85 E+14	2.69 E+11
	卤素		2.14 E+10	6.60 E+08	最小可探测活度
液 态 流出物	氚		7.00 E+14	7.00 E+14	3.19 E+13
	其余核素		2.14 E+11	2.75 E+10	1.66 E+09
固体废物	可压缩废物	米^3		50	35.80
	不可压缩废物			50	1.00
	其他			15	3.63
	打包后总体积				40.43

大亚湾核电厂2006年三废排放统计

废物类别		单位	国家批准年限值	年度排放管理目标值	年度实际排放值或产生量
气态流出物	气溶胶	贝可	3.80 E+09	无	5.11 E+06
	惰性气体		1.14 E+15	2.052 E+13	2.34 E+12
	卤素		3.42 E+10	无	16.90 E+06
液态流出物	氚		1.45 E+14	控制RCP氚活度不大于15 000兆贝可/米^3	5.71 E+13
	其余核素		7.00 E+11	6.30 E+09	8.96 E+08
固体废物	可压缩废物	米^3	无	无	75.39
	不可压缩废物		无	无	0.21
	其他		无	无	58.40
	打包后总体积		无	140	134.00

岭澳核电厂2006年三废排放统计

废物类别		单位	国家批准年限值	年度排放管理目标值	年度实际排放值或产生量
气态流出物	气溶胶	贝可	3.80 E+09	无	6.40 E+06
	惰性气体		1.14 E+15	2.052 E+13	1.90 E+12
	卤素		3.42 E+10	无	6.00 E+06
液态流出物	氚		1.45 E+14	控制RCP氚活度小于15 000兆贝可/米^3	5.01 E+13
	其余核素		7.00 E+11	6.30 E+09	2.91 E+08
固体废物	可压缩废物	米^3	无	无	25.20
	不可压缩废物		无	无	0
	其他		无	无	90.80
	打包后总体积		无	140	116.00

田湾核电厂2006年三废排放统计

废物类别		单位	国家批准年限值	年度排放管理目标值	年度实际排放值或产生量
气态流出物	气溶胶	贝可	1.50 E+10	7.50 E+09	1.42 E+07
	惰性气体		8.30 E+14	4.15 E+14	2.18 E+12
	卤素		2.50 E+10	1.25 E+10	8.00 E+06
液态流出物	氚		5.00 E+13	5.00 E+13	1.82 E+12
	其余核素		2.50 E+11	1.25 E+11	2.67 E+09
固体废物	可压缩废物	米^3		250金属桶（每桶0.2米^3）/机组 140水泥桶（每桶0.95米^3）/机组	11.8
	不可压缩废物				3.6
	其他				3.8
	打包后总体积				19.2

8

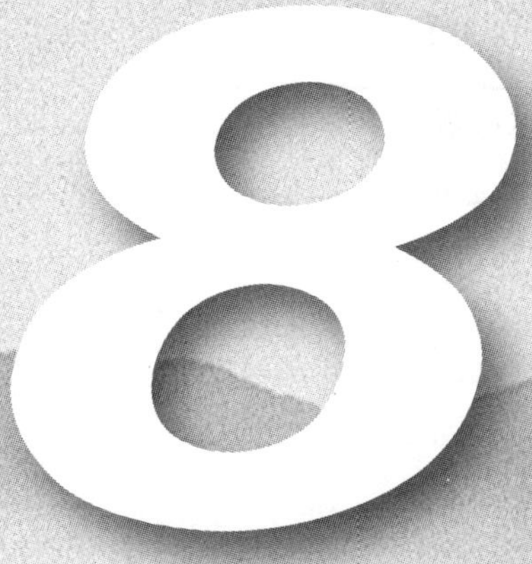

医院环境统计

YIYUAN HUANJING TONGJI

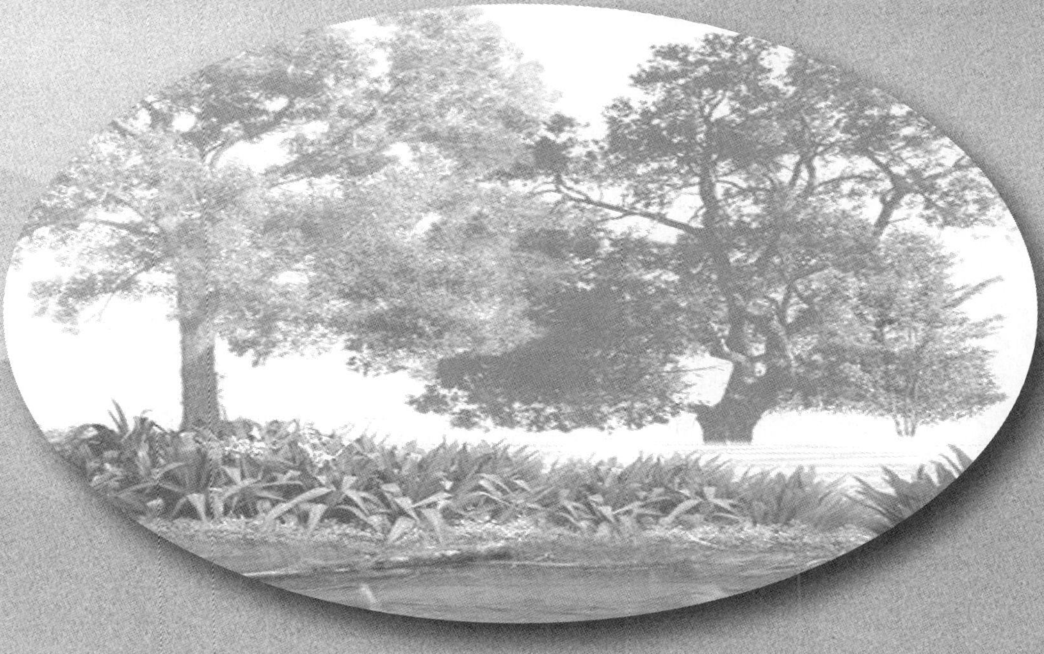

医院废水排放及处理情况（一）

（2006）

地 区 名 称	汇总医院数 （家）	总床位数 （张）	废水处理设施数 （套）	废水处理 设施能力（万吨/日）	废水处理 设施运行费用（万元）
合 计	**10 332**	**2 064 067**	**9 990**	**244**	**2 235 530.9**
北 京	544	83 204	391	9	124 601.1
天 津	167	75 673	200	3	23 755.4
河 北	409	95 517	339	7	310 062.4
山 西	295	44 685	246	4	90 563.5
内蒙古	207	34 518	177	3	100 949.0
辽 宁	503	93 768	405	8	55 757.8
吉 林	270	44 536	176	11	96 960.3
黑龙江	333	58 074	234	3	9 108.5
上 海	403	170 629	1 388	8	165 247.5
江 苏	403	99 998	433	60	187 896.2
浙 江	393	80 981	371	10	12 283.7
安 徽	231	55 879	205	5	54 190.5
福 建	244	45 644	242	5	134 324.0
江 西	319	49 248	298	4	47 546.1
山 东	785	145 048	560	13	379 770.4
河 南	477	103 203	345	9	9 863.2
湖 北	332	76 137	282	9	1 664.9
湖 南	381	75 602	392	11	11 641.3
广 东	600	149 636	614	15	5 087.1
广 西	331	72 404	296	5	77 686.4
海 南	59	10 073	38	2	156.7
重 庆	244	40 785	286	4	1 495.8
四 川	840	100 785	744	13	64 788.1
贵 州	219	35 910	178	3	35 357.8
云 南	360	58 449	249	4	56 503.8
西 藏		483	5		16.6
陕 西	282	61 149	385	4	27 425.1
甘 肃	213	36 862	174	6	100 770.5
青 海	74	12 211	49	1	158.2
宁 夏	88	12 536	64	1	442.9
新 疆	326	40 440	224	5	49 456.1

医院废水排放及处理情况（二）

（2006）

地 区 名 称	废水排放量 （万吨）	达标排放量	化学需氧量 排放量（吨）	氨氮排放量 （吨）	废水处理量 （万吨）
合 计	**38 422**	**31 996**	**62 235**	**7 654**	**35 409**
北 京	1 948	1 821	1 703	106	1 868
天 津	803	803	1 740	95	795
河 北	1 112	999	1 355	296	1 046
山 西	513	398	2 668	346	488
内蒙古	419	241	1 150	193	345
辽 宁	1 659	1 429	3 359	546	1 541
吉 林	413	321	2 211	102	374
黑龙江	564	436	789	29	500
上 海	3 762	3 481	7 057	440	3 519
江 苏	2 684	2 514	5 374	323	2 512
浙 江	1 972	1 772	2 129	995	1 776
安 徽	1 480	1 171	1 643	156	1 405
福 建	1 094	998	845	159	1 105
江 西	1 084	928	1 788	631	935
山 东	2 198	2 083	3 342	278	2 086
河 南	1 833	1 493	2 017	329	1 761
湖 北	2 271	1 777	3 376	297	1 829
湖 南	1 987	1 409	2 206	757	1 850
广 东	3 211	2 268	3 226	225	2 697
广 西	1 070	923	1 926	242	998
海 南	177	144	140	17	150
重 庆	765	704	656	76	757
四 川	1 743	1 448	2 489	369	1 653
贵 州	581	460	3 906	105	549
云 南	738	449	1 380	208	680
西 藏	11	8	1		11
陕 西	930	719	1 155	88	839
甘 肃	388	252	1 133	73	369
青 海	231	99	505	83	187
宁 夏	376	158	435	18	352
新 疆	404	288	530	75	436

医院医疗废物排放及处理情况

（2006）

地区名称	医疗废物产生量（吨）	医疗废物处置量（吨）	送往集中处置厂处置量	医疗废物处理设施数（套）	医疗废物处理设施运行费用（万元）
合　计	**250 004**	**235 782**	**171 295**	**48 291**	**1 345 284.0**
北　京	29 838	29 837	29 418	103	67 117.0
天　津	3 954	3 954	3 954	16	549.8
河　北	5 806	5 638	4 473	284	196 655.3
山　西	2 661	2 544	1 765	43 416	94 225.6
内蒙古	4 639	4 599	1 291	144	49 709.3
辽　宁	7 783	7 767	5 624	242	21 049.3
吉　林	17 295	7 266	1 248	184	298.6
黑龙江	3 807	3 759	2 646	222	3 919.9
上　海	14 578	12 683	5 759	130	138 795.7
江　苏	11 455	11 449	10 363	337	64 758.5
浙　江	14 749	14 545	12 014	128	66 984.1
安　徽	5 655	5 632	2 158	106	372.5
福　建	10 820	10 700	9 445	70	115 837.5
江　西	3 925	3 773	2 881	164	50 476.4
山　东	16 588	16 572	15 040	192	94 041.2
河　南	6 723	6 695	4 971	243	20 183.9
湖　北	5 556	5 495	3 819	230	957.6
湖　南	6 889	6 610	3 685	182	818.6
广　东	27 750	27 749	26 305	474	4 570.8
广　西	10 519	10 461	6 126	185	541.6
海　南	1 269	1 269	1 265	18	274.1
重　庆	9 566	9 565	3 503	83	368.1
四　川	8 041	7 889	3 760	300	158 931.9
贵　州	4 413	4 375	2 860	91	19 516.2
云　南	4 796	4 647	1 981	247	27 643.9
西　藏	2	2		3	2.3
陕　西	2 353	2 095	1 555	158	8 492.8
甘　肃	3 963	3 917	1 209	149	52 292.5
青　海	1 064	981	758		
宁　夏	761	739	363	30	100.4
新　疆	2 785	2 576	1 055	160	85 798.6

医院医疗放射源管理情况

（2006）

地区名称	放射源数（枚）	集中管理的	退役放射源数（枚）
合　计	**23 228**	**9 720**	**896**
北　京	455	455	5
天　津	134	131	6
河　北	658	615	14
山　西	215	174	21
内蒙古	174	150	5
辽　宁	4 235	170	6
吉　林	418	393	3
黑龙江	286	276	6
上　海	744	742	12
江　苏	547	530	87
浙　江	467	405	24
安　徽	233	222	6
福　建	221	186	18
江　西	219	193	13
山　东	1 621	808	82
河　南	491	462	212
湖　北	289	272	58
湖　南	1 878	335	43
广　东	1 072	570	16
广　西	231	210	15
海　南	166	166	99
重　庆	569	534	12
四　川	587	554	28
贵　州	169	153	20
云　南	43	39	
西　藏	2		
陕　西	239	218	15
甘　肃	440	384	31
青　海	73	61	10
宁　夏	64	47	12
新　疆	6 288	265	17

环境管理统计

HUANJING GUANLI TONGJI

各地区建设项目环境影响评价执行情况（一）

（2006）

地区名称	设立的建设项目数（个）	执行环境影响评价的项目数（个）				环评制度执行率（%）
			编制报告书	填报报告表	填报登记	
总　计	**364 779**	**363 524**	**12 922**	**120 721**	**229 881**	**99.7**
国家项目	650	650	615	34	1	100.0
北　京	7 558	7 558	129	3 120	4 309	100.0
天　津	2 112	2 112	113	1 245	754	100.0
河　北	12 665	12 644	604	5 809	6 231	99.8
山　西	2 137	2 127	378	889	860	99.5
内蒙古	4 017	3 455	353	2 058	1 044	86.0
辽　宁	11 068	11 068	709	4 555	5 804	100.0
吉　林	4 174	4 174	452	1 983	1 739	100.0
黑龙江	3 756	3 722	271	1 275	2 176	99.1
上　海	8 829	8 829	256	5 843	2 730	100.0
江　苏	83 939	83 882	1 289	19 042	63 551	99.9
浙　江	35 041	35 041	1 318	15 085	18 638	100.0
安　徽	5 174	5 024	347	1 980	2 697	97.1
福　建	16 170	16 152	462	9 297	6 393	99.9
江　西	2 643	2 610	243	1 233	1 134	98.8
山　东	20 048	20 045	652	7 388	12 005	100.0
河　南	8 838	8 832	211	2 407	6 214	99.9
湖　北	4 495	4 426	309	2 387	1 730	98.5
湖　南	5 714	5 659	350	1 719	3 590	99.0
广　东	86 230	86 177	975	20 930	64 272	99.9
广　西	7 301	7 279	431	1 313	5 535	99.7
海　南	791	777	136	534	107	98.2
四　川	4 086	4 086	481	1 986	1 619	100.0
重　庆	6 927	6 896	542	2 243	4 111	99.6
贵　州	4 378	4 364	187	1 565	2 612	99.7
云　南	4 961	4 921	421	1 839	2 661	99.2
西　藏						
陕　西	4 378	4 375	206	1 111	3 058	99.9
甘　肃	1 208	1 204	120	279	805	99.7
青　海	670	670	76	270	324	100.0
宁　夏	652	648	66	213	369	99.4
新　疆	4 169	4 117	220	1 089	2 808	98.8

各地区建设项目环境影响评价执行情况（二）

（2006）

地区名称	申报项目投资总额（亿元）	新建	扩建	技改	申请项目环保投资总额（亿元）	新建	扩建	技改	环评经费总额（万元）
总　计	**108 383.3**	**89 997.4**	**14 597.4**	**3 788.3**	**6 607.7**	**5 364.1**	**925.6**	**318.0**	**191 000.7**
国　家	24 661.5	19 800.2	4 492.5	368.8	1 208.6	799.7	389.0	19.9	13 550.8
北　京	3 045.6	2 574.6	406.2	64.8	71.4	56.0	13.3	2.2	5 160.9
天　津	1 430.8	965.9	450.3	14.5	40.9	22.9	12.0	6.0	2 006.3
河　北	4 264.9	3 701.3	401.7	161.9	138.9	101.9	23.0	13.9	9 404.6
山　西	1 199.9	550.3	470.1	179.5	156.2	84.5	57.0	14.7	2 260.1
内蒙古	2 397.2	2 109.2	231.3	56.7	80.5	63.8	8.9	7.8	1 530.6
辽　宁	9 038.5	8 678.2	293.2	67.1	566.4	547.4	10.1	8.9	3 717.3
吉　林	1 584.4	1 225.9	334.3	24.1	69.7	42.9	24.2	2.6	4 258.0
黑龙江	1 231.5	1 034.3	137.0	60.2	181.3	159.5	13.1	8.8	3 260.3
上　海	3 992.2	3 344.1	521.6	126.6	161.4	78.7	57.7	25.0	6 037.6
江　苏	12 708.1	10 393.1	1 790.5	524.4	373.2	269.5	69.4	34.2	14 585.2
浙　江	7 921.7	6 006.4	939.6	975.7	180.0	133.5	22.3	24.2	49 229.5
安　徽	1 505.5	1 323.6	134.7	47.1	82.1	66.0	11.2	5.0	3 411.1
福　建	3 144.8	2 874.7	214.7	55.3	76.9	68.4	5.9	2.7	5 359.9
江　西	723.9	626.5	71.0	26.4	36.5	27.0	2.9	6.6	2 591.9
山　东	6 500.1	5 630.1	633.0	237.0	299.4	214.2	44.0	41.2	11 275.7
河　南	1 785.2	1 319.7	295.2	170.3	99.2	62.6	24.2	12.4	1 073.8
湖　北	1 503.2	1 228.6	218.0	56.6	92.0	64.8	20.0	7.2	3 784.2
湖　南	1 870.1	1 632.9	199.1	38.1	70.4	51.0	14.9	4.5	3 630.5
广　东	8 119.5	6 832.4	1 135.9	151.2	2 116.4	2 051.4	39.5	25.5	19 564.0
广　西	985.5	965.0	15.5	5.0	25.3	23.9	1.1	0.3	1 007.9
海　南	749.4	595.2	144.8	9.4	82.8	79.8	2.9	0.1	1 309.0
重　庆	2 113.7	1 930.4	145.9	37.3	89.2	80.6	7.0	1.6	5 237.8
四　川	1 686.2	1 381.9	190.1	114.3	71.1	52.5	6.9	11.6	4 540.3
贵　州	524.8	419.2	87.7	17.8	45.7	30.0	8.9	6.7	2 235.5
云　南	1 121.9	822.4	249.6	49.7	62.3	44.5	13.9	3.9	2 981.0
西　藏									
陕　西	1 046.7	841.8	117.2	87.7	43.2	30.8	5.4	7.0	3 590.1
甘　肃	187.4	147.0	21.9	18.5	16.6	7.4	2.4	6.9	1 150.8
青　海	260.9	184.7	69.0	7.2	12.6	9.5	2.0	1.0	859.9
宁　夏	378.4	315.9	51.0	11.5	18.7	15.0	2.1	1.6	758.4
新　疆	24 661.5	541.9	134.8	23.4	38.7	24.5	10.1	4.0	1 637.8

各地区建设项目“三同时”执行情况（一）

（2006）

地区名称	当年建成投产项目数（项）	应执行“三同时”项目数（项）	实际执行“三同时”项目数（项）			“三同时”合格项目数（项）	“三同时”合格率（%）	“三同时”执行合格率（%）
			新建	扩建	技改			
总　计	**129 004**	**81 988**	**81 480**	**73 144**	**4 304**	**4 032**	**74 842**	**91.9**	**91.3**
国家项目	224	224	219	174	33	12	219	97.8	97.8
北　京	1 393	1 188	1 188	801	89	298	1 183	99.6	99.6
天　津	1 073	1 073	1 073	965	94	14	1 073	100.0	100.0
河　北	5 108	4 970	4 964	4 412	329	223	1 862	97.9	97.8
山　西	711	733	726	625	50	51	598	82.4	81.6
内蒙古	2 297	2 276	2 263	2 190	44	29	1 991	88.0	87.5
辽　宁	5 575	5 561	5 548	4 677	312	559	5 537	99.8	99.6
吉　林	1 135	1 135	1 135	1 008	100	27	1 015	89.4	89.4
黑龙江	2 037	2 037	2 037	1 834	178	25	2 037	100.0	100.0
上　海	2 814	2 814	2 814	2 544	194	76	2 814	100.0	100.0
江　苏	21 894	12 892	12 862	11 941	670	251	12 862	100.0	99.7
浙　江	11 448	8 201	8 199	6 473	706	1 020	8 035	98.0	98.0
安　徽	1 046	969	957	880	51	26	929	97.1	95.9
福　建	5 462	4 430	4 392	4 154	148	90	4 373	99.6	98.7
江　西	1 015	884	857	798	34	25	771	90.0	87.2
山　东	5 768	4 880	4 870	4 642	142	86	4 822	99.0	98.8
河　南	3 137	2 107	2 102	1 953	63	86	1 982	94.3	94.1
湖　北	1 664	1 577	1 485	1 253	142	90	1 342	90.4	85.1
湖　南	2 268	2 102	2 076	1 753	24	299	1 922	92.6	91.4
广　东	37 350	6 850	6 746	6 197	375	174	6 469	95.9	94.4
广　西	3 518	3 437	3 437	3 325	56	56	3 362	97.8	97.8
海　南	83	83	81	61	15	5	81	100.0	97.6
重　庆	2442	2 417	2 417	2 250	69	98	2 384	98.6	98.6
四　川	2985	2 905	2 905	2 547	138	220	2 822	97.1	97.1
贵　州	1 183	1 160	1 098	1 030	29	39	944	86.0	81.4
云　南	1 113	951	907	774	97	36	907	99.0	95.4
西　藏									
陕　西	2 135	2 112	2 109	2 013	28	68	568	26.9	26.9
甘　肃	620	557	557	529	8	20	544	97.7	97.7
青　海	286	286	286	254	24	8	286	100.0	100.0
宁　夏	223	221	221	184	32	5	215	97.3	97.3
新　疆	997	956	949	903	30	16	893	94.1	93.4

各地区建设项目“三同时”执行情况（二）

（2006）

单位：亿元

地区名称	实际执行“三同时”项目投资总额	新建	扩建	技改	实际执行“三同时”项目环保投资	新建	扩建	技改
总　计	**76 463.7**	**67 332.8**	**3 987.9**	**5 142.7**	**767.2**	**584.9**	**91.8**	**90.5**
国家项目	4 709.8	3 767.8	706.5	235.5	164.6	131.7	24.7	8.2
北　京	859.0	352.1	478.5	28.4	28.7	19.2	1.0	8.4
天　津	274.7	247.1	25.1	2.5	7.9	6.3	1.4	0.3
河　北	39 920.9	39 716.8	129.6	74.5	28.5	18.7	4.9	4.9
山　西	700.1	647.4	22.4	30.4	12.7	9.8	1.4	1.5
内蒙古	375.9	338.0	30.7	7.2	29.6	24.6	3.0	2.1
辽　宁	634.9	539.3	88.0	7.6	16.5	14.1	2.1	0.3
吉　林	223.8	200.8	11.6	11.5	7.1	5.7	1.2	0.2
黑龙江	293.8	187.7	83.5	22.6	8.2	5.4	2.1	0.7
上　海	931.2	813.7	77.5	39.9	37.8	34.1	2.8	0.9
江　苏	10 110.2	6 119.9	1 702.8	2 287.5	93.3	80.3	8.5	4.5
浙　江	3 177.9	1 073.7	147.2	1 957.0	57.4	35.4	7.3	14.7
安　徽	358.6	340.1	6.6	11.9	9.9	8.2	0.4	1.3
福　建	419.6	386.2	13.1	20.3	15.3	12.7	0.9	1.7
江　西	108.9	84.1	6.7	18.1	6.6	5.1	0.4	1.1
山　东	802.6	720.1	46.4	36.1	37.9	31.3	3.9	2.8
河　南	235.1	155.1	34.2	45.8	23.0	14.0	4.2	4.8
湖　北	272.5	195.5	39.0	38.1	14.3	7.5	0.9	6.0
湖　南	1 462.0	1 431.6	16.2	14.2	8.0	6.2	0.9	0.9
广　东	1 198.2	979.1	153.8	65.4	66.4	49.6	6.6	10.1
广　西	122.6	96.0	14.6	12.0	6.9	3.9	1.3	1.8
海　南	61.6	45.2	14.2	2.1	2.7	1.9	0.6	0.1
重　庆	673.8	607.8	25.1	40.9	23.7	19.6	1.2	2.9
四　川	7 847.1	7 780.6	19.0	47.5	19.3	12.4	2.7	4.2
贵　州	86.5	70.8	11.3	4.2	4.3	2.8	1.1	0.3
云　南	126.9	105.1	11.7	9.9	9.5	7.2	1.2	1.1
西　藏								
陕　西	219.8	153.4	27.7	38.7	12.4	5.7	3.6	3.1
甘　肃	88.7	63.9	1.0	23.8	3.0	1.9	0.1	1.0
青　海	37.9	24.5	12.4	1.0	1.4	0.9	0.5	0.0
宁　夏	43.3	29.3	12.5	1.5	3.8	3.0	0.7	0.0
新　疆	85.6	60.1	18.8	6.6	6.3	5.4	0.4	0.5

各地区排污费征收情况

（2006）

地区名称	排污费收入总额（万元）		2006年比2005年		缴纳排污费单位（个）		2006年比2005年	
	2006年	2005年	增减额（万元）	增减率（%）	2006年	2005年	增减数（个）	增减率（%）
总　计	**1 441 443.5**	**1 231 586.7**	**224 856.9**	**18.3**	**671 465**	**745 859**	**−74 394**	**−10.0**
北　京	12 490.0	16 726.5	−4 236.5	−25.3	2 284	2 327	−43	−1.8
天　津	24 061.2	20 176.7	3 884.5	19.3	7 973	8 717	−744	−8.5
河　北	76 033.5	64 234.3	11 799.2	18.4	33 976	45 155	−11 179	−24.8
山　西	155 917.5	119 201.2	36 716.4	30.8	12 064	17 353	−5 289	−30.5
内蒙古	33 184.3	25 168.7	8 015.6	31.8	17 551	16 700	851	5.1
辽　宁	87 067.0	76 625.2	10 441.8	13.6	25 383	30 388	−5 005	−16.5
吉　林	22 635.1	21 086.7	1 548.5	7.3	25 739	26 466	−727	−2.7
黑龙江	28 626.4	26 228.4	2 398.0	9.1	17 953	18 142	−189	−1.0
上　海	34 692.6	29 630.7	5 061.9	17.1	6 550	6 098	452	7.4
江　苏	131 238.4	116 439.2	14 799.2	12.7	48 052	53 218	−5 166	−9.7
浙　江	106 584.2	92 880.5	13 703.6	14.8	35 078	47 324	−12 246	−25.9
安　徽	32 175.3	27 698.8	4 476.4	16.2	18 410	20 256	−1 846	−9.1
福　建	37 804.3	31 975.5	5 828.8	18.2	24 827	24 508	319	1.3
江　西	24 113.5	19 785.8	4 327.7	21.9	29 497	30 459	−962	−3.2
山　东	109 404.8	90 572.2	18 832.6	20.8	30 450	35 553	−5 103	−14.4
河　南	73 390.6	60 578.9	12 811.7	21.1	27 293	31 629	−4 336	−13.7
湖　北	33 532.2	28 041.0	5 491.2	19.6	29 753	27 704	2 049	7.4
湖　南	51 514.0	37 831.5	13 682.5	36.2	35 075	34 827	248	0.7
广　西	108 060.7	95 907.0	12 153.7	12.7	105 040	113 946	−8 906	−7.8
广　东	28 952.0	26 124.4	2 827.6	10.8	21 252	23 134	−1 882	−8.1
海　南	3 141.9	2 581.5	560.3	21.7	2 536	2 684	−148	−5.5
重　庆	34 796.3	29 744.3	5 052.0	17.0	11 069	13 062	−1 993	−15.3
四　川	48 507.0	40 222.7	8 284.3	20.6	17 039	26 683	−9 644	−36.1
贵　州	41 509.5	33 962.3	7 547.2	22.2	12 947	14 874	−1 927	−13.0
云　南	26 515.7	19 415.4	7 100.3	36.6	8 974	9 127	−153	−1.7
西　藏	797.8	577.3	220.5	38.2	6 054	4 148	1 906	45.9
陕　西	33 515.9	29 735.8	3 780.1	12.7	17 421	15 126	2 295	15.2
甘　肃	19 382.0	18 915.1	466.9	2.5	13 413	15 345	−1 932	−12.6
青　海	1 799.3	1 857.5	−58.2	−3.1	2 002	2 779	−777	−28.0
宁　夏	14 249.9	8 680.2	5 569.7	64.2	3 994	2 256	1 738	77.0
新　疆	20 750.7	18 981.6	1 769.1	9.3	21 816	25 871	−4 055	−15.7

各地区环境污染控制与管理情况（一）

（2006）

地　区 名　称	已办排污申报的企业数（个）	已发放排污许可证的企业数（个）	已发放排污许可证数（份）	当年实际完成投资的限期治理项目		关停并转迁企业数（个）
				项目数（项）	完成投资额（万元）	
总　计	**523 472**	**191 980**	**217 276**	**20 578**	**2 379 235.2**	**10 030**
北　京	15 193			725	128 885	34
天　津	11 160	4	4	115	33 069	62
河　北	18 758	8 032	8 102	1 311	171 825.2	906
山　西	11 957	3 375	3 377	1 745	321 843.8	741
内蒙古	14 016	3 728	5 251	972	79 421.1	507
辽　宁	27 220	4 156	5 639	944	35 160.6	145
吉　林	8 474	1 297	1 448	925	27 135	63
黑龙江	16 861	5 165	5 165	647	53 762.1	54
上　海	11 020	3 315	3 315	50	1 784.5	174
江　苏	65 171	27 533	27 608	1 729	84 432	457
浙　江	49 976	20 282	22 619	1 252	98 801.7	1 038
安　徽	11 004	678	566	156	20 924.5	101
福　建	20 103	9 162	9 162	357	17 692.5	210
江　西	6 886	623	711	443	20 604.5	300
山　东	15 825	3 255	3 254	987	390 932.4	720
河　南	22 294	2 072	2 072	1 731	302 166.4	2 157
湖　北	11 996	4 018	4 309	423	41 194.4	230
湖　南	16 799	4 982	5 403	540	56 043.7	544
广　东	73 076	42 773	43 869	1 118	28 142.6	524
广　西	18 314	12 266	12 961	79	6 330.3	60
海　南	1 029	945	691	61	1 575	8
重　庆	6 189	4 411	5 014	436	20 713.5	113
四　川	14 206	4 530	7 692	1 100	206 843.6	277
贵　州	10 053	8 162	19 384	899	41 732.2	91
云　南	7 829	4 141	4 173	611	40 198.9	122
西　藏	1 494	1 316	1 316	4	4	1
陕　西	8 353	1 400	1 426	298	52 739	149
甘　肃	10 210	5 255	7 291	336	50 202.9	65
青　海	923	54	53	94	5 479.5	21
宁　夏	1 182	108	108	87	29 666.9	61
新　疆	15 901	4 942	5 293	403	9 928.4	95

各地区环境污染控制与管理情况（二）

（2006）

地区名称	建烟尘控制区		建噪声达标区		建成高污染燃料禁烧区		城区清洁能源使用量（标煤）（万吨）	城区用能总量（标煤）（万吨）
	总个数（个）	总面积（千米²）	总个数（个）	总面积（千米²）	总个数（个）	总面积（千米²）		
总　计	**3 512**	**41 195.1**	**4 037**	**28 875.5**	**628**	**16 690.8**	**55 039.0**	**112 286.3**
北　京			63	574.6			3 147.0	5 521.0
天　津	53	521.4	64	499.8	12	198.5	469.8	1 363.9
河　北	92	1 846.5	191	737.1	39	553.8	1 464.9	4 350.1
山　西	141	912.4	290	425.0	45	198.3	325.8	1 004.2
内蒙古	138	1 047.8	64	498.2	11	114.9	1 077.6	7 453.8
辽　宁	101	1 600.3	125	1 269.9	56	296.7	4 944.3	11 082.3
吉　林	228	922.5	221	2 113.9	17	575.1	578.1	1 699.0
黑龙江	285	1 139.7	238	911.3	16	494.2	335.0	3 827.6
上　海	173	3 478.9	87	672.7	32	618.6	976.7	3 379.7
江　苏	171	3 493.2	193	2 892.7	18	1 079.7	6 001.2	11 680.5
浙　江	154	5 491.6	147	1 891.1	23	644.3	537.0	1 105.9
安　徽	195	958.6	184	641.8	9	258.2		
福　建	119	1 057.5	95	573.3	3	149.9		
江　西	59	1 011.1	44	540.5	11	259.3	480.6	1 588.1
山　东	228	3 168.6	313	2 418.7	129	1 044.6	3 863.4	8 380.3
河　南	232	2 322.5	257	1 625.4	46	413.1	2 290.1	4 719.8
湖　北	170	1 332.3	188	1 353.7	17	197.9	873.5	2 265.5
湖　南	180	1 284.1	164	873.7	14	705.5	3 021.8	4 999.0
广　东	144	3 602.2	235	1 913.3	6	3 200.0	10 116.9	12 984.0
广　西	86	1 231.1	69	545.9	9	3 812.1	426.1	1 311.3
海　南	8	72.6	5	28.5			1.1	2.8
重　庆	32	626.9	30	343.9	11	474.7	1 034.0	1 217.9
四　川	152	1 216.9	412	3 711.4	74	811.5	1 725.8	2 862.0
贵　州	63	443.9	55	177.6	1	22.0	461.4	1 240.3
云　南	22	386.5	33	263.4	6	64.6	5 716.8	5 848.8
西　藏	1	58.8	1	58.8	1	58.8	1.0	1.0
陕　西	91	719.3	99	450.7	17	147.5	603.4	1 138.7
甘　肃	47	480.3	52	303.4	2	154.5	1 120.3	3 315.8
青　海	9	72.3	1	63.2				
宁　夏	26	215.9	23	201.1	1	4.0	318.7	564.8
新　疆	112	479.4	94	300.9	2	138.5	3 126.7	7 378.2

各地区环境污染与破坏事故情况（一）

（2006）

地区名称	事故总数（次）	直接经济损失（万元）	按事故程度分							
			特大事故		重大事故		较大事故		一般事故	
			次数	经济损失（万元）	次数	经济损失（万元）	次数	经济损失（万元）	次数	经济损失（万元）
总　计	**842**	**13 471.1**	**4**	**1 706.1**	**13**	**2 741.6**	**48**	**422.2**	**777**	**8 601.2**
北　京	1								1	
天　津										
河　北	9	1 458.8	1	1 406.1			1	40.0	7	12.7
山　西	2	950.0			2	950.0				
内蒙古	1	784.0			1	784.0				
辽　宁	26	77.5							26	77.5
吉　林	3	22.2							3	22.2
黑龙江	2	50.6							2	50.6
上　海	36						1		35	
江　苏	18	502.2					2	4.7	16	497.5
浙　江	59	305.7							59	305.7
安　徽	21	452.9	1	300.0					20	152.9
福　建	12	126.2			2	103.8			10	22.4
江　西	35	54.7							35	54.7
山　东	14	731.7			2	712.7			12	19.0
河　南	7	109.7							7	109.7
湖　北	81	145.3					2	18.9	79	126.4
湖　南	145	519.5	1		2	139.0	14	55.1	128	325.4
广　东	20	83.5					2	55.0	18	28.5
广　西	89	535.1			2	27.1	7	17.8	80	490.2
海　南	3	1.3							3	1.3
重　庆	10	11.0							10	11.0
四　川	7	110.0			1				6	110.0
贵　州	23	38.4			1	25.0			22	13.4
云　南	101	6 064.6					11	34.3	90	6 030.3
西　藏										
陕　西	42	290.8					7	176.4	35	114.4
甘　肃	72	22.4	1						71	22.4
青　海	1	1.5							1	1.5
宁　夏										
新　疆	2	21.5					1	20.0	1	1.5

各地区环境污染与破坏事故情况（二）

（2006）

单位：万元

地区名称	按事故类型分					
	水污染				大气污染	
	次数	经济损失	化学品污染		次数	经济损失
			次数	经济损失		
总　计	**482**	**6 590.8**	**57**	**2 765.2**	**232**	**6 553.3**
北　京	1		1			
天　津						
河　北	6	1 451.8	4	1 449.1	3	7.0
山　西	2	950.0	2	950.0		
内蒙古	1	784.0				
辽　宁	8	29.0	1	15.0	8	24.0
吉　林	1		1		1	5.0
黑龙江	2	50.6				
上　海	3		2		15	
江　苏	15	491.7	3	2.5	2	3.5
浙　江	27	174.3	8	77.5	14	43.6
安　徽	15	413.8			4	29.1
福　建	12	126.2				
江　西	20	41.1	2	3.5	13	10.9
山　东	8	724.3			6	7.4
河　南	4	62.1			3	47.6
湖　北	55	71.4	4	10.8	24	50.5
湖　南	84	394.3	10	34.3	41	89.8
广　东	13	73.3			1	0.2
广　西	46	282.6	8	59.2	40	240.7
海　南	2	1.3				
重　庆	7	11.0			3	
四　川	5	110.0	1	110.0		
贵　州	16	10.3	2	2.1	6	3.1
云　南	56	95.6	5	40.3	42	5 965.8
西　藏						
陕　西	28	211.7	3	10.9	3	24.2
甘　肃	43	8.9			3	0.9
青　海	1	1.5				
宁　夏						
新　疆	1	20.0				

各地区环境污染与破坏事故情况（三）

（2006）

单位：万元

地区名称	按事故类型分							
	海洋污染		固废污染		噪声震动		其他污染	
	次数	经济损失	次数	经济损失	次数	经济损失	次数	经济损失
总　计	**10**	**66.1**	**8**	**47.6**	**45**	**139.1**	**6**	**10.5**
北　京								
天　津								
河　北								
山　西								
内蒙古								
辽　宁	2	18.5			7	4.0		
吉　林					1	17.2		
黑龙江								
上　海	1		1		2			
江　苏					1	7.0		
浙　江	3	40.6	3	40.6				
安　徽							2	10.0
福　建								
江　西					2	2.7		
山　东								
河　南								
湖　北								
湖　南					4	13.3	4	0.5
广　东	4	7.0	4	7.0				
广　西					2	6.9		
海　南					1			
重　庆								
四　川								
贵　州					1	25.0		
云　南					3	3.2		
西　藏								
陕　西					1	50.0		
甘　肃					20	9.8		
青　海								
宁　夏								
新　疆								

各地区环境污染与破坏事故情况（四）

（2006）

地区名称	伤亡人数（人）		污染受害面积（米²）			污染事故罚款总额（万元）	污染事故赔款总额（万元）
		死亡人数	农作物	鱼塘	自然保护区		
总计	**85**	**4**	**10 524 876**	**11 748 601**	**40 000**	**1 019.4**	**7 396.5**
北京							
天津							
河北	1	1	934 398	50 000		0.2	20.0
山西							
内蒙古			667 000			20.0	72.0
辽宁	5		600			38.7	2.5
吉林			120 000			15.0	17.2
黑龙江				10 000 000		10.0	
上海	4	1					
江苏	7		4 281	491 200		68.5	3.1
浙江	8	2	7 020	400	40 000	24.2	37.9
安徽			8 000	348 333		54.0	4.7
福建			3 133	43 300		4.0	107.4
江西			252 379	18 714		6.6	21.1
山东			41 623			2.0	10.5
河南	1		103 200	5 280		15.0	12.8
湖北	53		120 317	32 820		28.2	128.3
湖南	6		2 515 649	641 374		115.5	427.0
广东			85 835	3 533		48.2	22.7
广西			4 448 473	83 922		30.1	486.3
海南			13 000				0.9
重庆			13 333			38.0	
四川			198 000			13.0	10.0
贵州			26 908			18.4	48.7
云南			954 645	29 725		43.1	5 947.6
西藏							
陕西			1 197			340.9	9.0
甘肃			4 335			64.3	5.2
青海			1 500				1.5
宁夏							
新疆			50			21.5	0.1

各地区自然生态保护情况（一）

（2006）

地区名称	自然保护区数（个）	国家级	省级	地市级	县级	保护区面积（公顷）	国家级	省级	地市级	县级
总计	**2 395**	**265**	**793**	**422**	**915**	**151 535 040**	**91 697 028**	**44 418 002**	**5 224 384**	**10 195 626**
北京	19	1	12	6		132 308	4 660	91 498	36 150	
天津	9	3	6			164 385	100 949	63 436		
河北	35	8	20	2	5	597 034	105 802	457 800	8 806	24 626
山西	45	5	40			1 128 328	82 936	1 045 392		
内蒙古	192	21	54	33	84	13 489 905	3 489 958	7 435 568	436 311	2 128 068
辽宁	89	11	28	33	17	2 787 937	1 162 126	838 786	691 373	95 652
吉林	33	9	15	4	5	2 229 929	679 081	1 523 238	8 779	18 831
黑龙江	176	15	53	35	73	5 421 729	1 709 320	2 427 017	419 367	866 025
上海	4	2	2			93 821	66 175	27 646		
江苏	38	3	10	8	17	692 944	336 211	111 684	128 832	116 217
浙江	52	9	8		35	264 407	96 724	125 915		41 768
安徽	35	6	27		2	434 642	164 282	263 652		6 708
福建	93	11	28	7	47	507 503	187 760	155 845	75 354	88 544
江西	134	5	25	1	103	920 940	81 536	346 749	1 560	491 095
山东	75	5	25	24	21	1 097 341	239 674	471 695	252 850	133 122
河南	32	10	19	1	2	754 435	378 941	373 931	163	1 400
湖北	63	7	17	21	18	1 013 956	166 418	391 514	312 260	143 764
湖南	95	11	31		53	1 105 621	415 925	433 257		256 439
广东	299	9	49	106	135	3 443 126	175 193	621 383	369 064	2 277 486
广西	72	12	46	3	11	1 425 718	221 062	944 445	118 947	141 264
海南	69	8	25	9	27	2 812 168	83 637	2 635 511	16 205	76 815
重庆	50	3	19		28	916 508	195 512	373 362		347 634
四川	164	20	64	31	49	9 068 831	1 593 112	3 969 115	1 453 108	2 053 496
贵州	128	7	4	22	95	949 925	217 308	70 453	276 344	385 820
云南	198	16	52	71	59	4 226 839	1 431 215	1 888 471	557 307	349 846
西藏	38	9	6	1	22	40 970 783	37 153 065	3 816 144	70	1 504
陕西	50	7	36	4	3	1 045 944	266 452	683 356	61 534	34 602
甘肃	57	13	40		4	9 883 775	6 861 230	2 907 645		114 900
青海	11	5	6			21 759 310	20 252 490	1 506 820		
宁夏	13	6	7			506 783	355 208	151 575		
新疆	27	8	19			21 688 165	12 943 646	8 744 519		

各地区自然生态保护情况（二）

（2006）

地区名称	保护区面积占辖区面积比（%）	珍稀、濒危动物繁殖场（个）	珍稀植物引种栽培场（个）	生态示范区建设试点地区和单位个数（个）	国家级生态示范区个数（个）
总　计	**15.8**	**164**	**77**	**528**	**233**
北　京	7.9			7	4
天　津	14.5			7	2
河　北	3.2			37	5
山　西	7.2		2	26	8
内蒙古	11.4			15	6
辽　宁	10.9	1	1	21	16
吉　林	12.3	2	3	10	7
黑龙江	11.9			23	15
上　海	14.8			1	1
江　苏	6.8			51	48
浙　江	2.6	2	3	23	21
安　徽	3.3	5	1	30	9
福　建	3.1			13	4
江　西	5.5	4	5	33	6
山　东	6.6			34	20
河　南	4.5	1	2	24	18
湖　北	5.5	8	7	12	6
湖　南	5.2	3	7	30	12
广　东	4.6	37	8	13	5
广　西	5.9	46	5	11	3
海　南	5.3	17	1	1	1
重　庆	11.1	2	1	2	2
四　川	18.6			35	4
贵　州	5.4	3	2	12	3
云　南	10.7	23	21	21	2
西　藏	34.1			1	
陕　西	5.1	2	4	18	2
甘　肃	21.7	8	4	4	
青　海	30.2			2	
宁　夏	9.8			3	1
新　疆	13.6			8	2

各地区农业面源污染及治理情况（一）

（2006）

地区名称	化肥使用情况			
	氮肥使用总量（折纯吨）	氮肥使用水平（千克/亩※）	磷肥使用总量（折 P_2O_5 吨）	磷肥使用水平（千克/亩※）
北　京	73 778	16.1	26 991	6.9
天　津	77 099	13.3	27 665	5.7
河　北	1 493 096	25.2	679 706	11.9
山　西	528 525	18.1	373 402	16.2
内蒙古	751 300	14.4	411 234	7.7
辽　宁	438 494	5.8	106 583	5.0
吉　林	368 069	9.4	144 193	3.9
黑龙江	835 186	5.9	625 558	2.4
上　海	63 104	22.9	9 907	5.1
江　苏	1 708 734	21.6	476 251	7.2
浙　江	451 986	16.6	129 313	5.7
安　徽	1 565 706	25.3	638 193	11.1
福　建	432 444	18.3	163 066	9.1
江　西	581 830	17.1	300 413	9.2
山　东	2 209 270	16.4	827 496	7.3
河　南	1 761 785	21.0	1 183 639	14.9
湖　北	1 344 083	35.2	641 513	20.9
湖　南	1 347 703	24.5	436 046	9.3
广　东	853 393	22.6	241 101	6.8
广　西	624 299	11.4	302 288	6.4
海　南	157 260	21.9	81 883	15.9
重　庆	438 600	14.1	165 500	5.3
四　川	1 719 257	36.1	852 612	19.7
贵　州	539 471	16.8	269 871	10.5
云　南	766 033	17.1	443 397	11.7
西　藏	31 616		13 109	
陕　西	864 954	36.0	722 557	36.6
甘　肃	499 980	14.8	645.47	19.4
青　海	50 759	10.8	24 172	5.2
宁　夏	94 283	9.4	42 485	4.3
新　疆	594 112	17.0	358 982	10.3

※ 1 亩=1/15 公顷。

各地区农业面源污染及治理情况（二）

（2006）

地区名称	秸秆禁烧情况			
	秸秆禁烧区面积（公顷）	禁烧区内秸秆产生量（吨）	禁烧区内秸秆综合利用量（吨）	禁烧区秸秆综合利用率（%）
北京	401 630	1 720 198	1 674 732	97.40
天津	345 075	739 484	689 146	93.19
河北	6 371 983	51 872 953	37 269 650	71.85
山西	4 973 720	15 103 589	8 597 549	56.92
内蒙古	3 698 160	28 072 689	22 538 760	80.29
辽宁	1 166 177	4 433 529	3 176 213	71.64
吉林	1 392 054	6 011 124	3 842 601	63.92
黑龙江	4 807 611	28 036 233	18 721 450	66.78
上海	69 112	397 500	362 700	91.25
江苏	4 398 777	41 787 032	25 421 868	60.84
浙江	2 042 646	9 186 772	7 364 726	80.17
安徽	2 468 225	18 844 332	14 057 211	74.60
福建	596 003	2 455 073	2 073 168	84.44
江西	1 144 322	7 619 422	5 839 525	76.64
山东	5 115 097	61 882 931	46 437 102	75.04
河南	9 357 850	94 313 635	87 533 418	92.81
湖北	1 468 945	20 260 867	12 685 953	62.61
湖南	2 662 084	17 564 322	14 762 322	84.05
广东	1 590 222	5 475 533	3 755 318	68.58
广西	3 181 256	10 106 321	8 710 936	86.19
海南	179 291	555 273	434 960	78.33
重庆	579 376	745 000	634 000	85.10
四川	2 628 362	15 535 212	8 764 125	56.41
贵州	586 589	2 344 617	2 050 375	87.45
云南	492 185	4 972 586	4 172 327	83.91
西藏				
陕西	1 097 060	25 431 232	5 800 282	22.81
甘肃	551 597	3 492 896	3 293 044	94.28
青海	169 989	153 228	150 655	98.32
宁夏	306 862	6 866 010	5 367 393	78.17
新疆	796 428	6 798 143	4 289 364	63.10

各地区环境法制工作情况（一）

（2006）

地区名称	颁布地方性法规		当年实施行政处罚案件数（起）		处罚案件处罚金额总数（万元）	当年受理的行政复议案件数（起）	
	法规（件）	行政规章（件）		举行听证的案件数			维持原行政行为的
总　计	**38**	**41**	**92 404**	**1 699**	**96 354.6**	**208**	**143**
北　京		1	1 858	1	539.2	1	1
天　津			988	27	1 147.4	21	17
河　北	1		6 039	8	4 954.7	1	1
山　西		1	6 713	3	3 210.0	1	
内蒙古	1		1 402	12	1 247.1		
辽　宁		1	9 540	111	5 159.6		
吉　林		1	220	4	213.7	2	2
黑龙江		1	1 982	4	600.2	7	3
上　海		1	1 165	256	2 224.8	9	7
江　苏		2	7 538	25	13 091.0	10	9
浙　江	2	3	9 806	108	27 681.1	13	9
安　徽	1	3	1 219	45	593.7	8	7
福　建			3 707	16	1 345.4	12	7
江　西	1	1	1 475	4	1 520.9		
山　东	1		6 421	28	5 219.1	2	2
河　南	2	1	3 403	37	2 324.0	3	1
湖　北	1	11	1 957	47	868.2	12	12
湖　南	18	5	2 041	65	1 720.8	16	13
广　东	4	1	6 619	489	10 006.2	50	30
广　西			934	38	651.4	11	4
海　南	2	3	77	32	121.8	3	1
重　庆		1	2 659	167	5 059.4	3	3
四　川	1	1	5 771	56	1 651.8	7	5
贵　州			181	1	133.3		
云　南		2	2 268	25	812.2	4	4
西　藏			3		1.3		
陕　西	1		1 680	3	2 486.7	4	4
甘　肃	2		1 171		502.0	6	1
青　海			8		26.0		
宁　夏		1	431	2	195.3		
新　疆			3 128	85	1 046.4	2	

各地区环境法制工作情况（二）

（2006）

地 区 名 称	当年结案的行政诉讼案件数（起）	环保局胜诉案件数	诉讼案件标的金额总数（万元）	当年发生的环境行政赔偿案件数（起）	赔偿案件标的金额总数（万元）	当年结案的环境犯罪案件数（起）	重大环境污染犯罪案件数	环境监管失职犯罪案件数
总 计	**353**	**342**	**424.0**	**15**	**37.7**	**4**	**4**	
北 京	2	2						
天 津								
河 北	9	9	0.5	1	0.1			
山 西								
内蒙古	16	16	3.0					
辽 宁	7	5						
吉 林	14	14	53.8					
黑龙江	1	1						
上 海	9	8	0.5			2	2	
江 苏	11	11	78.3					
浙 江	33	31	105.2			1	1	
安 徽	24	24	8.3					
福 建	4	4	1.7					
江 西								
山 东	8	8	17.0					
河 南	8	7	11.0					
湖 北	53	51	17.4	6				
湖 南	111	111	19.9	3	1.4			
广 东	23	21	58.1			1	1	
广 西								
海 南	3	3	14.3					
重 庆	5	4	26.8					
四 川	2	2	1.8					
贵 州								
云 南	8	8	2.0					
西 藏								
陕 西	1	1		2	32.0			
甘 肃								
青 海								
宁 夏				2	4.2			
新 疆	1	1	3.5					

各地区环境科技工作情况（一）

（2006）

地区名称	科研课题数（项）	科研课题经费（万元）	授权专利数（项）	授权发明专利数	获科学技术奖励数（项）	国家级	省（部）级一等	省（部）级二等	省（部）级三等
总　计	**3 466**	**41 625.4**	**29**	**17**	**101**	**2**	**7**	**34**	**58**
北　京	698	5 659.4	1	1	5		1	3	1
天　津	173	2 118.9	9	4	2			2	
河　北	16	323.4	2	2	2				2
山　西	10	67.5							
内蒙古	40	622.8			2				2
辽　宁	177	1 180.5	2	2	7			2	5
吉　林	24	143.0			3			1	2
黑龙江	63	1 312.0	1		1			1	
上　海	158	2 827.4			4		1	2	1
江　苏	236	3 108.0	3	3	5		2		3
浙　江	661	8 605.7	1		6		1	3	2
安　徽	105	821.7	1		2			2	
福　建	65	575.5	3	2	6			2	4
江　西	12	110.0							
山　东	83	1 384.0			29			10	19
河　南	48	661.4			3		1	1	1
湖　北	98	965.7			1			0	1
湖　南	136	520.8			1			0	1
广　东	81	2 992.9	6	3	4			2	2
广　西	30	477.0			5			1	4
海　南	20	430.0							
重　庆	49	692.9							
四　川	63	961.9							
贵　州	159	1 608.4			1				1
云　南	154	1 927.8							
西　藏	1	17.0			1				1
陕　西	16	281.0			5	1	1	1	2
甘　肃	10	11.5			2				2
青　海	3	10.4							
宁　夏	7	116.0			2	1		1	
新　疆	70	1 090.9			2				2

各地区环境科技工作情况（二）

（2006）

地区名称	颁布地方环境标准数（项）	水	大气	固体废物	其他	累积颁布地方环境标准总数（项）	环保产业单位数（个）	环保产业职工总数（人）	环保产业年产值（万元）
总计	**24**	**4**	**5**		**15**	**106**	**19 264**	**1 628 107**	**41 129 431.5**
北京							58	3 911	54 838.9
天津							428	36 855	1 092 639.0
河北	2		2			2	802	98 102	862 832.0
山西	1				1	2	2 780	57 541	696 378.9
内蒙古						1	215	7 161	34 695.2
辽宁							971	74 954	2 424 916.0
吉林	1				1	1	290	24 358	343 454.0
黑龙江	4				4	7	678	95 658	1 157 069.0
上海	3		1		2	12	120	7 230	86 500.3
江苏	1	1				20	2 528	213 117	10 205 950.0
浙江						14	1 745	158 398	6 382 250.0
安徽	1				1	3	282	31 137	626 949.3
福建						6	688	34 541	924 434.6
江西							215	10 070	163 787.3
山东	6	3	2		1	10	2 276	272 595	5 653 309.0
河南							402	37 728	901 603.7
湖北						7	312	63 649	1 320 610.0
湖南						1	641	41 756	509 910.3
广东	1				1	1	1 263	107 280	3 343 405.0
广西							271	26 926	457 145.2
海南							132	5 910	51 279.9
重庆							577	54 420	997 300.0
四川							707	72 543	591 026.4
贵州							3	101	6 206.0
云南							291	22 907	333 902.5
西藏									
陕西	4				4	10	420	50 000	1 670 000.0
甘肃							85	16 200	170 000.0
青海							9	124	5 709.0
宁夏							17	1 029	31 768.0
新疆						6	58	1 906	29 561.0

各地区环境科技工作情况（三）

（2006）

地　区 名　称	从事科技活动人员数 （人）	政府资金收入 （万元）	非政府资金收入 （万元）	科研业务费支出 （万元）	固定资产价值 （万元）
总　计	**16 027**	**47 049.4**	**54 417.4**	**46 509.0**	**224 551.6**
北　京	362	2 784.0	3 847.0	6 471.9	24 820.0
天　津	331	2 309.0	2 122.0	692.7	5 902.0
河　北	567	190.0	424.0	642.0	14 236.0
山　西	221	1 150.2	320.0	775.9	1 770.7
内蒙古	640	770.0	429.0	1 202.6	4 563.0
辽　宁	1 087	6 622.6	7 442.0	4 562.5	18 291.2
吉　林	522	246.0	714.0	558.0	2 332.0
黑龙江	935	443.0	571.5	267.5	3 345.4
上　海	284	2 159.6	138.2	1 886.8	4 322.8
江　苏	972	3 491.8	7 673.0	2 632.6	18 231.8
浙　江	839	3 247.6	9 816.7	6 199.8	18 266.9
安　徽	204	252.9	543.3	713.1	2 677.5
福　建	614	5 674.1	2 254.5	882.4	14 295.2
江　西	263	319.0	2 395.2	360.3	1 580.0
山　东	1 699	4 416.5	3 358.2	2 095.8	20 619.0
河　南	1 194	757.6	585.3	737.5	4 634.3
湖　北	427	1 119.3	1 293.8	1 271.8	4 424.7
湖　南	689	1 911.0	1 736.8	2 480.6	6 397.2
广　东	938	2 458.6	2 894.3	3 472.4	18 600.7
广　西	303	248.7	1 078.9	545.7	1 515.6
海　南	129	396.0	70.8	176.8	954.5
重　庆	270	402.4	386.3	700.9	7 782.7
四　川	561	792.6	469.1	421.6	4 099.7
贵　州	150	906.0	1.0	1 796.0	2 421.0
云　南	784	1 660.4	1 711.9	2 828.0	11 494.4
西　藏	25	17.0		3.0	
陕　西	471	760.4	878.0	524.7	1 971.3
甘　肃	225	71.7	60.0	123.2	2 580.0
青　海	30	33.4	496.6	123.3	288.1
宁　夏	158	21.0	143.0	227.0	920.9
新　疆	133	1 417.0	563.0	1 132.6	1 213.0

各地区环境信访工作情况（一）

（2006）

单位：封

地区名称	来信总数	环境污染与生态破坏类				发明建议类	行业作风类	其他	当年已处理来信数
		水污染	大气污染	固体废物污染	噪声污染				
总　计	**616 122**	**73 133**	**242 298**	**8 538**	**263 146**	**1 160**	**279**	**8 028**	**576 151**
国家级	—	—	—	—	—	—	—	—	—
北　京	23 197	1 102	12 913	76	12 012	295	34	155	21 594
天　津	14 931	757	4 295	91	7 368	25		172	14 927
河　北	11 026	2 581	5 029	787	2 289		3	31	10 954
山　西	7 622	374	4 622	40	1 657			265	7 575
内蒙古	7 733	369	3 211	511	3 314	19		18	7 466
辽　宁	21 206	1 937	9 797	172	8 941	6	6	122	19 614
吉　林	12 814	768	5 384	264	6 167			13	11 464
黑龙江	5 850	428	2 424	114	2 340		5	164	4 808
上　海	32 779	2 434	9 738	272	15 091	472	22	179	32 380
江　苏	72 919	11 506	26 712	838	30 765	76	38	830	62 682
浙　江	59 419	14 004	25 173	974	16 723	39	4	355	53 776
安　徽	13 397	1 714	5 508	272	5 262	8	4	78	13 176
福　建	23 708	2 459	9 870	276	9 766	4	23	204	20 754
江　西	11 097	1 523	4 428	188	4 231	2	8	624	10 972
山　东	33 324	6 539	13 196	342	12 345	13	18	185	31 826
河　南	5 975	1 320	2 641	143	1 577	9	14	72	5 936
湖　北	20 382	2 165	7 611	354	10 242	79	12	177	20 382
湖　南	427	300	324	30	35	7	1		427
广　东	104 659	9 850	47 500	665	43 139	51	58	2 266	95 973
广　西	15 008	1 236	5 640	224	8 318	5	9	121	14 318
海　南	1 665	124	466	5	782	1		264	1 564
重　庆	44 722	3 285	14 492	378	22 432	4	2	906	43 198
四　川	21 528	3 481	8 271	686	7 894	13	7	664	20 222
贵　州	77	39	22	2	11				76
云　南	9 940	877	3 042	177	5 502	20	3	31	9 807
西　藏	51	11	10		26				49
陕　西	19 546	1 007	3 907	283	14 128	8	2	40	19 421
甘　肃	3 329	240	1 378	46	1 550		4	24	3 321
青　海	1 515	56	381	7	1 034			4	1 513
宁　夏	9 400	260	1 610	43	5 183	3	1	3	9 247
新　疆	6 876	387	2 703	278	3 022	1	1	61	6 729

各地区环境信访工作情况（二）

（2006）

地区名称	来访人次（人次）	当年来访批次（批）	环境污染纠纷类（批）			
			水	大气	固体废物	噪声
总计	**110 592**	**71 287**	**14 287**	**28 734**	**2 582**	**20 060**
国家级	—	—	—	—	—	—
北京	1 545	1 122	99	577	10	410
天津	1 661	672	91	201	19	278
河北	4 960	3 046	836	1 221	158	615
山西	142	178	23	110	4	28
内蒙古	2 344	1 796	171	875	197	461
辽宁	9 026	5 312	1 047	2 441	194	1 410
吉林	3 188	3 325	329	1 700	83	1 129
黑龙江	8 866	7 573	1 485	2 128	253	3 159
上海	2 433	869	84	275	38	242
江苏	6 869	3 354	846	1 381	48	930
浙江	8 282	4 278	999	1 874	160	1 001
安徽	4 060	1 545	299	649	87	449
福建	4 358	4 142	414	1 574	78	452
江西	5 968	3 385	878	1 452	110	847
山东	3 916	2 308	896	872	34	397
河南	4 681	2 697	774	995	126	594
湖北	5 697	4 052	835	1 640	135	1 272
湖南	177	111	39	35	14	5
广东	5 017	2 879	465	1 371	60	883
广西	4 743	2 822	593	1 234	134	684
海南	174	345	66	72	24	114
重庆	4 555	2 858	384	1 424	137	736
四川	7 566	5 454	1 290	1 890	162	1 677
贵州	0	23	6	14		2
云南	4 899	3 288	673	1 396	151	900
西藏	27	18	3	4	2	3
陕西	2 652	1 495	290	523	70	565
甘肃	385	299	50	99	31	110
青海	217	210	34	58	6	84
宁夏	733	421	111	77	17	115
新疆	1 451	1 410	177	572	40	508

各地区环境信访工作情况（三）

（2006）

地区名称	发明建议类（批）	行业作风类（批）	当年已处理来访批次（批）	人大关于环保的建议议案数（件）		政协关于环保的建议提案数（件）	
				建议议案	当年已办理	建议提案	当年已办理
总计	**102**	**103**	**62 166**	**4 328**	**4 305**	**5 967**	**5 948**
国家级	—	—	—	—	—	—	—
北京			1 028	123	123	76	76
天津			672	67	67	66	66
河北	15	5	2 940	187	187	241	241
山西			174	19	19	19	19
内蒙古	5		1 672	117	117	120	120
辽宁			5 312	98	98	144	144
吉林			2 938	37	37	54	54
黑龙江		60	6 702	91	91	94	94
上海	20	7	707	69	69	68	68
江苏		3	3 194	349	345	552	548
浙江	1	1	3 418	366	366	475	475
安徽			1 166	127	127	254	254
福建	1	2	3 357	217	217	336	336
江西		1	3 151	137	137	201	201
山东			2 046	237	237	399	399
河南	26	4	2 672	311	311	469	469
湖北		5	4 052	154	154	208	208
湖南			81	20	20	17	17
广东	14	1	2 651	237	237	297	297
广西			2 411	150	146	181	179
海南			293	22	22	27	27
重庆	3	2	2 171	190	190	263	263
四川	13	9	4 044	396	391	579	570
贵州			23				
云南	4	1	2 070	242	238	274	272
西藏			16	3	3	4	4
陕西		2	1 392	142	142	238	238
甘肃			280	52	52	97	97
青海			210	33	33	36	36
宁夏				11	11	43	43
新疆			1 323	124	118	135	133

各地区环境保护档案工作情况（一）

（2006）

地区名称	档案机构（个）	现存档案资料		档案库房面积（米^2）	现有专职档案人员（人）	兼职档案人员（人）
		全宗（个）	案卷（卷）			
总　计	**2 342**	**3 391**	**1 991 812**	**64 053**	**1 838**	**4 700**
国家级	28	28	80 631	725	15	150
北　京	18	19	93 654	593	14	112
天　津	20	21	41 903	711	14	92
河　北	156	193	133 446	3 500	199	335
山　西	65	105	39 265	1 550	92	117
内蒙古	104	133	96 667	2 390	103	287
辽　宁	82	131	104 907	6 545	67	140
吉　林	65	81	83 918	1 325	56	70
黑龙江	102	132	47 939	2 240	2	112
上　海	27	37	115 390	859	15	76
江　苏	111	113	124 866	3 965	93	318
浙　江	81	108	147 220	2 798	69	204
安　徽	70	127	166 057	1 951	58	152
福　建	70	97	46 257	1 623	43	105
江　西	86	121	18 609	1 448	49	114
山　东	182	183	159 200	4 752	174	472
河　南	188	175	31 749	3 318	146	168
湖　北	108	103	51 741	2 615	70	186
湖　南	107	148	44 345	3 236	79	132
广　东	72	194	169 881	3 392	83	241
广　西	48	94	19 463	1 548	22	118
海　南	11	20	3 232	584	20	32
重　庆	41	45	24 785	1 491	15	61
四　川	125	416	40 632	3 177	69	207
贵　州	39	71	18 906	647	15	84
云　南	67	92	18 309	1 557	31	157
西　藏		8	278	20	2	3
陕　西	86	140	17 623	1 709	116	145
甘　肃	101	122	29 005	1 567	39	123
青　海	3	14	3 650	252	2	23
宁　夏	12	23	6 404	296	2	23
新　疆	67	97	11 880	1 669	64	141

各地区环境保护档案工作情况（二）

（2006）

地区名称	本年接收档案（卷）	本年借阅档案人次	本年借阅档案（卷）	本年编研资料（册）	档案管理达标升级情况			
					国家级	省一级	省二级	省三级
总　计	**436 353**	**180 014**	**277 094**	**6 387**	**34**	**482**	**478**	**278**
国家级	5 561	3 503	8 684	17	5	6		
北　京	10 182	2 064	10 562	56		7	12	
天　津	1 515	929	1 454	51		9	5	1
河　北	15 097	10 967	11 923	4 822	2	36	23	65
山　西	4 655	4 365	4 010	127	2	5	16	22
内蒙古	8 273	7 313	11 357	259	8	42	25	2
辽　宁	296 987	9 593	25 280	166	2	21	35	11
吉　林	5 058	2 792	4 714	88		10	33	15
黑龙江	1 474	3 167	5 916	46	2	45	6	10
上　海	11 120	2 527	6 337	30	2	5	5	1
江　苏	7 548	9 503	19 782	593	2	35	41	15
浙　江	17 562	15 330	23 151	189		17	31	1
安　徽	3 015	5 633	7 693	305	2	10	6	
福　建	3 725	7 489	8 120	290		18	1	
江　西	951	4 438	5 288	24		2	10	3
山　东	6 410	11 567	21 610	305		53	47	26
河　南	3 053	8 807	9 638	129		42	19	2
湖　北	2 462	8 212	8 517	116		16	66	1
湖　南	2 570	9 271	12 016	209	1	9	36	31
广　东	11 809	11 524	17 741	151	3	30	8	1
广　西	1 521	5 963	7 612	62		1		
海　南	578	1 305	1 355	9				1
重　庆	2 066	2 404	3 086	1 926		1	4	11
四　川	5 284	8 737	14 916	127		7	19	38
贵　州	2 323	3 182	4 542	344				1
云　南	1 999	5 090	6 499	34	1	17	7	14
西　藏	46	12	15					
陕　西	898	6 229	5 928	78	1	3	4	2
甘　肃	1 309	3 979	4 206	29		29	13	
青　海	144	314	396	5		2	3	2
宁　夏	159	559	1 043	11	1	1		1
新　疆	999	3 246	3 703	129		3	3	1

各地区环境保护系统年末机构总数（一）

（2006）　　单位：个

地区名称	总计	国家、省级合计	环保局	监察机构	监测站	科研所	宣教中心	信息中心	其他
总　计	**11 321**	**393**	**33**	**33**	**40**	**33**	**31**	**28**	**195**
国家级	41	41	1	1	1	3	1	1	33
北　京	74	11	1	1	1	1	1	1	5
天　津	84	14	1	1	1	1	1	1	8
河　北	637	11	1	1	1	1	1	1	5
山　西	479	11	1	1	1	1	1	1	5
内蒙古	291	8	1	1	2	1	1	—	2
辽　宁	447	16	1	1	1	1	1	1	10
吉　林	260	13	1	1	2	1	1	1	6
黑龙江	429	18	1	1	1	1	1	1	12
上　海	83	9	1	1	1	1	1	1	3
江　苏	572	14	1	1	1	1	1	1	8
浙　江	421	10	1	1	3	1	1	1	2
安　徽	396	12	1	1	1	1	1	1	6
福　建	335	12	1	1	3	1	1	1	4
江　西	347	10	1	1	1	1	1	1	4
山　东	649	11	1	1	1	1	1	1	5
河　南	636	8	1	1	1	1	1	1	2
湖　北	443	9	1	1	1	1	1	1	3
湖　南	493	13	1	1	1	1	1	—	8
广　东	991	12	1	1	1	1	1	1	6
广　西	298	11	1	1	2	1	1	—	5
海　南	76	8	1	1	1	1	1	1	2
重　庆	313	12	1	1	1	1	1	1	6
四　川	598	14	1	1	1	1	1	1	8
贵　州	287	11	1	1	1	1	1	1	5
云　南	430	12	1	1	1	1	1	1	6
西　藏	99	7	1	1	1	1	—	—	3
陕　西	350	14	1	1	1	1	1	1	8
甘　肃	256	8	1	1	1	1	1	1	2
青　海	128	8	1	1	1	—	1	1	3
宁　夏	52	9	1	1	1	—	1	1	4
新　疆	326	16	2	2	2	2	1	1	6

各地区环境保护系统年末机构总数（二）

（2006）

单位：个

地区名称	地市级合计	环保局	监察机构	监测站	科研所	宣教中心	信息中心	其他
总　计	**2 005**	**404**	**404**	**396**	**227**	**95**	**113**	**366**
北　京	63	19	8	15	6	—	2	13
天　津	59	18	16	17	—	—	—	8
河　北	80	11	12	11	10	4	7	25
山　西	69	11	11	11	10	2	8	16
内蒙古	60	12	11	12	6	5	2	12
辽　宁	121	14	16	14	14	13	9	41
吉　林	55	9	9	9	6	9	3	10
黑龙江	72	14	14	13	11	4	3	13
上　海	71	18	18	19	7	2	—	7
江　苏	83	13	13	13	11	9	6	18
浙　江	51	11	11	10	7	4	2	6
安　徽	85	17	17	17	12	2	7	13
福　建	52	9	9	9	9	5	7	4
江　西	53	11	11	11	10	4	2	4
山　东	95	17	17	17	8	5	5	26
河　南	95	17	19	17	10	2	4	26
湖　北	79	13	18	13	10	3	5	17
湖　南	78	14	16	16	11	2	3	16
广　东	144	21	24	21	19	7	13	39
广　西	61	14	14	14	9	1	4	5
海　南	10	2	2	2	2	1	1	—
重　庆	—	—	—	—	—	—	—	—
四　川	83	21	21	23	5	1	4	8
贵　州	37	9	9	9	3	2	2	3
云　南	72	16	15	16	10	2	4	9
西　藏	19	7	4	7	—	—	—	1
陕　西	58	11	12	11	7	3	2	12
甘　肃	62	15	15	15	6	—	3	8
青　海	25	8	7	5	3	1	1	—
宁　夏	18	5	7	5	—	—	1	—
新　疆	95	27	28	24	5	2	3	6

各地区环境保护系统年末机构总数（三）

（2006）

单位：个

地区名称	县级合计	环保局	监察机构	监测站	其他	全省乡镇环保机构
总计	**7 680**	**2 789**	**2 366**	**1 886**	**639**	**1 243**
北京	—	—	—	—	—	—
天津	11	3	3	3	2	—
河北	463	165	127	123	48	83
山西	357	123	96	95	43	42
内蒙古	216	103	58	49	6	7
辽宁	310	105	87	84	34	—
吉林	190	59	64	55	12	2
黑龙江	333	130	101	92	10	6
上海	3	1	1	1	—	—
江苏	367	104	136	93	34	108
浙江	257	93	74	68	22	103
安徽	257	100	78	59	20	42
福建	267	85	75	75	32	4
江西	277	101	78	84	14	7
山东	507	142	154	121	90	36
河南	490	153	162	125	50	43
湖北	321	93	108	83	37	34
湖南	389	129	112	111	37	13
广东	396	110	99	98	89	439
广西	217	98	66	49	4	9
海南	58	20	14	15	9	—
重庆	127	41	40	40	6	174
四川	436	181	136	105	14	65
贵州	239	94	89	50	6	—
云南	324	129	104	82	9	22
西藏	73	73	—	—	—	—
陕西	278	107	104	64	3	—
甘肃	183	86	75	18	4	3
青海	95	46	34	15	—	—
宁夏	25	15	4	5	1	—
新疆	214	100	87	24	3	1

各地区环境保护系统年末实有人数

（2006）

单位：人

地区名称	年末实有人数	高级职称	中级职称	初级职称	环保局	监察机构	监测站	乡镇环保机构
总　计	**170 290**	**8 772**	**25 260**	**36 347**	**44 141**	**52 845**	**47 689**	**4 391**
国家级	2 065	576	460	766	215	45	108	—
北　京	1 746	174	428	566	596	158	480	—
天　津	1 851	176	301	369	484	209	711	—
河　北	13 312	466	1 093	1 927	4 140	4 288	2 750	555
山　西	9 986	260	1 241	2 476	2 536	3 090	2 779	364
内蒙古	4 167	269	738	708	1 784	883	1 058	52
辽　宁	7 529	617	1 418	1 416	1 390	2 245	2 196	11
吉　林	4 967	380	956	1 417	731	2 148	1 525	12
黑龙江	4 447	375	771	884	1 109	1 333	1 379	22
上　海	2 167	157	629	459	399	460	820	—
江　苏	9 239	461	2 202	2 776	2 191	2 719	3 355	206
浙　江	5 396	495	1 163	1 177	1 345	1 149	1 841	609
安　徽	5 286	276	700	1 278	1 256	1 771	1 616	127
福　建	3 370	219	799	769	828	906	1 119	15
江　西	4 191	204	477	795	1 399	1 238	1 147	18
山　东	12 550	803	2 084	3 163	3 221	3 760	3 673	163
河　南	19 942	356	1 563	3 910	3 859	9 300	4 949	342
湖　北	7 244	281	1 380	1 892	1 784	2 632	1 852	214
湖　南	8 244	254	1 117	1 867	2 295	2 413	2 346	60
广　东	9 682	502	1 429	2 107	2 246	2 080	2 494	1 189
广　西	3 108	221	723	808	993	725	1 139	17
海　南	1 156	33	96	169	393	322	316	—
重　庆	2 173	127	359	295	563	593	676	255
四　川	6 493	245	882	1 118	1 956	1 919	2 025	66
贵　州	2 314	85	227	416	799	703	600	—
云　南	3 886	248	680	760	1 463	776	1 110	85
西　藏	434	7	13	49	312	28	67	—
陕　西	5 534	147	342	697	1 208	2 398	1 544	—
甘　肃	3 369	108	288	520	1 231	1 208	748	6
青　海	702	34	153	156	162	248	231	—
宁　夏	766	83	150	174	252	199	258	—
新　疆	2 974	133	398	463	1 001	899	777	3

各地区环境保护系统各级机构人员数（一）

（2006）

单位：人

地区名称	年末实有人数合计	省级、国家级合计	环保局	监察机构	监测站	科研所	宣教中心	信息中心	其他
总计	**170 290**	**12 976**	**2 161**	**817**	**2 933**	**2 962**	**503**	**278**	**3 322**
国家级	2 065	2 065	215	45	108	652	34	29	982
北京	1 746	679	92	45	145	209	47	8	133
天津	1 851	685	98	55	189	184	22	19	118
河北	13 312	338	69	47	63	53	14	13	79
山西	9 986	299	71	24	76	46	8	11	63
内蒙古	4 167	207	49	14	82	30	20	—	12
辽宁	7 529	330	45	14	74	95	15	6	81
吉林	4 967	359	52	18	107	74	21	15	72
黑龙江	4 447	398	55	18	87	73	13	8	144
上海	2 167	624	91	47	147	219	24	15	81
江苏	9 239	411	98	12	74	70	14	17	126
浙江	5 396	372	59	17	186	79	8	5	18
安徽	5 286	307	55	22	81	71	11	12	55
福建	3 370	317	61	17	81	49	12	7	90
江西	4 191	284	47	27	68	87	10	8	37
山东	12 550	430	61	24	75	90	23	14	143
河南	19 942	287	76	26	71	50	18	7	39
湖北	7 244	226	48	12	58	60	15	5	28
湖南	8 244	639	46	16	105	99	33	—	340
广东	9 682	365	80	26	96	—	15	10	138
广西	3 108	238	37	20	95	37	14	—	35
海南	1 156	195	85	24	76	—	3	4	3
重庆	2 173	393	88	64	174	—	13	8	46
四川	6 493	407	71	26	41	205	7	11	46
贵州	2 314	318	67	17	81	88	9	7	49
云南	3 886	427	61	18	87	138	16	11	96
西藏	434	86	29	9	30	—	—	—	18
陕西	5 534	328	65	32	81	44	15	12	79
甘肃	3 369	246	56	13	71	71	14	6	15
青海	702	169	29	24	66	—	8	4	38
宁夏	766	151	43	13	48	—	14	—	33
新疆	2 974	396	62	31	110	89	13	6	85

各地区环境保护系统各级机构人员数（二）

（2006）

单位：人

地区名称	地市级合计	环保局	监察机构	监测站	科研所	宣教中心	信息中心	其他
总计	**43 084**	**9 081**	**9 169**	**16 143**	**3 195**	**635**	**648**	**4 213**
北京	1 067	504	113	335	15	—	10	90
天津	918	282	114	436	—	—	—	86
河北	2 529	506	469	720	230	35	40	529
山西	1 629	316	313	557	151	14	60	218
内蒙古	1 240	239	217	529	93	31	6	125
辽宁	3 278	449	582	959	532	103	72	581
吉林	966	171	266	316	76	52	7	78
黑龙江	1 385	336	283	499	109	46	12	100
上海	1 486	296	395	646	30	6	—	113
江苏	2 351	497	576	949	153	38	15	123
浙江	1 225	266	264	489	126	25	9	46
安徽	1 555	342	326	628	118	11	49	81
福建	894	159	208	310	125	19	31	42
江西	1 131	243	287	427	118	27	10	19
山东	2 597	536	505	980	125	62	76	313
河南	3 359	566	907	1 155	189	27	39	476
湖北	1 894	325	580	570	182	19	18	200
湖南	1 838	406	343	788	194	16	7	84
广东	3 092	553	566	1 003	267	45	60	598
广西	1 099	235	208	531	71	11	18	25
海南	299	72	96	85	16	—	30	—
重庆	—	—	—	—	—	—	—	—
四川	1 751	413	393	808	58	16	14	49
贵州	565	137	100	292	14	4	5	13
云南	1 014	297	150	436	46	6	20	59
西藏	146	81	19	37	—	—	—	9
陕西	1 183	252	224	501	102	17	4	83
甘肃	1 016	248	232	475	13	—	18	30
青海	148	42	42	53	6	—	5	—
宁夏	366	82	130	152	—	—	2	—
新疆	1 063	230	261	477	36	5	11	43

各地区环境保护系统各级机构人员数（三）

（2006）

单位：人

地区名称	县级合计	环保局	监察机构	监测站	其他	全省乡镇环保机构
总 计	**109 839**	**32 899**	**42 859**	**28 613**	**5 468**	**4 391**
北 京	—	—	—	—	—	—
天 津	248	104	40	86	18	—
河 北	9 890	3 565	3 772	1 967	586	555
山 西	7 694	2 149	2 753	2 146	646	364
内蒙古	2 668	1 496	652	447	73	52
辽 宁	3 910	896	1 649	1 163	202	11
吉 林	3 630	508	1 864	1 102	156	12
黑龙江	2 642	718	1 032	793	99	22
上 海	57	12	18	27	—	—
江 苏	6 271	1 596	2 131	2 332	212	206
浙 江	3 190	1 020	868	1 166	136	609
安 徽	3 297	859	1 423	907	108	127
福 建	2 144	608	681	728	127	15
江 西	2 758	1 109	924	652	73	18
山 东	9 360	2 624	3 231	2 618	887	163
河 南	15 954	3 217	8 367	3 723	647	342
湖 北	4 910	1 411	2 040	1 224	235	214
湖 南	5 707	1 843	2 054	1 453	357	60
广 东	5 036	1 613	1 488	1 395	540	1 189
广 西	1 754	721	497	513	23	17
海 南	662	236	202	155	69	—
重 庆	1 525	475	529	502	19	255
四 川	4 269	1 472	1 500	1 176	121	66
贵 州	1 431	595	586	227	23	—
云 南	2 360	1 105	608	587	60	85
西 藏	202	202	—	—	—	—
陕 西	4 023	891	2 142	962	28	—
甘 肃	2 101	927	963	202	9	6
青 海	385	91	182	112	—	—
宁 夏	249	127	56	58	8	—
新 疆	1 512	709	607	190	6	3

10

附 表

FUBIAO

国家级自然保护区名录

（2006）

序号	保护区名称	行政区域	面积（公顷）	主要保护对象	类型	建立时间	主管部门
京 11	松山	延庆县	4 660	温带森林和野生动植物	森林生态	1986-07-09	林业
津 06	古海岸与湿地	静海县	99 000	贝壳堤、牡蛎滩古海岸遗迹、滨海湿地	海洋海岸	1984-12-01	海洋
津 07	蓟县中上元古界	蓟县	900	中上元古界地质层剖面	地质遗迹	1984-10-18	环保
津 08	八仙山	蓟县	1 049	森林生态系统	森林生态	1984-12-01	林业
冀 08	黄金海岸	昌黎县	30 000	海滩及近海生态系统	海洋海岸	1990-09-30	海洋
冀 09	柳江盆地	抚宁县	1 395	地质遗迹	地质遗迹	1999-05-01	国土
冀 14	小五台山	蔚县	21 833	褐马鸡及温带森林生态系统	森林生态	1983-11-01	林业
冀 15	泥河湾	阳原县	1 015	新生代沉积地层	地质遗迹	1997-02-01	国土
冀 16	大海陀	赤城县	11 225	森林生态系统	森林生态	1999-07-01	环保
冀 18	雾灵山	兴隆县	14 247	温带森林、猕猴分布北限	森林生态	1988-05-09	林业
冀 25	红松洼草原	围场县	7 300	草原生态系统	草原草甸	1994-08-01	农业
冀 35	衡水湖	衡水市	18 787	湿地生态系统及鸟类	内陆湿地	2000-07-01	林业
晋 12	阳城莽河	阳城县	5 600	猕猴、大鲵及暖温带森林植被	野生动物	1983-12-01	林业
晋 28	历山	垣曲、沁水、翼城等	24 800	森林植被及金钱豹、金雕等野生动物	森林生态	1983-12-01	林业
晋 33	芦芽山	宁武、岢岚、五寨	21 453	褐马鸡及华北落叶松、云杉次生林	野生动物	1980-12-01	林业
晋 39	五鹿山	蒲县、隰县	20 617	褐马鸡及其生境	野生动物	1993-01-01	林业
晋 42	庞泉沟	交城县、方山县	10 466	褐马鸡及森林生态系统	野生动物	1980-12-01	林业
蒙 17	阿鲁科尔沁	阿鲁科尔沁旗	136 794	草原、湿地及珍稀鸟类	草原草甸	1998-02-01	环保
蒙 23	赛罕乌拉	巴林左旗	100 400	森林及马鹿等野生动物	森林生态	1997-04-01	林业
蒙 27	达里诺尔鸟类	克什克腾旗	119 413	珍稀鸟类及其生境	野生动物	1987-09-08	环保
蒙 28	白音敖包云杉林	克什克腾旗	13 862	沙地云杉林	森林生态	1979-10-04	林业
蒙 39	黑里河	宁城县	27 700	森林生态系统	森林生态	1996-12-31	林业
蒙 41	大黑山	敖汉旗	86 799	天然阔叶林	森林生态	1996-09-01	环保
蒙 58	大青沟	科尔沁左翼后旗	8 183	针阔混交林	森林生态	1988-05-09	林业
蒙 98	鄂尔多斯遗鸥	鄂尔多斯市	14 770	遗鸥及其生境	野生动物	1991-01-01	林业
蒙 104	西鄂尔多斯	鄂托克旗	555 849	古老残遗濒危植物及其生境	野生植物	1986-12-01	环保
蒙 117	辉河	鄂温克族自治旗	346 848	湿地生态系统及珍禽、草原	内陆湿地	1997-12-01	环保
蒙 118	红花尔基	鄂温克族自治旗	20 085	樟子松林	森林生态	1998-05-01	林业

国家级自然保护区名录（续 1）

序 号	保护区名称	行政区域	面 积（公顷）	主要保护对象	类 型	建立时间	主管部门
蒙 127	达赉湖	新巴尔虎右旗	740 000	湖泊、湿地、草原生态系统	内陆湿地	1987-01-01	林业
蒙 133	额尔古纳	额尔古纳市	124 527	原始寒温带针叶林	森林生态	2001-01-01	林业
蒙 135	汗玛	根河市	107 348	森林生态系统	森林生态	1996-11-29	林业
蒙 143	科尔沁	科尔沁右翼中旗	126 987	湿地珍禽、灌丛及疏林草原	野生动物	1986-06-01	环保
蒙 146	图牧吉	扎赉特旗	94 830	草原生态系统及大鸨等珍禽	草原草甸	1996-08-01	环保
蒙 149	锡林郭勒草原	锡林浩特市	580 000	草甸草原、沙地疏林	草原草甸	1985-08-08	环保
蒙 178	哈腾套海	磴口县	123 600	绵刺及荒漠草原	野生植物	2000-09-28	林业
蒙 182	乌拉特梭梭林—蒙古野驴	乌拉特后旗	68 000	梭梭林、蒙古野驴及荒漠生态系统	荒漠生态	1985-10-01	林业
蒙 184	内蒙古贺兰山	阿拉善左旗	67 710	水源涵养林、野生动植物	森林生态	1992-10-27	林业
蒙 190	额济纳胡杨林	额济纳旗	26 253	胡杨林及其生境	野生植物	1986-06-01	林业
辽 09	大连斑海豹	大连市	909 000	斑海豹及其生境	野生动物	1992-09-01	农业
辽 15	蛇岛—老铁山	大连市旅顺口区	14 595	蝮蛇、候鸟及蛇岛特殊生态系统	野生动物	1980-08-06	环保
辽 16	城山头	大连市金州区	1 350	地质遗迹及海滨喀斯特地貌	地质遗迹	1989-04-01	环保
辽 20	仙人洞	庄河市	3 574	森林生态系统	森林生态	1981-09-01	林业
辽 36	老秃顶子	桓仁县、新宾县	15 219	长白植物区系森林及人参等珍稀物种	森林生态	1981-09-18	林业
辽 42	白石砬子	宽甸县	7 467	原生型红松阔叶混交林	森林生态	1981-09-09	林业
辽 43	鸭绿江口滨海湿地	东港市	101 000	沿海滩涂湿地及水禽候鸟	海洋海岸	1987-07-01	环保
辽 51	医巫闾山	义县	11 459	天然油松林、华北植物区系针阔混交林	森林生态	1981-09-09	林业
辽 65	双台河口	盘锦市兴隆台区	80 000	珍稀水禽及沿海湿地生态系统	野生动物	1985-09-09	林业
辽 75	努鲁儿虎山	朝阳县	13 832.1	原生型柞树林及候鸟栖息地	森林生态	1983-09-01	林业
辽 79	北票鸟化石群	北票市	4 630	中生代晚期鸟化石等古生物化石群	古生物遗迹	1997-05-18	国土
吉 06	伊通火山群	伊通自治县	765	火山地质遗迹	地质遗迹	1984-06-27	环保
吉 10	龙湾	辉南县	15 061	湿地、森林、火山湖库群	内陆湿地	1990-09-29	林业
吉 17	鸭绿江上游	长白县	20 306	珍稀冷水性鱼类及其生境	野生动物	1996-10-01	农业
吉 21	大布苏	乾安县	11 000	泥林、古生物化石及湿地生态系统	地质遗迹	1996-10-16	国土
吉 22	莫莫格	镇赉县	144 000	珍稀水禽、野生动植物	野生动物	1981-03-08	林业
吉 23	向海	通榆县	105 467	湿地及丹顶鹤等珍贵水禽	内陆湿地	1981-03-09	林业

国家级自然保护区名录（续2）

序 号	保护区名称	行政区域	面 积（公顷）	主要保护对象	类 型	建立时间	主管部门
吉 29	珲春东北虎	珲春市	108 700	东北虎、远东豹及其生境	野生动物	2000-10-01	林业
吉 30	天佛指山	龙井市	77 317	松茸及森林生态系统	野生植物	1996-08-22	林业
吉 32	长白山	安图县	196 465	森林及野生动物	森林生态	1960-04-01	林业
黑 25	扎龙	齐齐哈尔市	210 000	丹顶鹤等珍禽及湿地生境	野生动物	1987-04-18	林业
黑 40	凤凰山	鸡东县	26 570	松茸及原始森林	野生植物	1989-04-01	林业
黑 46	兴凯湖	密山市	222 488	湿地生态系统及野生动植物	内陆湿地	1986-04-05	林业
黑 59	七星河	宝清县	20 000	内陆湿地生态系统	内陆湿地	1991-10-04	环保
黑 61	东北黑蜂	饶河县	270 000	东北黑蜂蜂种及蜜源植物	野生动物	1980-05-01	农业
黑 73	丰林	伊春市五营区	18 400	红松母树林	森林生态	1988-05-09	林业
黑 80	凉水	伊春市带岭区	12 133	红松母树林	森林生态	1980-07-08	林业
黑 97	三江	抚远县	198 100	湿地生态系统及丹顶鹤等珍禽	内陆湿地	2000-04-04	林业
黑 99	洪河	同江市	21 836	沼泽湿地生态系统	内陆湿地	1984-12-01	环保
黑 100	八岔岛	同江市	32 014	湿地生态系统及珍稀动物	内陆湿地	1999-09-01	环保
黑 104	挠力河	富锦市	160 595	湿地和水域生态系统	内陆湿地	1998-11-01	环保
黑 113	牡丹峰	牡丹江市	19 648	原始森林	森林生态	1981-05-05	林业
黑 144	五大连池火山	五大连池市	100 800	火山地质遗迹、矿泉水	地质遗迹	1980-03-29	国土
黑 171	呼中	大兴安岭地区	167 213	寒温带针叶林及野生动植物	森林生态	1984-05-09	林业
黑 172	南瓮河	大兴安岭地区	229 523	森林湿地和野生动植物	内陆湿地	1999-12-01	林业
沪 01	九段沙湿地	上海市浦东新区	42 020	河口沙洲地貌和鸟类等	内陆湿地	2000-03-01	环保
沪 03	崇明东滩鸟类	崇明县	24 155	候鸟及湿地生态系统	野生动物	1998-11-01	林业
苏 24	盐城沿海湿地珍禽	盐城市	284 179	丹顶鹤等珍禽及海涂湿地生态系统	野生动物	1983-02-27	环保
苏 27	大丰麋鹿	大丰县	2 667	麋鹿及其生境	野生动物	1986-02-08	林业
苏 37	泗洪洪泽湖	泗洪县	49 365	湿地生态系统及大鸨等珍稀濒危鸟类	内陆湿地	1985-06-01	环保
浙 05	清凉峰	临安市	10 800	森林生态系统	森林生态	1998-08-18	林业
浙 06	天目山	临安市	4 284	银杏、连香树、金钱松等珍稀植物	野生植物	1986-07-09	林业
浙 11	南麂列岛	平阳县	19 600	海洋贝藻类及生境	海洋海岸	1990-09-30	海洋
浙 12	乌岩岭	泰顺县	18 862	森林及黄腹角雉、猕猴等珍稀动植物	森林生态	1994-04-05	林业
浙 15	长兴地质遗迹	长兴县	275	二叠纪石灰岩地质剖面	地质遗迹	1981-03-01	国土
浙 38	大盘山	磐安县	4 558	珍稀野生植物及其生境	野生植物	1993-04-23	环保

国家级自然保护区名录（续3）

序号	保护区名称	行政区域	面积（公顷）	主要保护对象	类型	建立时间	主管部门
浙44	古田山	开化县	8 107	常绿阔叶林、白颈长尾雉	森林生态	1975-03-01	林业
浙49	九龙山	遂昌县	5 525	连香树、马褂木、黑熊等珍稀动植物	野生植物	1983-01-01	林业
浙51	凤阳山一百山祖	龙泉市、庆元县	24 713	中亚热带温湿润常绿阔叶林生态系统	森林生态	1992-10-27	林业
皖03	铜陵淡水豚	铜陵县	31 518	白暨豚、江豚等珍稀水生生物	野生动物	2000-12-01	环保
皖06	鹞落坪	岳西县	12 300	森林生态、水源涵养林、珍稀动植物	森林生态	1991-12-05	环保
皖15	牯牛降	石台、祁门县	14 817	森林及珍稀动植物	森林生态	1982-01-01	林业
皖26	金寨天马	金寨县	28 914	森林生态系统和野生动植物	森林生态	1990-04-01	林业
皖30	升金湖	东至县	33 400	白鹳等珍稀鸟类及湿地生态系统	野生动物	1986-02-08	林业
皖33	宣城扬子鳄	宣城市	43 333	扬子鳄及其生境	野生动物	1982-01-01	林业
闽12	厦门珍稀海洋物种	厦门市	33 088	中华白海豚、白鹭、文昌鱼等珍稀动物	野生动物	2000-04-04	环保
闽24	龙栖山	将乐县	15 693	森林生态系统	森林生态	1984-06-18	林业
闽27	闽江源	建宁县	13 022	森林生态系统	森林生态	2001-10-01	林业
闽28	天宝岩	永安市	11 015	长苞铁杉、猴头杜鹃等珍稀植物	野生植物	1988-12-01	林业
闽32	戴云山	德化县	13 472	森林及动植物	森林生态	1985-05-01	林业
闽33	深沪湾海底古森林	晋江市	3 400	海底古森林遗迹和牡蛎海滩岩及地质地貌	古生物遗迹	1992-10-27	海洋
闽34	漳江口红树林	云霄县	2 360	红树林生态系统	海洋海岸	1992-07-01	林业
闽40	虎伯寮	南靖县	2 650	森林生态系统	森林生态	1980-05-01	林业
闽56	武夷山	武夷山市	56 527	亚热带森林生态系统	森林生态	1979-07-03	林业
闽59	梁野山	武平县	14 365	森林生态系统及南方红豆杉	森林生态	1995-01-01	林业
闽60	梅花山	连城县	22 168	森林生态系统	森林生态	1985-04-25	林业
赣26	鄱阳湖候鸟	永修县	22 400	白鹤等越冬珍禽及其栖息地	野生动物	1988-05-09	林业
赣45	桃红岭梅花鹿	彭泽县	12 500	南方梅花鹿及其栖息地	野生动物	1981-08-16	林业
赣65	九连山	龙南县	13 412	亚热带常绿阔叶林生态系统	森林生态	1981-03-01	林业
赣101	井冈山	井冈山市	17 217	亚热带常绿阔叶原始林及珍稀动物	森林生态	1981-06-04	林业
赣122	江西武夷山	铅山县	16 007	中亚热带常绿阔叶林生态系统	森林生态	1981-05-01	林业
鲁10	马山	即墨市	774	柱状节理石柱、硅化木等	地质遗迹	1993-01-13	环保
鲁15	黄河三角洲	东营市	153 000	河口湿地生态系统及珍禽	海洋海岸	1990-12-27	林业

国家级自然保护区名录（续 4）

序号	保护区名称	行政区域	面积（公顷）	主要保护对象	类型	建立时间	主管部门
鲁 22	长岛	长岛县	5 300	鹰、隼等猛禽及候鸟栖息地	野生动物	1988-05-09	林业
鲁 33	山旺古生物化石	临朐县	120	古生物化石	古生物遗迹	1980-01-17	国土
鲁 69	滨州贝壳堤岛与湿地	滨州市	80 480	贝壳堤岛、湿地、珍稀鸟类、海洋生物	海洋海岸	1998-10-01	海洋
豫 03	黄河湿地	洛阳市吉利区	68 000	湿地生态、珍稀鸟类	内陆湿地	1995-08-01	林业
豫 09	豫北黄河故道	新乡市	24 780	天鹅、鹤类等珍禽及湿地生态系统	内陆湿地	1996-11-29	环保
豫 11	小秦岭	灵宝市	15 160	森林生态系统及野生动植物	森林生态	1982-06-01	林业
豫 12	南阳恐龙蛋化石群	南阳市	92 667	恐龙蛋化石	古生物遗迹	2000-12-01	国土
豫 13	伏牛山	西峡、内乡、南召等县	56 024	过渡带森林生态系统	森林生态	1997-12-08	林业
豫 16	内乡宝天曼	内乡县	5 413	过渡带森林生态系统、珍稀动植物	森林生态	1988-05-09	林业
豫 21	鸡公山	信阳市	2 917	森林生态系统、野生动物	森林生态	1988-05-09	林业
豫 24	董寨鸟类	罗山县	46 800	鸟类野生动植物	野生动物	1982-06-16	林业
豫 25	连康山	新县	10 580	常绿阔叶与落叶阔叶混交林	森林生态	1982-04-01	林业
豫 31	太行山猕猴	济源、焦作、新乡	56 600	猕猴及森林生态系统	野生动物	1998-08-18	林业
鄂 07	青龙山	郧县	205	恐龙蛋化石	古生物遗迹	1996-05-16	国土
鄂 12	神农架	房县、兴山、巴东	70 467	森林生态系统及珍稀动物金丝猴等	森林生态	1986-07-09	林业
鄂 22	后河	五峰自治县	10 340	原始森林、珍稀动植物	森林生态	2000-04-04	林业
鄂 38	石首麋鹿	石首市	1 567	麋鹿及其生境	野生动物	1991-11-01	环保
鄂 39	长江天鹅洲白暨豚	石首市	2 000	白暨豚及其生境	野生动物	1992-10-27	农业
鄂 40	长江新螺段白暨豚	洪湖、蒲圻、嘉鱼交界	13 500	白暨豚、江豚、中华鲟及其生境	野生动物	1992-10-27	农业
鄂 49	星斗山	利川、咸丰、恩施县	68 339	珙桐、水杉及森林植被	野生植物	1988-01-01	林业
湘 04	桃源洞	炎陵县	23 786	天然次生林、银杉群落	森林生态	1982-01-01	林业
湘 15	黄桑	绥宁县	12 590	森林生态及铁杉、大鲵等珍稀动植物	森林生态	1984-01-01	林业
湘 21	东洞庭湖	岳阳市	190 000	珍稀水禽及其湿地生态系统	野生动物	1984-11-01	林业
湘 27	乌云界	桃源县	33 818	森林生态系统及大型猫科动物	森林生态	1998-05-01	环保
湘 28	石门壶瓶山	石门县	40 847	森林及华南虎、云豹等珍稀动物	森林生态	1982-04-05	林业
湘 30	张家界大鲵	张家界市武陵源区	14 285	大鲵及其栖息生境	野生动物	1996-11-29	农业

国家级自然保护区名录（续5）

序号	保护区名称	行政区域	面积（公顷）	主要保护对象	类型	建立时间	主管部门
湘39	八大公山	桑植县	20 000	亚热带森林及珍稀濒危野生动植物	森林生态	1986-07-09	林业
湘46	莽山	宜章县	19 833	南亚热带常绿阔叶林及珍稀动植物	森林生态	1994-04-05	林业
湘66	都庞岭	道县	20 066	森林生态系统、野生动植物	森林生态	1997-01-04	林业
湘79	鹰嘴界	会同县	15 900	典型亚热带森林植被及野生动植物	森林生态	1998-01-01	林业
湘91	小溪	永顺县	24 800	天然次生林	森林生态	1985-07-16	林业
粤07	南岭	韶关市	58 924	中亚热带常绿阔叶林	森林生态	1984-04-01	林业
粤13	车八岭	始兴县	7 545	中亚热带常绿阔叶林及珍稀动植物	森林生态	1988-05-09	林业
粤15	丹霞山	仁化县	29 000	丹霞地貌	地质遗迹	1995-11-06	国土
粤32	内伶仃一福田	深圳市	815	猕猴、鸟类、红树林	海洋海岸	1984-04-09	林业
粤34	珠江口中华白海豚	珠海市	46 000	中华白海豚及其生境	野生动物	1991-01-01	农业
粤72	湛江红树林	湛江市	20 279	红树林生态系统	海洋海岸	1990-01-08	林业
粤118	鼎湖山	肇庆市	1 133	南亚热带常绿阔叶林、珍稀动植物	森林生态	1956-01-01	其他
粤144	象头山	博罗县	10 697	森林生态及野生动植物	森林生态	1998-12-01	林业
粤148	惠东港口海龟	惠东县	800	海龟及其产卵繁殖地	野生动物	1992-10-27	农业
桂02	大明山	武鸣、马山、上林县	16 994	常绿阔叶林、水源涵养林及自然景观	森林生态	1981-08-01	林业
桂17	千家洞	灌阳县	12 231	水源涵养林及野生动植物	森林生态	1982-06-01	林业
桂18	花坪	龙胜、临桂县	17 400	银杉及典型常绿阔叶林生态系统	野生植物	1961-11-01	林业
桂20	猫儿山	资源、兴安县	17 009	典型常绿阔叶林生态系统、水源涵养林	森林生态	1976-05-01	林业
桂25	合浦儒艮	北海市	35 000	儒艮及海洋生态系统	野生动物	1986-04-27	环保
桂26	山口红树林	合浦县	8 000	红树林生态系统	海洋海岸	1990-09-30	海洋
桂27	北仑河口海洋	防城港市防城区	3 000	红树林生态系统	海洋海岸	1990-03-04	海洋
桂28	防城上岳金花茶	防城港市防城区	9 195	金花茶及森林生态系统	野生植物	1986-04-05	环保
桂30	十万大山	上思、钦州、防城	58 277	水源涵养林	森林生态	1982-06-01	林业
桂61	木论	罗城、环江县	8 969	中亚热带石灰岩常绿阔叶混交林生态系统	森林生态	1991-08-18	林业
桂64	大瑶山	金秀瑶族自治县	24 907	水源林及瑶山鳄蜥、银杉	森林生态	1982-06-01	林业
桂68	弄岗	龙州、宁明县	10 080	亚热带石灰岩季雨林、白头叶猴、黑叶猴	森林生态	1978-01-01	林业
琼02	东寨港	海口市美兰区	3 337	红树林生态系统	海洋海岸	1980-04-09	林业
琼03	三亚珊瑚礁	三亚市	4 000	珊瑚礁及其生态系统	海洋海岸	1990-09-30	海洋

国家级自然保护区名录（续 6）

序 号	保护区名称	行政区域	面 积（公顷）	主要保护对象	类 型	建立时间	主管部门
琼 32	铜鼓岭	文昌市	4 400	珊瑚礁、热带季雨林、野生动物等	海洋海岸	1983-05-24	环保
琼 34	大洲岛	万宁市	7 000	金丝燕及生境、海洋生态系统	海洋海岸	1987-08-01	海洋
琼 42	大田坡鹿	东方市	1 314	海南坡鹿及生境	野生动物	1976-10-09	林业
琼 58	霸王岭	昌江黎族自治县	29 980	黑冠长臂猿及其生境	野生动物	1980-04-09	林业
琼 60	尖峰岭	乐东黎族自治县	20 170	热带季雨林生态系统	森林生态	1976-10-01	林业
琼 66	五指山	琼中、白沙、五指山、乐东	13 436	热带原始林生态系统	森林生态	1985-11-01	林业
渝 06	缙云山	重庆市九龙坡区	7 600	亚热带常绿阔叶林	森林生态	1979-04-01	林业
渝 22	大巴山	城口县	136 017	崖柏等植物	森林生态	1998-11-01	林业
渝 50	金佛山	南川市	41 850	银杉、珙桐等常绿阔叶林	野生植物	1979-07-01	林业
川 03	龙溪一虹口	都江堰市	34 000	亚热带山地森林生态系统、珍稀动植物	森林生态	1993-04-08	林业
川 04	白水河	彭州市	30 150	森林生态系统、野生动植物	森林生态	1996-01-01	林业
川 08	攀枝花苏铁	攀枝花市市辖区	1 400	攀枝花苏铁	野生植物	1983-01-01	林业
川 11	长江上游珍稀、特有鱼类	泸州市、宜宾市	33 174	珍稀鱼类及河流生态	野生动物	1987-12-04	农业
川 16	画稿溪	叙永县	23 827	桫椤等珍稀植物及地质遗迹	野生植物	1999-01-01	环保
川 26	王朗	平武县	32 297	大熊猫及森林生态系统	野生动物	1963-01-01	林业
川 28	雪宝顶	平武县	63 615	大熊猫、川金丝猴、扭角羚及其生境	野生动物	1993-08-01	林业
川 32	米仓山	旺苍县	23 400	森林及野生动物	森林生态	1998-01-01	林业
川 33	唐家河	青川县	40 000	大熊猫及森林生态系统	野生动物	1978-12-01	林业
川 45	马边大风顶	马边彝族自治县	30 164	大熊猫及森林生态系统	野生动物	1978-12-25	林业
川 51	长宁竹海	长宁县	35 800	竹类生态系统	森林生态	1996-10-01	环保
川 64	蜂桶寨	宝兴县	39 039	大熊猫及森林生态系统	野生动物	1975-01-01	林业
川 77	卧龙	汶川县	200 000	大熊猫及森林生态系统	野生动物	1975-01-01	林业
川 84	九寨沟	九寨沟县	64 297	大熊猫及森林生态系统	野生动物	1978-12-25	林业
川 88	四姑娘山	小金县	48 500	野生动物及高山生态系统	野生动物	1996-11-29	环保
川 96	若尔盖湿地	若尔盖县	166 571	高寒沼泽湿地及黑颈鹤等野生动物	内陆湿地	1994-08-18	林业
川 101	贡嘎山	康定、泸定县	400 000	高山森林生态系统及珍稀动物	森林生态	1997-12-08	林业
川 128	察青松多	白玉县	143 683	白唇鹿、金钱豹等野生动物	野生动物	1995-01-01	林业

国家级自然保护区名录（续7）

序号	保护区名称	行政区域	面积（公顷）	主要保护对象	类型	建立时间	主管部门
川144	亚丁	稻城县	145 750	森林生态系统、野生动植物、冰川	森林生态	1997-12-16	环保
川163	美姑大风顶	美姑县	50 655	大熊猫及森林生态系统	野生动物	1978-12-25	林业
黔27	习水中亚热带森林	习水县	48 666	森林及野生动植物	森林生态	1994-09-08	林业
黔29	赤水桫椤	赤水市	13 300	桫椤、小黄花茶等野生植物	野生植物	1992-10-27	环保
黔31	梵净山	江口、印江、松涛	41 900	森林生态系统及珍稀动植物	森林生态	1986-07-09	林业
黔36	麻阳河黑叶猴	沿河土家族自治县	31 113	黑叶猴等珍稀动物及其生境	野生动物	1987-08-01	林业
黔76	草海	威宁彝族回族苗族自治县	12 000	高原湿地生态系统及黑颈鹤等	内陆湿地	1985-01-01	林业
黔79	雷公山	黔东南苗族侗族自治州	47 300	中亚热带森林及秃杉等珍稀植物	森林生态	1982-06-01	林业
黔117	茂兰	荔波县	20 000	喀斯特森林生态系统	森林生态	1986-04-09	林业
滇27	会泽黑颈鹤	会泽县	12 911	黑颈鹤及其他水禽	野生动物	1986-03-01	环保
滇48	哀牢山	新平彝族傣族自治县	67 700	原始森林、黑长臂猿等珍稀动植物	森林生态	1988-05-09	林业
滇52	高黎贡山	保山市	404 600	生物气候垂直带谱、珍稀动植物	森林生态	1983-01-01	林业
滇57	大山包黑颈鹤	昭通市	19 200	黑颈鹤等珍禽及其生境	野生动物	1994-03-01	林业
滇59	药山	巧家县	20 141	高山水源林及多种药用植物	森林生态	1982-05-01	林业
滇96	大围山	屏边苗族自治县	43 993	南亚热带常绿阔叶林及珍稀动物	森林生态	1986-06-01	林业
滇105	金平分水岭	金平苗族瑶族傣族自治县	42 027	南亚热带山地苔藓常绿阔叶林及珍稀动植物	森林生态	1986-06-01	林业
滇106	绿春黄连山	绿春县	65 058	亚热带常绿阔叶林、野生动植物	森林生态	1983-04-01	林业
滇107	文山老君山	文山、西畴县	26 867	原始阔叶林	森林生态	1958-10-08	林业
滇142	无量山	景东、南涧县	30 938	亚热带常绿阔叶林及长臂猿等	森林生态	1988-03-01	林业
滇151	西双版纳	西双版纳傣族自治州	241 776	热带森林生态系统及珍稀野生动植物	森林生态	1958-10-09	林业
滇152	纳板河	景洪县	26 100	森林和野生动植物	森林生态	1992-07-01	环保
滇155	苍山洱海	大理白族自治州	79 700	断层湖泊、古代冰川遗迹、苍山冷杉、杜鹃林	内陆湿地	1981-11-05	环保
滇193	白马雪山	德钦县	281 640	高山针叶林、滇金丝猴	森林生态	1984-01-01	林业
滇195	永德大雪山	永德县	17 541	亚热带阔叶林及野生动物	森林生态	1986-03-01	林业
滇198	南滚河	沧源佤族自治县	50 887	亚洲象及其生境、森林生态	野生动物	1980-03-06	林业
藏01	拉鲁湿地	拉萨市	1 220	湿地生态系统	内陆湿地	1999-01-01	环保
藏02	雅鲁藏布江中游黑颈鹤	林周县	614 350	黑颈鹤及其生境	野生动物	1993-01-01	林业

国家级自然保护区名录（续 8）

序 号	保护区名称	行政区域	面 积（公顷）	主要保护对象	类 型	建立时间	主管部门
藏 16	类乌齐马鹿	类乌齐县	120 615	马鹿及其栖息地生态系统	野生动物	1993-01-01	林业
藏 21	芒康滇金丝猴	芒康县	185 300	滇金丝猴及其生态系统	野生动物	1993-01-01	林业
藏 30	珠穆朗玛峰	日喀则地区	3 381 000	高山森林及荒漠生态系统	森林生态	1988-04-05	林业
藏 32	色林错	申扎县	2 032 380	黑颈鹤繁殖地、高原湿地生态系统	野生动物	1993-01-01	林业
藏 34	羌塘	双湖、文南、改则等	29 800 000	藏羚羊等有蹄类动物及高原荒漠生态系统	荒漠生态	1993-04-04	林业
藏 37	雅鲁藏布大峡谷	墨脱县	916 800	热带山地垂直带带谱及珍贵动植物	森林生态	1985-07-09	林业
藏 38	察隅慈巴沟	察隅县	101 400	山地亚热带森林生态系统	森林生态	1985-01-01	林业
陕 02	周至金丝猴	周至县	56 393	金丝猴等野生动物及其生境	野生动物	1988-05-09	林业
陕 12	太白山	太白、眉县、周至县	56 325	森林生态系统、自然历史遗迹	森林生态	1965-09-09	林业
陕 21	子午岭	富县	40 621	森林生态系统	森林生态	2001-11-01	林业
陕 25	长青	洋县	29 906	大熊猫、扭角羚、林麝等珍稀动物及其生境	野生动物	1995-12-22	林业
陕 26	汉中朱鹮	洋县、城固县	37 549	朱鹮及其生境	野生动物	1988-01-01	林业
陕 33	佛坪	佛坪县	29 240	大熊猫及森林生态系统	野生动物	1978-12-25	林业
陕 49	牛背梁	柞水县、长安区、宁陕县	16 418	扭角羚等珍稀动物	野生动物	1988-05-09	林业
甘 01	连城	永登县	47 930	森林生态系统及祁连柏、青杄等物种	森林生态	2001-04-13	林业
甘 02	兴隆山	榆中县	33 301	森林生态系统	森林生态	1988-05-09	林业
甘 10	连古城	民勤县	389 883	荒漠生态系统及天然沙生树种、黄羊等野生动物	荒漠生态	1982-01-01	林业
甘 15	太统—崆峒山	平凉市	16 283	山地落叶阔叶次生林、文化遗址	森林生态	2001-11-01	林业
甘 16	祁连山	酒泉地区、张掖地区	2 653 023	水源涵养林及珍稀动物	森林生态	1988-05-09	林业
甘 18	安西极旱荒漠	安西县	800 000	荒漠生态系统及珍稀动植物	荒漠生态	1987-06-01	环保
甘 20	盐池湾	肃北蒙古族自治县	1 360 000	白唇鹿、野牦牛、野驴等珍稀动物及其生境	野生动物	1982-03-01	林业
甘 24	安南坝野骆驼	阿克塞哈萨克族自治县	396 000	野骆驼、野驴等野生动物及荒漠草原	野生动物	1982-01-01	林业
甘 31	敦煌西湖	敦煌市	660 000	野生动物及荒漠湿地	野生动物	1992-01-01	林业
甘 37	小陇山	陇南地区	31 938	扭角羚、红腹锦鸡等野生珍稀动植物	野生动物	1982-11-01	林业
甘 42	白水江	文县、武都县	213 750	大熊猫、金丝猴、扭角羚等野生动物	野生动物	1978-12-25	林业
甘 50	莲花山	卓尼、康乐县	11 691	森林生态系统	森林生态	1982-12-01	林业

国家级自然保护区名录（续 9）

序 号	保护区名称	行政区域	面 积（公顷）	主要保护对象	类 型	建立时间	主管部门
甘 57	尕海一则岔	碌曲县	247 431	候鸟等野生动物、石林	野生动物	1995-10-01	林业
青 02	孟达	循化撒拉族自治县	17 290	森林生态系统及珍稀生物物种	森林生态	1980-04-01	林业
青 04	青海湖	刚察县	495 200	斑头雁、棕头鸥等水禽及生态系统	野生动物	1975-08-08	林业
青 05	可可西里	玉树藏族自治州	4 500 000	藏羚羊、野牦牛等有蹄类野生动物及高原生态系统	野生动物	1995-10-08	林业
青 06	三江源	玉树州、果洛州等	15 230 000	珍稀动物、湿地、森林、高寒草甸、冰川等	内陆湿地	2000-05-01	林业
青 07	隆宝	玉树县	10 000	黑颈鹤、天鹅等水禽及草甸生态系统	野生动物	1986-07-09	林业
宁 01	贺兰山	银川市	206 266	森林生态系统、野生动植物资源	森林生态	1982-07-01	林业
宁 02	白芨滩	灵武市	74 843	天然柠条母树林及沙生植被	荒漠生态	1985-01-04	林业
宁 04	沙坡头	中卫县	13 722	自然沙生植被及人工植被、野生动物	荒漠生态	1984-09-01	环保
宁 06	哈巴湖	盐池县	84 000	荒漠生态系统、湿地生态系统	荒漠生态	2003-03-01	林业
宁 07	罗山	同心县	33 710	水源涵养林	森林生态	1982-07-01	林业
宁 13	六盘山	西吉县	26 667	水源涵养林及野生动物	森林生态	1982-05-09	林业
新 07	塔里木胡杨	尉犁县、轮台县	395 420	胡杨、灰杨林	森林生态	1983-01-01	林业
新 08	阿尔金山	若羌县	4 500 000	有蹄类野生动物及高原生态系统	荒漠生态	1983-01-01	环保
新 09	罗布泊野骆驼	若羌县	7 800 000	野骆驼及其生境	野生动物	1986-01-01	环保
新 11	巴音布鲁克	和静县	100 000	天鹅等珍稀水禽、沼泽湿地	野生动物	1980-05-09	林业
新 12	托木尔峰	温宿县	237 600	森林及野生动植物	森林生态	1980-01-01	林业
新 17	西天山	巩留县	31 217	雪岭云杉林森林生态系统	森林生态	1983-01-02	林业
新 20	甘家湖梭梭林	乌苏市、精河县	54 667	梭梭林及其生境	荒漠生态	1983-10-01	林业
新 25	哈纳斯	布尔津县、哈巴河县	220 162	森林生态系统及自然景观	森林生态	1980-05-01	林业

全国行政区划

（2006 年年底）　　单位：个

省级区划名称	地　级 区划数	其中： 地级市	县级 区划数	其中： 县级市	市辖区数	县　数
全　国	**333**	**283**	**2 860**	**369**	**856**	**1 463**
北京市			18		16	2
天津市			18		15	3
河北省	11	11	172	22	36	108
山西省	11	11	119	11	23	85
内蒙古自治区	12	9	101	11	21	17
辽宁省	14	14	100	17	56	19
吉林省	9	8	60	20	20	17
黑龙江省	13	12	128	18	64	45
上海市			19		18	1
江苏省	13	13	106	27	54	25
浙江省	11	11	90	22	32	35
安徽省	17	17	105	5	44	56
福建省	9	9	85	14	26	45
江西省	11	11	99	10	19	70
山东省	17	17	140	31	49	60
河南省	17	17	159	21	50	88
湖北省	13	12	102	24	38	37
湖南省	14	13	122	16	34	65
广东省	21	21	121	23	54	41
广西壮族自治区	14	14	109	7	34	56
海南省	2	2	20	6	4	4
重庆市			40		19	17
四川省	21	18	181	14	43	120
贵州省	9	4	88	9	10	56
云南省	16	8	129	9	12	79
西藏自治区	7	1	73	1	1	71
陕西省	10	10	107	3	24	80
甘肃省	14	12	86	4	17	58
青海省	8	1	43	2	4	30
宁夏回族自治区	5	5	21	2	8	11
新疆维吾尔自治区	14	2	99	20	11	62
香港特别行政区						
澳门特别行政区						
台湾省						

注：数据摘自《中国统计摘要》（中国统计出版社），下同。

国民经济与社会发展总量指标摘要

指　标	单 位	2000 年	2001 年	2002 年	2003 年	2004 年	2005 年	2006 年
人口								
年底总人口	万人	126 743	127 627	128 453	129 227	129 988	130 756	131 448
其中：市镇人口	万人	45 906	48 064	50 212	52 376	54 283	56 212	57 706
乡村人口	万人	80 837	79 563	78 241	76 851	75 705	74 544	73 742
国民经济核算								
国内生产总值	亿元	99 215	109 655	120 333	135 823	159 878	183 868	210 871
其中：第一产业	亿元	14 716	15 516	16 239	17 068	20 956	23 070	24 737
第二产业	亿元	45 556	49 512	53 897	62 436	73 904	87 365	103 162
第三产业	亿元	38 943	44 627	50 197	56 318	65 018	73 433	82 972
人均国内生产总值	元/人	7 858	8 622	9 398	10 542	12 336	14 103	16 084
支出法国内生产总值	亿元	98 749	108 972	120 350	136 399	160 280	188 692	221 171
其中：最终消费	亿元	61 516	66 878	71 691	77 450	87 033	97 823	110 413
资本形成总额	亿元	34 843	39 769	45 565	55 963	69 168	80 646	94 103
固定资产投资								
全社会固定资产投资总额	亿元	32 918	37 213	43 500	55 567	70 477	88 774	109 998
其中：国有经济及其他	亿元	23 407	26 505	30 993	39 837	50 631	62 913	76 243
集体经济	亿元	4 801	5 279	5 987	8 010	9 966	11 970	14 830
个体经济	亿元	4 709	5 430	6 519	7 720	9 881	13 891	18 798
主要农业、工业产品产量								
粮食	万吨	46 218	45 264	45 706	43 070	46 947	48 402	49 748
棉花	万吨	441.7	532.4	491.6	486.0	632.4	571.4	674.6
油料	万吨	2 955	2 865	2 897	2 811	3 066	3 077	3 059
肉类	万吨	6 125	6 334	6 587	6 933	7 245	7 743	8 051
原煤	亿吨	12.99	13.81	14.55	17.22	19.92	22.05	23.73
原油	万吨	16 300	16 396	16 700	16 960	17 587	18 135	18 477
发电量	亿千瓦·时	13 556	14 808	16 540	19 106	22 033	25 003	28 657
粗钢	万吨	12 850	15 163	18 237	22 234	28 291	35 324	41 915
汽车	万辆	207.00	234.17	325.10	444.39	509.11	570.49	727.9

国民经济与社会发展总量指标摘要（续表）

指　标	单　位	2000 年	2001 年	2002 年	2003 年	2004 年	2005 年	2006 年
国内商业和对外贸易								
社会消费品零售总额	亿元	34 153	43 055	48 136	52 516	59 501	67 177	76 410
进出口总额	亿美元	4 743	5 097	6 208	8 510	11 546	14 219	17 604
其中：　出口额	亿美元	2 492	2 661	3 256	4 382	5 933	7 620	9 689
进口额	亿美元	2 251	2 436	2 952	4 128	5 612	6 600	7 915
利用外资								
实际利用外资额	亿美元	593.6	496.7	550.1	561.4	640.7	638.1	735.2
外商直接投资	亿美元	407.2	468.8	527.4	535.1	606.3	603.3	694.7
旅游								
入境过夜旅游者人数	万人次	3 124	3 317	3 680	3 297	4 176	4 681	4 991
国内旅游人数	万人次	74 400	78 400	87 800	87 000	110 200	121 200	139 400
国际旅游外汇收入	亿美元	162.2	177.9	203.9	174.1	257.4	293.0	339.5
国内旅游总收入	亿元	3 175.5	3 522.4	3 878.4	3 442.3	4 710.7	5 285.9	6 229.7
教育、科技、文化、卫生								
普通高等学校学生数	万人	556.1	719.1	903.4	1 108.6	1 333.5	1 561.8	1 738.8
普通中等学校学生数	万人	7 369	7 836	8 288	8 583	8 695	8 581	8452
小学学生数	万人	13 013	12 544	12 157	11 690	11 246	10 864	10 712
研究与试验发展经费支出	亿元	896	1 043	1 288	1 540	1 966	2 450	2 943
技术市场成交额	亿元	651	783	884	1 085	1 334	1 551	1 818
图书总印数	亿册（张）	62.7	63.1	68.7	66.7	64.4	64.7	62.0
杂志总印数	亿册	29.4	28.9	29.5	29.5	28.4	27.6	30.0
报纸总印数	亿份	329.3	351.1	367.8	383.1	402.4	412.6	416.0
医院、卫生院数	个	66 509	65 424	63 858	62 968	60 867	60 397	60 037
医生数	万人	208	210	184.4	187	191	193.8	199.5
医院、卫生院床位数	万张	294.8	297.6	290.7	295.5	304.7	313.5	327.1
城市公用事业								
城市房屋集中供热面积	亿米 ^{2}	11.1	14.6	15.6	18.9	21.6	25.2	26.6
年末供水综合生产能力	万米 ^{3}/日	22 000	22 900	23 546	23 967	24 753	24 720	26 962
年末污水处理能力	万米 ^{3}/日	4 741	6 215	6 153	6 626	7 387	7 990	9 734
年末城市道路长度	千米	159 617	176 016	191 399	208 052	222 964	247 015	241 351

注：①由于计算误差的影响，支出法国内生产总值不等于按生产法计算的国内生产总值。

②本表价值量指标均按当年价格计算。

③社会消费品零售总额 1990 年及以前为社会商品零售总额。

国民经济与社会发展结构指标摘要

单位：%

指　标	2000 年	2001 年	2002 年	2003 年	2004 年	2005 年	2006 年
总人口	**100.0**	**100.0**	**100.0**	**100.0**	**100.0**	**100.0**	**100.0**
其中：城镇	36.2	37.7	39.1	40.5	41.8	43.0	43.9
乡村	63.8	62.3	60.9	59.5	58.2	57.0	56.1
国内生产总值	**100.0**	**100.0**	**100.0**	**100.0**	**100.0**	**100.0**	**100. 0**
其中：第一产业	14.8	14.1	13.5	12.6	13.1	12.6	11.7
第二产业	45.9	45.2	44.8	46.0	46.2	47.5	48.9
第三产业	39.3	40.7	41.7	41.4	40.7	39.9	39.4
固定资产投资总额			**100.0**	**100.0**	**100.0**	**100.0**	**100.0**
其中：国有经济及其他			71.2	71.7	71.7	70.9	69.4
集体经济			13.8	14.4	14.4	13.5	13.5
个体经济			15.0	13.9	14.2	15.6	17.1
财政收入			**100.0**	**100.0**	**100.0**	**100.0**	**100.0**
其中：中央			55.0	54.6	54.9	52.3	52.8
地方			45.0	45.4	45.1	47.7	47.2
财政支出			**100.0**	**100.0**	**100.0**	**100.0**	**100.0**
其中：中央			30.7	30.1	27.8	25.9	24.8
地方			69.3	69.9	72.2	74.1	75.2
农林牧渔业产值	**100.0**	**100.0**	**100.0**	**100.0**	**100.0**	**100.0**	**100.0**
其中：农业	55.7	55.2	54.5	50.1	50.1	49.7	50.8
林业	3.7	3.6	3.8	4.2	3.7	3.6	3.8
牧业	29.7	30.4	30.9	32.1	33.6	33.7	32.2
渔业	10.9	10.8	10.8	10.6	9.9	10.2	10.4
农林牧渔服务业				3.0	2.7	2.8	2.8
工业总产值	**100.0**	**100.0**	**100.0**	**100.0**	**100.0**	**100.0**	**100.0**
其中：轻工业	39.8	39.5	37.4	35.7	33.5	31.4	30.5
重工业	60.2	60.5	62.6	64.3	66.5	68.6	69.5

注：2002 年起轻重工业结构为国有及规模以上非国有工业企业口径。

自然资源状况

项　目	单　位	2003 年	2004 年	2005 年	2006 年
国土面积	万千米^2	960	960	960	960
海域面积	万千米^2	473	473	473	473
大陆岸线长度	万千米	1.80	1.80	1.80	1.80
岛屿面积	万千米^2	3.87	3.87	3.87	3.87
降水量					
台湾中部山区	毫米	≥4 000	≥4 000	≥4 000	≥4 000
华南沿海	毫米	1 600～2 000	1 600～2 000	1 600～2 000	1 600～2 000
长江流域	毫米	1 000～1 500	1 000～1 500	1 000～1 500	1 000～1 500
华北、东北	毫米	400～800	400～800	400～800	400～800
西北内陆	毫米	100～200	100～200	100～200	100～200
塔里木盆地、吐鲁番盆地和柴达木盆地	毫米	≤25	≤25	≤25	≤25
耕地面积	万公顷	13 004	13 004	13 004	13 004
荒地面积	万公顷	10 800	10 800	10 800	10 800
林业用地面积	万公顷	26 329	26 329	28 493	28 493
草地面积	万公顷	40 000	40 000	40 000	40 000
活立木总蓄积量	亿米^3	124.9	136.2	136.2	136.2
森林面积	亿公顷	1.59	1.75	1.75	1.75
森林覆盖率	%	16.55	18.21	18.21	18.21
水资源总量	亿米^3	28 124	28 124	27 430	25 567
水力资源蕴藏量	亿千瓦	6.76	6.76	6.76	6.76
其中：可开发量	亿千瓦	3.79	3.79	3.79	3.79
内陆水域总面积	万公顷	1 747	1 747	1 747	1 747
其中：可养殖面积	万公顷	675	675	675	675
海水可养殖面积	万公顷	260	260	260	260
其中：已养殖面积	万公顷	109	109	109	109

注：①耕地面积为 1996 年农业普查数；林业用地面积和森林资源为 1999—2003 年清查数；草地面积为 1991 年调查数；除水资源总量为 2006 年数据外，其他水利资源为 1985 年评价数。

②本表除国土面积、海域面积和降水量外，其余指标均未包括香港、澳门特别行政区和台湾省数据。

城市建设基本情况

项　目	单　位	2001 年	2002 年	2003 年	2004 年	2005 年	2006 年
年末城市个数	个	662	660	660	661	661	656
地级以上城市	个	269	279	286	287	287	287
城市人口	万人	35 747	35 220	33 805	34 147	36 285	36 764
其中：非农业人口	亿人	2.2	2.2	2.2			
城市面积	千米 ^{2}	607 644	467 369	399 173	394 672	465 381	
其中：建成区面积	千米 ^{2}	24 027	25 973	28 308	30 406	32 521	33 660
城市用水普及率	%	72.3	77.9	86.2	88.9	90.2	86.67
城市燃气普及率	%	60.4	67.2	76.7	81.5	82.9	79.11
城市污水处理率	%	36.4	40.0	42.1	45.7	48.4	57.1
城市建成区绿化覆盖率	%	28.4	29.8	31.2	31.7	33.0	35.1
城市生活垃圾无害化处理率	%	58.2	54.2	50.8	52.2	51.7	52.2
供水综合生产能力	万米 ^{3}/日	22 900	23 546	23 967	24 753	24 686	26 962
供水总量	亿米 ^{3}	466.1	466.5	475.3	490.3	502.1	540.5
其中：生活用水	亿米 ^{3}	203.6	213.2	224.7	233.5	243.7	222.0
用水人口	亿人	2.6	2.7	2.9	3.0	3.3	3.2
城市每万人拥有公交车辆	标台	6.1	6.7	7.7	8.4	8.6	9.1
城市煤气和天然气供气总量	亿米 ^{3}	236.4	324.9	343.7	383.1	466.3	541.3
液化石油气供气总量	万吨	975.8	1 136.4	1 126.3	1 126.7	1 222.0	1 263.7
蒸汽	万吨/时	7.2	8.3	9.3	9.8	10.7	9.5
热水	万兆瓦	12.6	14.9	17.1	17.4	19.8	21.8
城市房屋集中供热面积	亿米 ^{2}	14.6	15.6	18.9	21.6	22.3	26.6
道路长度	万千米	17.6	19.1	20.8	22.3	24.7	24.1
城市污水日处理能力	万米 ^{3}/日	6 216	6 153	6 626	7 387	7 990	9 734
城市污水年处理量	亿米 ^{3}	119.7	134.9	148.0			202.6
建成区绿化覆盖面积	万公顷	68.2	77.3	88.2	96.0	107.3	118.1
城市绿地面积	万公顷	94.7	107.2	121.2	132.2	146.8	132.1
人均公园绿地面积	米 ^{2}	3.9	5.4	6.5	7.4	7.9	8.3
城市生活垃圾、粪便清运量	亿吨	1.6	1.7	1.8	1.9	1.9	1.7
城市生活垃圾无害化年处理量	万吨		9 540	7 544.7		8 051.1	7 872.6

部分国家二氧化硫排放总量

（1990—2002）

单位：万吨

国家	1990年	1992年	1994年	1995年	1997年	1998年	1999年	2000年	2001年	2002年
澳大利亚	163.6	177.8	190.0	179.6	184.1	182.8	192.5	242.5	251.8	280.3
奥地利	8.0	6.1	5.3	5.2	4.5	4.1	3.8	3.5	3.8	3.6
白俄罗斯									21.3	18.9
比利时	35.5	34.7	28.1	25.6	22.6	21.4	17.6	16.9	15.9	15.1
保加利亚						122.6	106.2	104.4	109.5	98.2
克罗地亚	18.6	11.2	9.4	7.6	8.8	9.7	9.9	6.6	6.4	7.5
捷克		155.9	129.0			44.3	26.9	26.4	25.1	23.7
丹麦	17.7	18.1	14.7	13.8	10.1	7.5	5.5	2.9	2.6	2.5
爱沙尼亚							12.0	12.4	13.2	9.8
芬兰	23.7	14.1	11.5	9.7	9.9	8.9	8.5	7.6	8.7	8.5
法国	136.8	131.0	110.2	103.8	86.7	88.2	76.3	68.6	62.9	59.6
德国	532.2	330.3	246.9	193.4	103.6	83.3	73.3	63.1	64.0	60.8
希腊	49.1	54.4	51.2	53.5	51.5	52.4	53.7	49.0	49.8	50.9
匈牙利							59.5	49.1	40.3	36.5
冰岛	0.8	0.8	0.8	0.8	0.9	0.8	0.9	0.9	0.9	1.0
爱尔兰	18.3	17.0	17.5	16.1	16.6	17.6	15.7	13.1	12.6	9.6
意大利	177.4	155.7	135.9	128.7	115.1	101.7	92.2	77.2	73.7	66.5
日本	100.1	94.7	97.4	93.8	90.4	89.5	84.8	85.7	85.7	85.7
拉脱维亚	9.6	5.9	7.1	5.5	3.9	3.6	2.9	1.6	1.3	1.2
立陶宛	22.2					9.4			4.9	4.3
卢森堡						0.4	0.4	0.3		0.2
摩纳哥									0.01	0.01
荷兰	20.4	16.7	14.6	14.2	11.8	11.0	10.5	9.1	9.0	8.5
新西兰	6.1	6.5	6.8	7.0	5.9	5.9	6.0	6.2	6.6	6.8
挪威	5.2					3.0	2.8	2.7	2.5	2.2
葡萄牙	32.2	37.3	29.8	33.3	29.3	34.2	34.3	31.2	29.5	29.5
罗马尼亚	101.8	79.3	78.9	83.8	83.1	66.7	59.2	57.7	62.2	65.1
斯洛伐克						17.9	17.1	12.4	12.9	10.2
斯洛文尼亚	25.3	19.1	18.1	13.0	12.3	12.8	10.9	10.0	7.0	7.2
西班牙	217.7	213.3	196.3	180.7	173.9	160.7	163.9	188.5	187.6	196.8
瑞典	10.6	9.3	8.7	7.7	7.6	7.3	5.9	5.5	5.7	5.9
瑞士	4.5	3.6	3.0	2.9	2.6	2.4	2.0	1.8	2.1	1.9
英国	372.2	346.4	267.6	236.4	167.0	160.8	123.0	119.0	111.6	100.3
美国	2 093.6	2 003.2	1 936.5	1 689.2	1 709.1	1 718.9	1 601.3	1 480.2	1 432.4	1 366.9

注：数据摘自 United Nations Framework Convention on Climate Change。

11

主要统计指标解释

ZHUYAO TONGJI ZHIBIAO JIESHI

〖**工业废水排放总量**〗　指经过企业厂区所有排放口排到企业外部的工业废水量。包括生产废水、外排的直接冷却水、超标排放的矿井地下水和与工业废水混排的厂区生活污水，不包括外排的间接冷却水（清污不分流的间接冷却水应计算在内）。

〖**直接排入海的**〗　指经企业位于海边的排放口，直接排入海的废水量。直接排放是指废水经过工厂的排污口直接排入海，而未经过城市下水道或其他中间体，也不受其他水体的影响。

〖**工业废水排放达标量**〗　指各项指标都达到国家或地方排放标准的外排工业废水量，包括经过处理后外排达标的和未经处理外排达标的两部分。排放标准见GB 8978—1996。

〖**工业废水排放达标率**〗　指工业废水排放达标量占工业废水排放量的百分率。计算公式是:
工业废水排放达标率 =（工业废水排放达标量 ÷ 工业废水排放量）× 100%。

〖**工业废水处理量**〗　指经各种水治理设施实际处理的工业废水量，包括处理后外排的和处理后回用的工业废水量。虽经处理但未达到国家或地方排放标准的废水量也应计算在内。计算时，如遇有车间和厂排放口均有治理设施，并对同一废水分级处理时，不应重复计算工业废水处理量。

〖**工业废水中污染物排放量**〗　指排放的工业废水中所含汞、镉、六价铬、铅等重金属和砷、挥发酚、氰化物、化学需氧量、石油类等一般无机物和有机物等污染物本身的纯重量。它可以通过工业废水排放量和其中污染物的浓度相乘求得，也可以通过物料衡算或经验计算公式求得（可参考《工业污染物产生和排放系数手册》）。

污染物纯重量 = 污染物的平均浓度 × 报告期工业废水排放量

污染物的浓度，均以在企业排放口所测的数字为准（含有一类污染物的废水一律在车间或车间处理设施排出口取样测定），无论测出的浓度是否符合排放标准，均应统计在内。

〖**废水治理设施数**〗　指企业用于防治水污染和经处理后综合利用水资源的实有设施（包括构筑物）数，以一个废水治理系统为单位统计。附属于设施内的水治理设备和配套设备不单独计算。已报废的设施不统计在内。

〖**废水治理设施运行费用**〗　指维持废水治理设施运行所发生的费用，包括能源消耗、设备折旧、设备维修、人员工资、管理费、药剂费及与设施运行有关的其他费用等。

〖**工业废水中污染物去除量**〗　指企业生产过程排出的废水，经过各种水治理设施处理后，除去废水中所含挥发酚、氰化物、化学需氧量、石油类、氨氮等一般无机物和有机物等污染物本身的纯重量。计算公式是:

污染物去除量 =（处理前污染物的平均浓度 - 处理后污染物的平均浓度）× 处理的工业废水量

〖**工业废气排放总量**〗　指企业燃料燃烧和生产工艺过程中产生的各种排入空气的含有污染物的气体的总量，以标准状态（273 K，101 325 Pa）计。

工业废气排放总量 = 燃料燃烧过程废气排放量+生产工艺过程废气排放量

〖**燃料燃烧废气排放量**〗　指燃煤、油、气锅炉、锻造加热炉、退火炉及其他工业炉窑在燃烧过程中所排废气的总量（即燃料和物料不混合的燃烧纯加热过程所产生的废气量）。

〖**生产工艺废气排放量**〗　指生产工艺过程中排放的废气总量。如化工、冶炼、建材、化纤、造纸等行业生产工艺过程中排放的废气。

〖**工业二氧化硫排放量**〗　指企业在燃料燃烧和生产工艺过程中排入大气的二氧化硫量。

〖**工业二氧化硫去除量**〗　指燃料燃烧和生产工艺废气经过各种废气治理设施处理后，去除的二氧化硫量。

〖**工业烟尘排放量**〗　指企业厂区内的燃料燃烧产生的烟气中夹带的颗粒物的量。

〖**工业烟尘去除量**〗　指企业燃料燃烧过程中产生的废气，经过各种废气治理设施处理后去除的烟尘量。

〖**工业粉尘排放量**〗 指企业在生产工艺过程中排放的颗粒物重量。如钢铁企业的耐火材料粉尘、焦化企业的筛焦系统粉尘、烧结机的粉尘、石灰窑的粉尘、建材企业的水泥粉尘等。不包括电厂排入大气的烟尘。它可以通过排尘系统的排风量和除尘设备出口排尘浓度相乘求得，计算公式是：

工业粉尘排放量= 排尘系统排风量×除尘设备出口气体含尘平均浓度×除尘系统运行时间

除尘系统出口的含尘浓度，均以所测的数字为准，无论测出的浓度是否符合排放标准，均应统计在内。

〖**工业粉尘去除量**〗 指企业在生产工艺过程中产生的废气，经过各种废气治理设施处理后，去除的粉尘重量（不包括电厂去除的烟尘）。

〖**废气治理设施数**〗 指企业用于减少在燃料燃烧和生产工艺过程中排向大气的污染物或对污染物加以回收利用的废气治理设施数。附属于设施内的治理设备和配套设备不单独计算。已报废的设施不统计在内。

〖**脱硫设施数**〗 指在治理设施中有专用（或兼用）的脱硫设备（或系统），其脱硫效率要达到40％及以上，脱硫后不再释放出二氧化硫，比如使系统中有足够的碱性物质与二氧化硫反应，生成稳定的盐类物质或采用活性炭吸附制酸等方法进行脱硫的设施数。

〖**燃料煤消费量**〗 指企业用作燃料的煤炭（非标准煤）消费量。包括企业厂区内生产、生活用燃料煤，也包括砖瓦、石灰等产品生产用的内燃煤，不包括炼焦等行业的原料用煤。

〖**原料煤消费量**〗 指企业在生产工艺中用作原料并能转换成新的产品实体的煤炭消费量。如转换为焦炭、水泥、煤气、碳素、活性炭、氨氮等的煤炭称为原料煤。

〖**工业固体废物产生量**〗 指企业在生产过程中产生的固体状、半固体状和高浓度液体状废弃物的总量，包括危险废物、冶炼废渣、粉煤灰、炉渣、煤矸石、尾矿、放射性废物和其他废物等；不包括矿山开采的剥离废石和掘进废石（煤矸石和呈酸性或碱性的废石除外）。酸性或碱性废石是指采掘的废石其流经水、雨淋水的pH值小于4或大于10.5者。

〖**危险废物**〗 指列入国家危险废物名录或根据国家规定的危险废物鉴别标准和鉴别方法认定的，具有爆炸性、易燃性、易氧化性、毒性、腐蚀性、易传染疾病等危险特性之一的废物。

〖**冶炼废渣**〗 指在冶炼生产中产生的高炉渣、钢渣、铁合金渣以及有色金属矿渣等。

〖**粉煤灰**〗 指燃煤电厂锅炉、煤粉炉在燃煤过程中产生的固体颗粒物。

〖**炉渣**〗 指企业燃烧设备从炉膛排出的灰渣。不包括燃料燃烧过程中去除的烟尘。

〖**煤矸石**〗 指与煤层伴生的一种含碳量低、比煤坚硬的黑色岩石。通常由煤矿开采、洗煤及耗煤单位排出。

〖**尾矿**〗 指选矿厂和水冶厂排出的废物，包括赤泥。赤泥指以铝土矿为原料的氧化铝厂的生产废料。选矿厂包括各种金属和非金属矿石的选矿厂。

〖**放射性废渣**〗 指含有天然放射性核素，并其比活度大于 2×10^4 贝可/千克的尾矿砂、废矿石及其他放射性固体废物（指放射性浓度或比活度或污染水平超过规定下限的固体废弃物）。

〖**其他废物**〗 指工业垃圾、污泥及燃料燃烧过程中去除的烟尘等工业固体废物。工业垃圾，指机械工业切削碎屑、研磨碎屑、废砂型等；食品工业的活性炭渣；硅酸盐工业和建材工业的砖、瓦、碎砾、混凝土碎块等。污泥指工业废水处理中排出的固体沉淀物（以干泥量计）。

〖**工业固体废物综合利用量**〗 指通过回收、加工、循环、交换等方式，从固体废物中提取或者使其转化为可以利用的资源、能源和其他原材料的固体废物量（包括当年利用往年的工业固体废物累计贮存量）。如用作农业肥料、生产建筑材料、筑路等。综合利用量由原产生固体废物的单位统计。

〖**工业固体废物综合利用率**〗 指工业固体废物综合利用量占工业固体废物产生量的百分率。

计算公式是：工业固体废物综合利用率＝工业固体废物综合利用量÷（工业固体废物产生量+综合利用往年贮存量）×100%。

〖**工业固体废物贮存量**〗 指以综合利用或处置为目的，将固体废物暂时贮存或堆存在专设的贮存设施或专设的集中堆存场所内的量。专设的固体废物贮存场所或贮存设施必须有防扩散、防流失、防渗漏、防止污染大气、水体的措施。

〖**工业固体废物处置量**〗 指将固体废物焚烧或者最终置于符合环境保护规定的场所并不再回取的工业固体废物量（包括当年处置往年的工业固体废物累计贮存量）。

处置方式如：填埋（其中危险废物应安全填埋）、焚烧、专业贮存场（库）封场处理、深层灌注、回填矿井等。

〖**工业固体废物排放量**〗 指将所产生的固体废物排到固体废物污染防治设施、场所以外的量。不包括矿山开采的剥离废石和掘进废石（煤矸石和呈酸性或碱性的废石除外）。

〖**"三废"综合利用产品产值**〗 指利用"三废"[废水（液）、废气、废渣]作为主要原料生产的产品产值（现行价），已经销售或准备销售的，应计算产品产值；但留作生产上自用的，不应计算产品产值。

〖**工业锅炉数**〗 指企业用于生产和生活的大于1蒸吨（含1蒸吨）的蒸汽锅炉、热水锅炉总数，不包括茶炉。

〖**工业炉窑数**〗 指企业生产用的炉窑总数，如炼铁高炉、炼钢炉、冲天炉、烘干炉窑、锻造加热炉、水泥窑、石灰窑等。

〖**生活及其他污染**〗 指除工业生产活动以外的所有社会、经济活动及公共设施的经营活动产生的污染。

〖**本年施工项目数**〗 指本年内正在施工的，以治理污染、"三废"综合利用为主要目的的治理废水、废气、固体废物、噪声及其他（如电磁波、恶臭等）环境污染的治理工程的总数。不包括"三同时"项目。

〖**污染治理项目本年完成投资合计**〗 指企业实际用于治理废水、废气、固体废物、噪声和其他环境污染（如电磁波、恶臭等）的资金总额。

污染治理项目本年完成投资合计＝治理废水资金＋治理废气资金＋治理固体废物资金＋治理噪声资金＋治理其他污染资金

〖**本年完成投资及资金来源**〗 指在报告期内，企业实际用于环境治理工程的投资额。投资额中的资金来源，是指投资单位在本年内收到的用于污染治理项目投资的各种货币资金，包括排污费补助、政府其他补助、企业自筹。各种来源的资金均为报告期投入的资金，不包括以往历年的投资。

本年污染治理资金合计＝排污费补助+政府其他补助+企业自筹

〖**排污费补助**〗 指从征收的排污费中提取的用于补助重点排污单位治理污染源以及环境污染综合性治理措施的资金。

〖**政府其他补助**〗 指用于补助重点排污单位治理污染源以及环境污染综合性治理措施的除排污费补助以外的政府其他补助资金。

〖**企业自筹**〗 指除排污费补助、政府其他补助资金以外的其他用于污染治理的资金，包括国内贷款（不包括环保贷款）、利用外资、银行贷款等其他来源资金。

〖**银行贷款**〗 指企业向银行借入的用于污染治理项目建设投资的贷款，属于企业自筹资金。

〖**本年竣工项目数**〗 指本年竣工投入运行的治理废水、废气、固体废物、噪声及治理其他污染的环境工程项目的总数。

〖**本年竣工项目新增设计处理能力**〗 指本年竣工的污染治理项目设计文件规定的处理、利用

“三废”的能力。其中：“治理废气”为治理燃料燃烧和生产工艺（含工业粉尘）废气的能力之和。

〖**办理设立的建设项目数**〗　指当年经各级有关主管部门依审批权限批准开工的建设项目数。

〖**环境影响评价制度执行率**〗　指当年执行环境影响评价制度的建设项目数占当年开工建设的建设项目总数的比率。

〖**应执行“三同时”项目数**〗　指在环境影响评价审批中规定应有环保设施的当年投产建设项目数。

〖**实际执行“三同时”项目数**〗　指竣工验收（或已经运行）时环保设施已全部建成的项目数。

〖**实际执行“三同时”项目环保投资**〗　指实际执行“三同时”建设项目的环保设施实际投资额。

〖**“三同时”合格率**〗　指“三同时”的合格项目数占实际执行“三同时”项目数的比率。

〖**“三同时”合格项目数**〗　指建设项目环保设施竣工验收合格的项目数。

〖**“三同时”执行合格率**〗　指“三同时”合格项目数占应执行“三同时”项目数的比率。

〖**交纳排污费单位数**〗　指所辖区域内已交排污费的排污单位的总数。

〖**排污费收入总额**〗　指当年按规定征收的废水、废气、固体废物、噪声四项收入总额。收入中包括超标排污费，小型、三产排污费，二氧化硫排污费，危险废物排污费等。

〖**环境污染与破坏事故**〗　指由于违反环境保护法规的经济、社会活动与行为，以及意外因素的影响或不可抗拒的自然灾害等原因，致使环境受到污染，国家重点保护的野生动植物、自然保护区受到破坏，人体健康受到危害，社会经济和人民财产受到损失，造成不良社会影响的突发性事件。

〖**特大事故**〗　指由于污染或破坏行为造成直接经济损失在10万元以上，人员中毒死亡，对环境造成严重危害，使当地经济、社会的正常活动受到严重影响或捕杀、砍伐国家一类保护的野生动植物的事故。

〖**重大事故**〗　指由于污染或破坏行为造成直接经济损失在5万元以上，10万元以下（不含10万元），人员发生明显中毒症状，辐射伤害或可能导致伤残后果，因污染对环境造成较大危害，使社会安定受到影响或捕杀、砍伐国家二、三类保护的野生动植物的事故。

〖**较大事故**〗　指由于污染或破坏行为造成直接经济损失在万元以上，5万元以下（不含5万元），人员发生中毒症状，因环境污染引起厂群冲突，对环境造成危害的事故。

〖**一般事故**〗　指由于污染或破坏行为造成直接经济损失在千元以上，万元以下（不含万元）的事故。

〖**自然保护区**〗　指对有代表性的自然生态系统、珍稀濒危野生动植物物种的天然分布区、水源涵养区、有特殊意义的自然历史遗迹等保护对象所在的陆地、陆地水体或海域，依法划出一定面积进行特殊保护和管理的区域。以县及县以上各级人民政府正式批准建立的自然保护区为准。风景名胜区、文物保护区不计在内。

〖**生态示范区**〗　指经省级以上环境保护行政主管部门批准，以省、地、县政府为主按批准的生态示范区建设规划实施的行政区域。包括已经过国家或省级环境保护行政主管部门验收的和正在开展试点工作的。